ゼロから分かる！

図解 日本酒入門

山本洋子

世界文化社

ずらりと並んだ日本酒 なにを基準にどう選ぶ？

日本酒初心者 米《まい》さん

本名は米子（まいこ）。
お酒は酎ハイにワイン少々。
今まで日本酒を飲んだのは忘年会の宴会くらい。自ら選んだことナシ。日本酒に目覚めたばかりの会社員、一人暮らし。

日本酒選びは難しい？

スーパーのお酒売り場にずらりと並んだ日本酒。どれも「日本」という冠をつけた世界で唯一のお酒です。ＴＶコマーシャルで有名な紙パック入りからガラス瓶入り、カップ酒、缶酒にペットボトル酒まで様々な種類が並んでいます。

この中で、いったいどれを選べばいいのでしょう？

日本酒は、じつに驚くほど種類が多いのです。日本酒の原料は、米と米麹と水。これが基本なのですが、原料米の違い、米の削り方の違い、醸造方法の違い、添加物のあるなしなどで、味わいはガラリと異なります。

こだわりぬいた米と丁寧に醸された高級品の純米大吟醸酒から、米以外のものも添加されたコスパ重視の合成清酒まで多種多様です。

それらがすべてひとくくりに「日本酒」として売られているため、どれを選んでいいのか、分かりにくくなっています。

日本酒指南役 純《じゅん》さん

本名は純子（じゅんこ）。日本酒ならおまかせ！　田植えから醸造まで酒米の一生を追いかけて早25年。「1日一合純米酒」を提唱する。飲んで書いて酒の講師も時々。

泡あり、泡なし？

ライト、リッチ？

新酒、古酒？

生酒、原酒？

透明、白濁？

上撰、佳撰？

生酛、山廃？

甘い、辛い？

普通酒、合成清酒？

だいじょうぶ 今から全部教えてあげるから

広がる日本酒の世界

遡れば、縄文時代から栽培され続けてきたのがお米です。国土の狭い日本で、連作障害を起こさず、食料自給率100%を誇る優秀な農産物「米」。

その米を原料にした日本酒は、神事や祭事にもたびたび登場し、人生の節目の祝い事や、日々の暮らしにもぴったり寄り添うものでした。

しかしながら今やそのムードは薄れ、嗜好品としての存在感が増すことで、商品棚にはたくさんの種類が並び、ひとくちに日本酒とくくれないほどです。日本酒の世界には、甘い辛い、アルコール度数が高い低い、味はライトかリッチか、新酒か古酒か、透明か白濁か、泡ありか泡なしか、といろいろな種類が、様々な形で展開されています。

めくるめく日本酒の世界。最初は何を手にしたらいいのか迷ってしまうと思いますが、その中から自分に合ったおいしい1本を楽しく選んでみませんか？

酒とひとくちに言っても原料と造り方は様々

日本酒の裏ラベルを見ると…

こだわりの日本酒が増えている

昔は日本酒を造るための米の種類も限られていましたが、今はそれぞれの地域独自で環境に合わせて開発された酒造好適米が栽培され、米品種ごとの風味が楽しめる時代になりました。

お酒になった米がどこの地域でとれたものか、どんな水で、どんな方法で醸造されたものか、知ればもっともっと日本酒選びが楽しくなります。米の作り手、その米で醸す杜氏に蔵人。酒に関わったすべての人の笑顔が浮かぶような日本酒を選んで飲めば、感じ方も違うはず。

全体の生産量は減少している日本酒ですが、品質が高い特定名称酒などの上級酒は微増しています。国内では新酒鑑評会をはじめ、SAKE COMPETITIONなど評価される機会が増え、海外でも日本酒のコンテストが開催され、有名なワイン評論家が日本酒をポイントづけしたのも話題に。また、スペインやアメリカで日本酒の醸造所が次々に誕生しています。

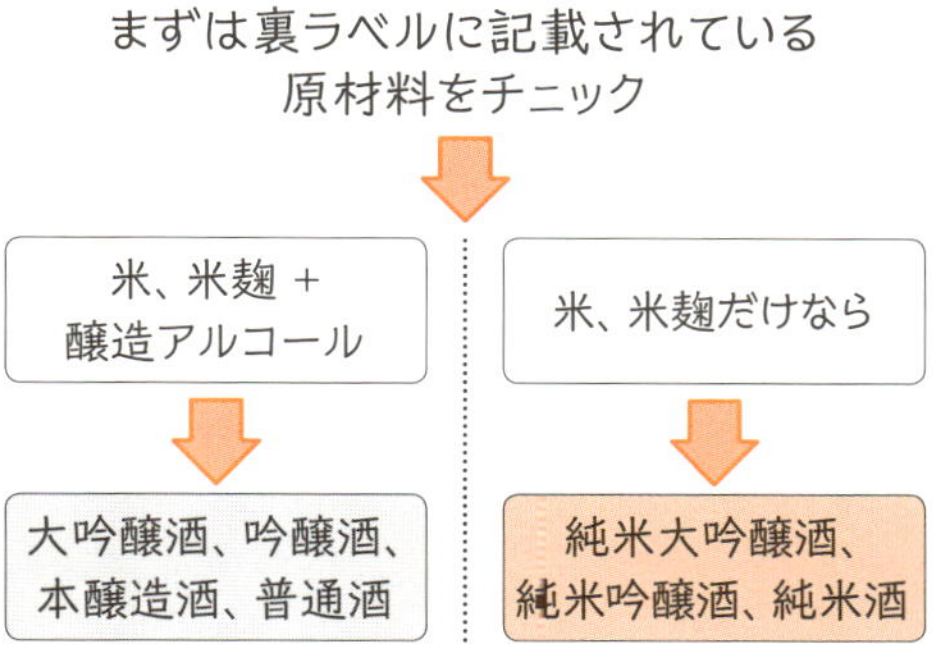

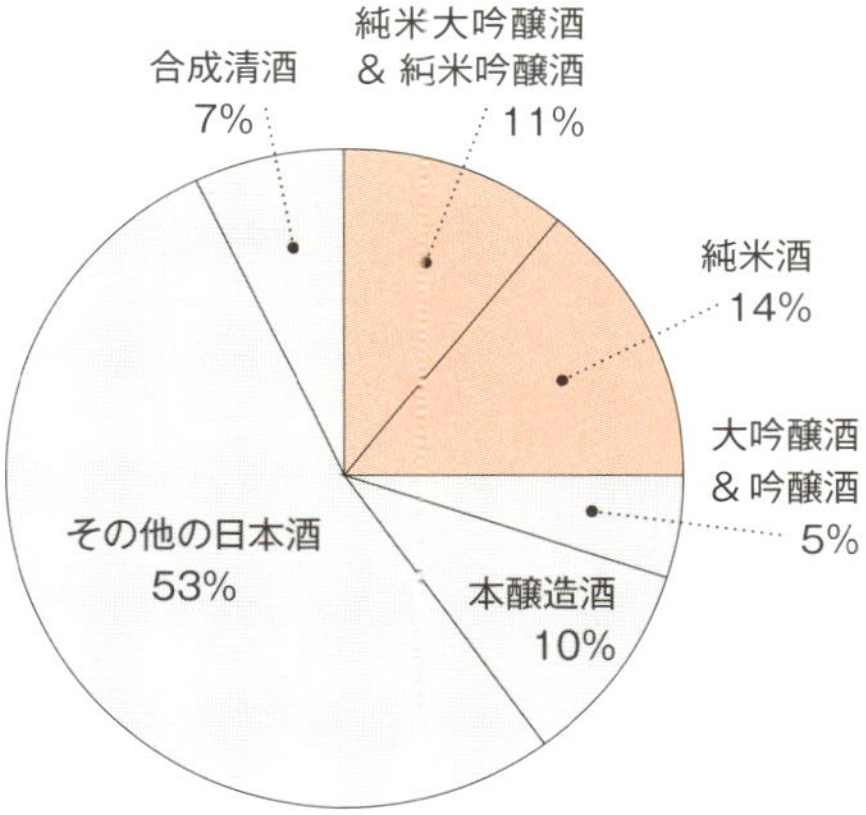

日本酒の種類と製造割合

※数字は四捨五入しています。

参考／国税庁「酒のしおり」平成29年発行

ラベルの原料表示に注目

米と米麹と水、このシンプルな原料からできるのが「純米」と呼ばれる酒です。日本の原材料だけで造られた、まさに「日本」酒！　ところが純米酒は約25%ほど。ラベルの原料表示を見ると、「醸造アルコール」と書いてあるものをよく見ます。じつはこれ、醸造酒ではなく食用に用いられるアルコール分で、ホワイトリカーのような「蒸留酒」のことです。大吟醸酒や吟醸酒にも使われ、原材料に加える理由は、味をスッキリさせて香りを引き立て、品質を安定させやすいから。これを加えたものが市販の約75%。醸造アルコールに使われる蒸留酒の原料は、とうもろこしなどのデンプン質物や、サトウキビなどの含糖質物から蒸留したアルコールでほぼ無味無臭です。

世界各国へ輸出も増え、世界中から注目を集めている今の日本酒。そんな状況の中、納得できるお酒が選べるよう、この本では日本酒の間違いない選び方を紹介しています。

純米酒は田んぼと直結 地域の水と米を味わう

純米酒は、手間をかけて丁寧に育てられた
お米を凝縮したものと言える。

純米吟醸酒に玄米は約2kg必要

純米吟醸酒 1升（1.8ℓ）	←	玄米 約2kg	←	田んぼ 約2坪

田んぼ一反（990㎡）＝ 玄米6俵収穫できると仮定。
6俵 × 60kg ＝ 360kgが一反あたりの米の量とする。

日本酒の原料は米と米麹と水

一升瓶の純米吟醸酒（精米歩合60％）を造るには、約2キロの玄米が必要となります。そして、それだけの玄米を育てるには、約2坪もの田んぼが必要になります。

また、お酒の8割は水でできています。日本の水は、ほぼ軟水ですが、その中でも、山あいの蔵の水と、里の蔵の水では成分に違いがあり、硬水寄りの水もあれば超軟水もあります。

水質に最も敏感なのが酒蔵です。水の味が稲の生育にも、お酒の仕上がりにも複雑に影響を与え、味に関係してくるからです。

地域の水と米の味を純粋に楽しむには、別のアルコールや糖類などを添加しない、米と米麹と水だけの純米酒を飲んでみてください。選ぶ時は、ラベルの原料表記を見て「米、米麹」の酒を選びます。地域の特徴をまるごとストレートに感じることができるはず。

水田は雨水を蓄え、洪水を防ぐ働きを持ち、
生物多様性を維持する役目も果たしている。

田んぼの仲間
カエル、クモ、トンボ、メダカ、イトミミズ、タニシ、ドジョウ、コウノトリ、トキ など

いい日本酒は世界も救う!?

秋田県の日本酒「天の戸」の醸造元である浅舞酒造は、蔵から半径5キロの米と水だけで全量、米と米麹と水だけの純米酒を醸しています。自らも米作りをする杜氏の森谷康市さんいわく「風景を瓶に詰めたい」と。お米が田んぼで出会った水と、冬に再び蔵で会い、そして酒に醸されるのです。まさにテロワールを感じる日本酒。テロワールとはワインの世界でよく使われる言葉で、ブドウが育つ土壌や環境を意味します。しかも、減農薬栽培にしてから、田んぼにタニシが戻り、餌目当てに稲にクモが巣を張るようになったと言います。

田んぼは米を育てるだけではなく、地域にとって重要な役割を果たしています。大雨が降ればダムとなって雨を受け止め、そこでタニシ、ドジョウ、カエルが育ち、それを狙う鳥も来て、ひとつの生態系が田んぼからできるのです。

ゼロから分かる！

図解 日本酒入門

はじめに …… 2

第1章 まずはお店で飲んでみよう

飲み比べてみると、おいしさがよく分かる …… 14
一杯目は日本酒のイメージが変わるスパークリングから …… 16
スパークリングタイプにもいろいろある …… 18
二杯目はキリッと純米大吟醸酒、大吟醸酒 …… 20
純米大吟醸酒、大吟醸酒は日本酒の最高峰 …… 22
お酒を味わうには、途中で水を飲むことも大事 …… 24
三杯目は純米吟醸酒の爽やかさを味わう …… 26
おいしいお酒が飲みたかったら「ギンジョー」と覚えよう …… 28
冷やと冷酒、じつは違うものなんです …… 30
四杯目はうまみを感じる純米酒を …… 32
純米酒を名乗るための条件は？ …… 34
五杯目はお燗酒を味わってみる …… 36
最後はコクとうまみがたっぷりの古酒を …… 38
古酒と長期熟成酒はどう違うの？ …… 40

第2章 ウチ飲みの楽しみ方

おいしく味わう酒器の選び方……44
ウチ飲みパーティーにはこんな酒器がおすすめ……46
ウチ飲みを彩る全国の銘品酒器……48
ウチ飲みでいろいろな温度を試してみる……50
大吟醸クラスもお燗してみよう……52
純米酒のお燗酒は熱めを楽しむ……53
お燗酒はおつまみをおいしくする……54
自分でお燗をつけてみよう……56
お燗をつける器……57
お燗に向く酒……58
いろいろなお酒をお燗する楽しみ……59
熱燗で変わりダネ!……60
冷たくするとおいしさがアップするお酒……62
凍らせてデザートのように楽しむ……64
日本酒で四季を楽しむ　春夏……66
日本酒で四季を楽しむ　秋冬……68
お酒とおつまみの相性　ぐっとおいしくなる組み合わせ……70
お酒とおつまみの相性　キリッとしたお酒に合うおつまみ……72
お酒とおつまみの相性　コクのあるお酒に合うおつまみ……73
ウチ飲みにおすすめのおつまみレシピ①……74
ウチ飲みにおすすめのおつまみレシピ②……76
ウチ飲みに加えたい全国のおつまみ……78
ひれ酒、いか徳利。面白い日本酒……80
まだまだあります。いりこ酒、甲羅酒……82

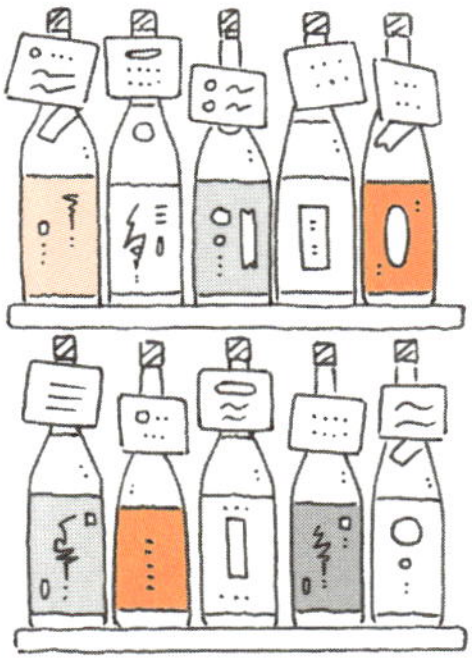

第3章 お酒を買いに行こう

最初は、いろいろ教えてくれるリアル店舗がおすすめ……86
ネットで買う時はここに気をつけて……88
ラベルの見方 0 全体の読み方……90
ラベルの見方 1 酒米の品種とは……92
たくさんあります！ ご当地酒米……94
酒米とご飯のお米は違うのです……96
ラベルの見方 2 アルコール度数……98
ラベルの見方 3 日本酒度、酸度、アミノ酸度、酵母……100
ラベルの見方 4 酒造年度と生酒・生詰め酒・生貯蔵酒……102
ラベルの見方 5 生酛&山廃酛……104
日本酒は「生き物」です……106
飲みきれなかった時の保管方法……108
お酒の賞味期限って？……110
一升瓶と四合瓶……112
紙パック入りのお酒も見てみよう……114

第4章 日本酒、素朴なギモン

特撰・上撰・佳撰って？ 118
仕込み水ってなんですか？ 120
麹ってなんですか？　その役割は？ 122
酵母ってなんですか？　その役割は？ 124
どんな種類の酵母があるの？ 126
日本酒の造り方 0　全工程 128
日本酒の造り方 1　精米～洗米～蒸し米 130
日本酒の造り方 2　麹造り 132
日本酒の造り方 3　酒母造り 134
日本酒の造り方 4　三段仕込み・もろみ造り 136
日本酒の造り方 5　上槽　その① 138
日本酒の造り方 5　上槽　その② 140
日本酒の造り方 6　火入れ　その① 142
日本酒の造り方 6　火入れ　その② 144
酒粕ってなんですか？ 146
酒粕と甘酒の違いは？ 148
酒粕ってどう使えばいいの？ 150
醸造酒と蒸留酒の違いは？ 152
蔵にはどんな人たちがいるの？ 154
杜氏は何をする人？ 156
酒蔵の中はどうなってるの？ 158
現場は女人禁制って本当？ 160
女人禁制の新説!? 162

第5章 旅飲みのすすめ

酒造りの現場に行ってみよう　酒蔵見学へGO！……166
見学ができる酒蔵リスト　東日本編……168
見学ができる酒蔵リスト　西日本編……170
飲めば納得！　純さんが選んだ全国63銘柄……172

資料編

上質な日本酒が揃う酒販店……177
日本酒用語事典……180
ピックアップ　日本酒の歴史的ターニングポイント……186
飲んだら記録！　日本酒テイスティングシート……189

コラム

飲んべえ県日本一はどこ？……42
お燗噺がいっぱい！　落語の酒……84
自家製梅酒の知らない話……116
酒蔵で見かける「杉玉」の意味……164
米と酒に残る日本のモノサシ……176

※本書で紹介されている日本酒やその他の商品、酒蔵や酒販店の情報は、２０１８年2月現在のもので、諸事情により変更されることがあります。あらかじめご了承ください。

第1章

まずはお店で飲んでみよう

飲み比べてみると、おいしさがよく分かる

米　日本酒ってほとんど飲んだことがありません……いったいどこから手をつけていいのやら、よく分からなくて。昔、乾杯で注がれたお酒が、いやな匂いがして、ひとくち飲んだら、すえたようなヘンな味、あと口もベタついて激マズでした。だから日本酒にいいイメージはまったくないんです。

純　それは不幸な出会いでしたね。日本酒が悪いというより、その酒が悪かったんですよ。飲んだお酒はなんでしたか？

米　えっ、飲んだ酒って、日本酒でしたけど……。

純　ひとくちに日本酒と言っても、高級な大吟醸酒から、経済酒と呼ばれる普通酒、添加物が複数入った安い合成清酒まであるんですよ。**全部、原料と造り方が違うんです！**

米　日本酒って、種類があるんですか？　私が飲んだのって？　高いの安いのって、いったい何がどう違うんですか？

純　複雑怪奇なほど分かりにくいのが今の日本酒です。色と香りが明快なワインと違って、どれも似たような透明なので、見た目で判断しにくいんです。日本酒に苦い思い出があるあなたには、シャンパンのような泡立つ日本酒や、玄米をとことん削ったエレガントな純米大吟醸酒をおすすめしたい！　まずは飲んでみなくちゃ分かりません。同じ酒でも、飲む時の温度を変えると印象もがらっと変わります。**多様さが日本酒の大きな魅力**です。

米　日本酒って、いろいろあるんですねえ。でも温めたお酒は特に苦手です。居酒屋で日本酒を頼んだら徳利に入った燗酒が出て、鼻にきゅーんときた匂いが、もうダメ……でした。

純　安い居酒屋で出る燗酒はトンデモ酒が多いですからね。よっぽど酒が悪かったのでしょう。**〝悪酒を憎んで、燗酒を憎まず〟**です。熱燗で雪見酒、温度を変えて楽しむ文化は、世界広しといえど日本酒だけ。そんな素晴らしい日本酒の世界を知らずにいるなんてもったいない。飲んでみてこそ分かる魅惑の数々を、これからじっくりとご紹介しますよ。さあ、いろいろ飲み比べてみましょう。飲んでみなくちゃ分かりませんからね。でも、その前に、日本酒には様々な種類があることをご紹介しなくては。高い大吟醸酒と、激安の合成清酒では、味わいは天と地ほども違います。どれも透明で分かりにくい日本酒ですが、最近は、炭酸ガスが弾ける泡が特徴のスパークリングタイプや、雪のように白いタイプ、ワインやウイスキーのように長期熟成されて、琥珀色したものまであるんです！

米　え～っ。そんな日本酒があるんですか？　人生知らないことが多すぎる。

純　さあ、日本酒ワールドへ。一緒にのれんをくぐりましょう！

まずは飲んでみるべし、試すべし！

うまみと口当たりのよさは様々。
精米歩合、熟成期間、飲む温度、おつまみとの相性
日本酒ワールドはいろいろあり。

純米大吟醸酒
大吟醸酒
純米吟醸酒
吟醸酒
純米酒
古酒
……
こんなにあるの？

目移りしそう…

スパークリング日本酒はフレッシュで爽快、
純米酒はまろやかふっくら、
火入れ2回の熟成したものは、
うまみしっかり、お燗酒にピッタリ。

まずは飲んで試して、
味わって
制覇します！

一杯目は日本酒のイメージが変わるスパークリングから

純　こちらの日本酒専門店には、ありとあらゆるジャンルの酒が揃っています。さあ、一杯目！　**口開けは喉越しのよいシュワシュワ泡立つスパークリング**からどうぞ。今日は全部で6種類飲むので、お酒に弱いあなたには少量ずつ平杯に注ぎますよ。日本酒はビールやワインと違ってアルコール度数が高いから、少しずつ楽しむこと。お酒を飲んだら、水をお酒と同量飲むと、悪酔いしにくいから覚えておいてね。

米　くんくんくん。今までの日本酒で感じたあのいやな匂いがありませんね。しかもパチパチ弾けてます～。

純　さあ、どうぞお口へ！

米　すっ、コクん。えっ！　ぉぉぉぉぉぉーっ。シュワシュワの炭酸が口中を通り抜けていきます。まるで高原の風か、海を渡る風のよう!?　第一、臭くない。かろやかで、ほんのり甘みもあって、cool beautyなお酒ですね！

純　爽やかな飲み口は、日本酒初心者にこそ飲んでほしい！　最近はアルコール度数が低く、甘酸っぱいタイプの泡立つ日本酒が人気で、コンビニやスーパーでも並んでいます。

米　そうなんですか。どうせマズイと思って手を出しませんでした……。日本酒は随分と進化してるんですね。

純　スパークリングタイプの日本酒は**シャンパンのような瓶内二次発酵タイプ**もあれば、**あとで炭酸ガスを混入したタイプ**もあります。酎ハイ人気で、日本酒もあやかれ～と、酎ハイ並みの低アルコールタイプが増えつつあるのも、最近の傾向です。

米　結婚式の乾杯酒にもよさそうですね。

純　ある蔵元の結婚式では、まずスパークリング日本酒で乾杯でした。白く清らかな泡がグラスに注がれ、お米の酒で乾杯できるなんて、日本らしくていいわ～と感激しましたよ。

米　それはいいこと聞きました。私の結婚式、絶対そうします。まずその前に相手探しを……。

純　スパークリング日本酒は、炭酸ガスが弾けておめでたい雰囲気も出るし、食欲も増進するので、レストランで乾杯酒や食前酒に注文する人も多いんですよ。最近は、山梨県の酒蔵「七賢」（山梨銘醸）から、ウイスキー樽に貯蔵して瓶内二次発酵させた日本酒のスパークリング酒も出て、香りの幅も広がりました。今、最も、にぎわいがある日本酒のジャンルといえますね。

スパークリング日本酒と普通の日本酒の違い

瓶詰めしてからも酵母が活発に働き発酵を続けるのが瓶内二次発酵のスパークリング日本酒。
普通の日本酒が瓶内で発酵することはない。

瓶詰め直後の見た目の違い

瓶内で酵素と酵母が活動を始める（瓶内二次発酵の場合）

米のデンプンを酵素が少しずつ小さくちぎって糖（グルコース）になる。

それを酵母が食べてアルコールと炭酸ガスを作り、泡酒になる。

瓶は閉栓されているので、中で炭酸ガスが抜け出ずに溜まる。

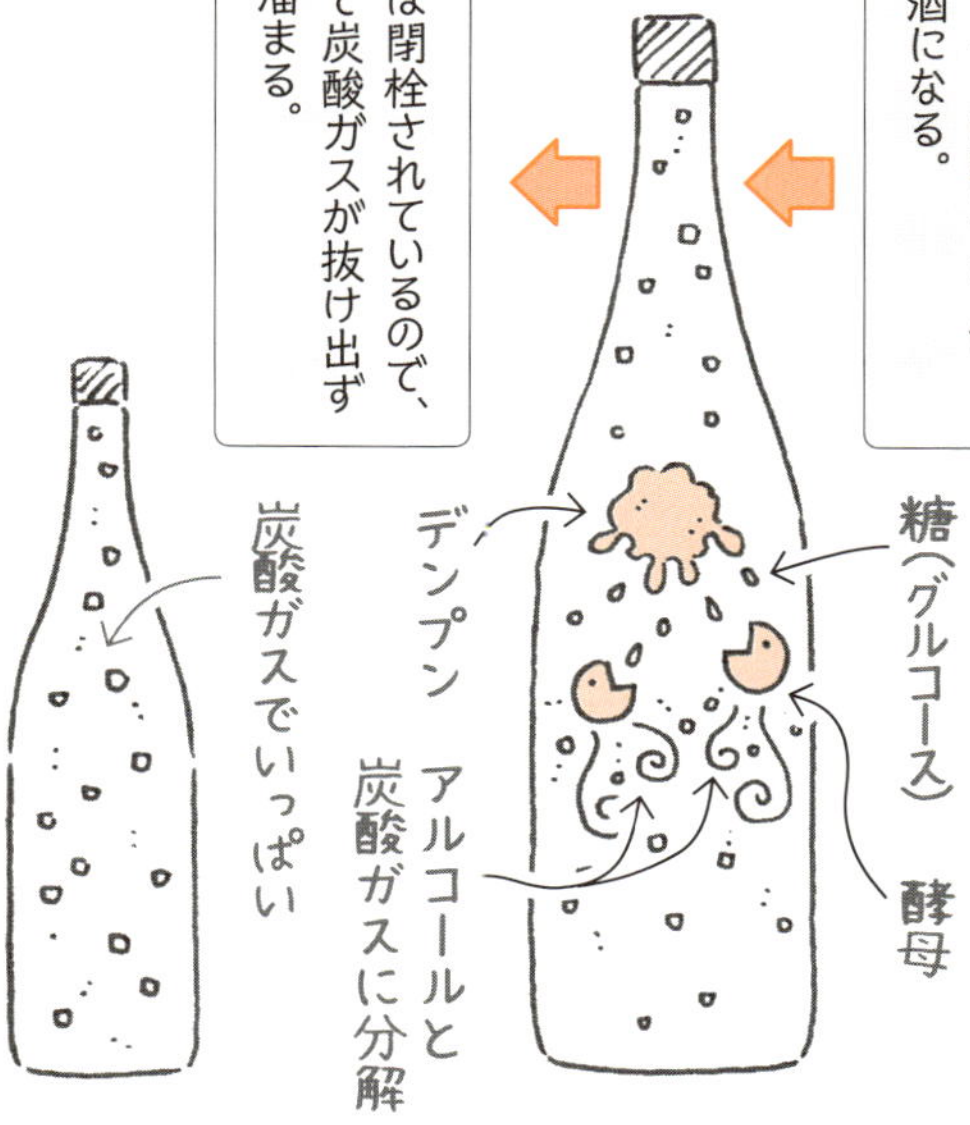

このシュワシュワは酵母のおかげかぁ

スパークリングタイプにもいろいろある

純　スパークリングタイプの日本酒には大きく分けて3つあります。ひとつが今飲んだ瓶内二次発酵の「おり」があるタイプです。

米　「おり」ってなんですか？

純　白いにごった部分のことです。日本酒は米と米麹、水と酵母を原料に発酵させて「もろみ」を造ります。このもろみちゃんは、見た目はどろっとしたお粥みたいなものと思ってね。

米　もろみちゃんですか、かわいい。

純　発酵が終わったもろみを搾り、濾過して瓶に詰めたのが基本の日本酒です。スパークリングタイプの場合、濾過を粗くして、生のまま加熱殺菌しないで瓶詰めするんです。加熱殺菌をしていないから、酵母が生きたまま瓶内の酒に残ります。

米　ナマ！　生きているお酒ですか。

純　酵母くんは、酒の中に好物の糖分があれば、瓶の中で、またせっせと糖分を食べて炭酸ガスとアルコールを出して発酵を続けます。その時、瓶の蓋は閉じてありますから……。

米　炭酸ガスは瓶の中に溜まるいっぽう!?

純　そうです！　酒に残った糖分で、酵母が発酵を瓶内で続けるんです。それを開栓すれば、シュワシュワーっと泡立つんです。白い「おり」と呼ばれる部分があるのが特徴ですね。

米　そういえば、テレビでスパークリング日本酒を宣伝していましたが、それも同じ造り方ですか？

純　こちらはガス混入製法です。先ほどの瓶内で二次発酵させる製法に対し、あとから炭酸ガスを混入するタイプですよ。

米　炭酸ガスをあとで加えるなんてソーダ水みたいですね。

純　白いおりがからむ**瓶内二次発酵タイプは、生酒なので、輸送と管理に冷蔵が必須**です。賞味期限も短くて、取り扱いがかなり難しい。だから、取り扱い店舗も少ないんです。海外輸出もまず無理。おいしいのにね。

米　あんなにおいしいのに！　海外の人に飲ませたい～。

純　**ガス混入製法の酒は、常温で流通できて、管理も簡単！**飲む前に冷やせばすむから楽なんです。そして値段も手頃。

米　なんでそんなに人気が出たんでしょう。

純　最大の特徴は、アルコール度数が低くできることかしら。有名な松竹梅白壁蔵の「澪」のアルコール度数は5度。普通に日本酒はワインより度数が高くて15度くらいあるんです。一部の生原酒には18度以上もある酒もあるわ。「澪」は度数がビール並みに低くて、米の甘みがしっかりある甘酸っぱい味。そこに炭酸ガスがきいて、ジュースのように飲めちゃう。普段、日本酒を飲まない人にも、あの甘酸っぱさとアルコールの低さが飲みやすくてウケているんじゃないかしら。

スパークリング日本酒の造り方の違い

まずは、見た目の違い。無色透明か、白濁しているか。
次は発酵の違い。瓶内で自然発酵させたものか、
炭酸ガスを混入したものか。それぞれに意味がある。

瓶内二次発酵製法

濾過を粗くし、火入れせずに瓶詰めするので酵母は生き続け、
さらに発酵を進ませることで瓶内に炭酸ガスを閉じ込める方法。

●おりなし

製造方法は非公開

awa酒協会の基準
○透明
○自然発酵による炭酸ガスのみを保有
○注いだ時に一筋の泡が立つ
○一定のガス気圧を保持
など

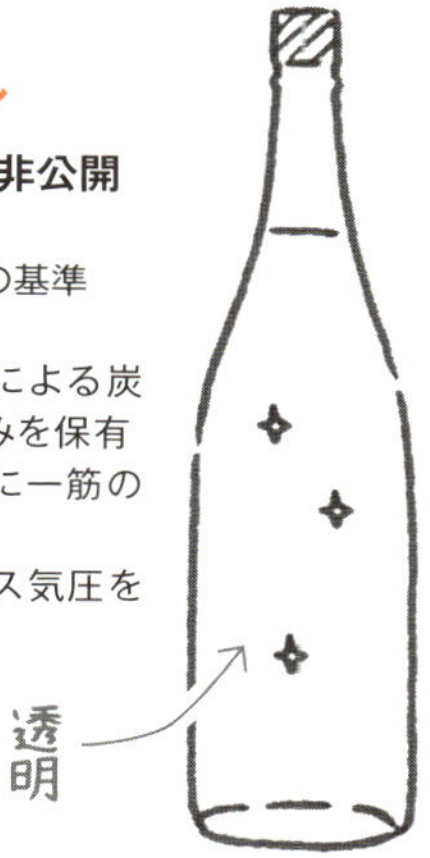

●おりあり

①濾過を粗くする
②生のまま瓶詰め

加熱しないため
○酵母が生きている
○発酵を続ける

ガス混入製法

普通の日本酒同様に濾過した酒に、あとから人工的に炭酸ガスを混入。
市販の炭酸飲料でも一般的に用いられる方法。

①濾過した酒にガスを混入
②瓶詰め

常温保管できるので
○管理しやすい
○取り扱い店舗も幅広い
○値段も手頃

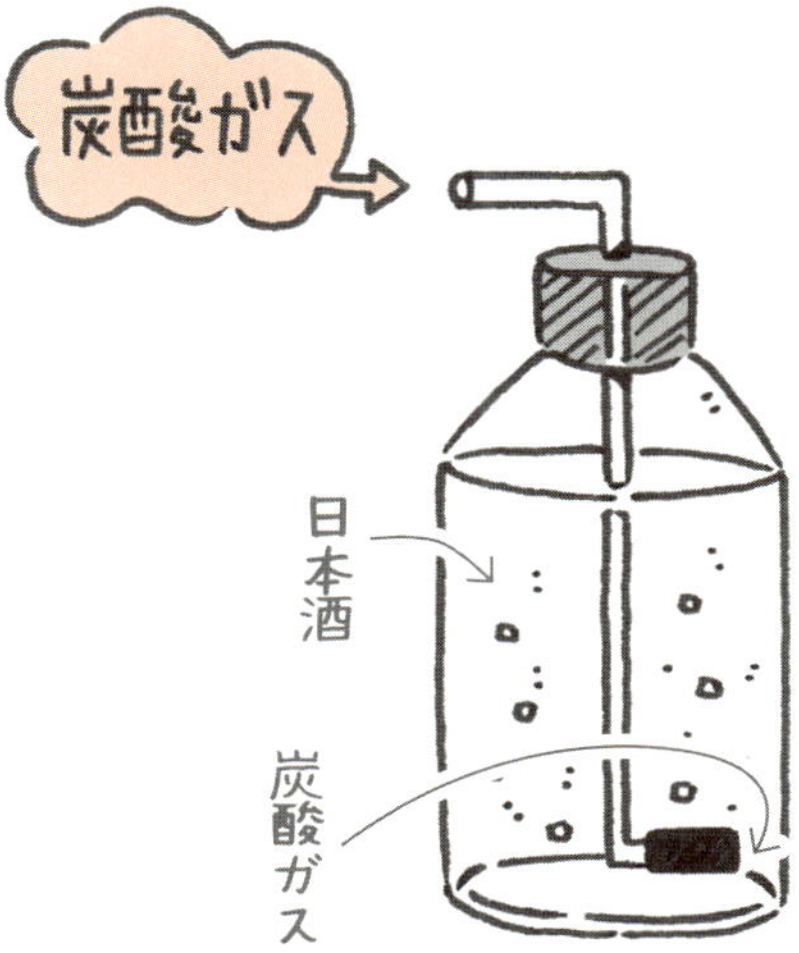

※イメージ図

二杯目はキリッと純米大吟醸酒、大吟醸酒

純　純米大吟醸酒や大吟醸酒は日本酒の中でもトップオブトップの最高級クラスですよ!

米　ということは、お値段も高いのですね。

純　心して飲んでくださいよ~。では、どうして値段が高いのか、その理由をお話しします。**まずお米が違います**。普通に食べるお米ではなく、お酒専用の米で、酒造好適米(略して酒米)と呼ばれる米が選ばれます。山田錦や五百万石、美山錦などが有名ですね。

米　山田錦って、相撲取りさんみたいな名前ですね。

純　酒米の王様とも呼ばれています。もちろん、ササニシキなど、食べるお米で醸す場合もありますが、純米大吟醸や大吟醸クラスになると、酒専用に開発された酒造好適米を使うことが多いです。酒米は値段が高いですし、蔵も気合いを入れて選んだ自慢の米ですから、ラベルに米の名前が表記されることも多いんですよ。

米　山田錦って、高級な酒米の名前なのですね。気合い満タンな米を使っているぞという自慢。なるほど。ヤマダニシキ、メモメモ。

純　次に瓶のラベル表記を見てください。ここに50%と書いてありますね。これは米を削った残りを表す%です。**50%とは半分以上削っている**ことを意味しますよ。**23%と書いてあれば、玄米を77%も削った**ことになります。最も削ったお酒には1%! というのもあるんです。

米　えっ、1%って、玄米を99%も削ったということですか? 随分、ちっちゃい粒ですよね(驚)。

純　その通り! いろんなチャレンジをする蔵があるということです。なぜそこまで削るかというと、玄米の外側の糠部分にはタンパク質や脂質などが多く含まれます。酒に醸すと香りや味を重くすることも。酒米を削るには、大事な米が割れないよう、熱を持たないよう低温でゆっくり削るため、精米歩合23%まで削るのには、なんと168時間=1週間もかかるそうです。ワインはブドウをつぶすだけなので、削る工程はありません。日本酒は手間がかかるんです!

米　ところで、削ったあとの米粉はどうなるのですか?

純　糠ですよね。精米歩合90%で出てくる玄米の外側に一番近い糠を赤糠《あかぬか》と言います。85%までを中糠《ちゅうぬか》、75%までを白糠《しろぬか》、米の中心部分は特上糠《とくじょうぬか》または特白糠《とくしろぬか》と分けられています。赤糠は家畜の飼料や、田んぼの肥料、米油の原料、糠漬けなどに使われます。白糠は、糊やせんべいなどに使われているんですよ。すべて無駄なく有効利用です。

純米大吟醸酒、大吟醸酒は酒米を50%以上削る

それぞれの蔵で酒造り専用の米を選び抜き、
時間をかけて削る作業は
まさに「磨く」という言葉がふさわしい。

ひゃ〜っ
こんなに小さくなるまで
削るんですか
もったいないですね

糠部分が多く残るほど
すっきりした味にならない
ことがあるんです。
おいしい日本酒を造るためには
手間がかかるの。
削ったあとの米粉（糠）は、
漬け物や米菓、ライスミルクなど
様々な用途に利用されています。

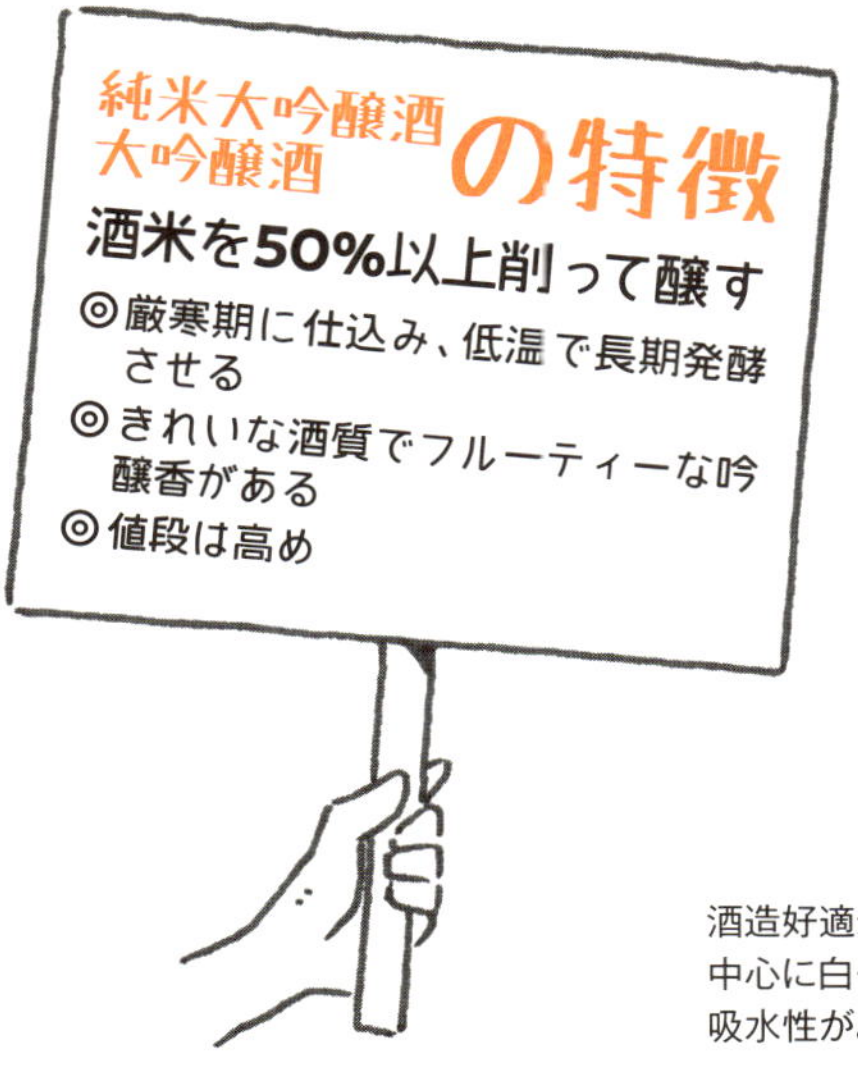
純米大吟醸酒
大吟醸酒
の特徴
酒米を50%以上削って醸す
◎厳寒期に仕込み、低温で長期発酵させる
◎きれいな酒質でフルーティーな吟醸香がある
◎値段は高め

日本酒の精米歩合

- 玄米 **100%**
- 一般的な食用米 **90%**
- 本醸造酒 **70%**
- 特別本醸造酒　特別純米酒　純米吟醸酒　吟醸酒 **60%**
- 純米大吟醸酒　大吟醸酒 **50%**
- 各蔵自慢のスペシャル大吟醸酒になると**35%**以上削る

酒造好適米＝略して「酒米」の特徴は、大粒でやわらか。
中心に白くにごったデンプン質部分「心白」が多い。
吸水性がよく、糖化されやすく、おいしいお酒ができる条件が揃う。

純米大吟醸酒、大吟醸酒は日本酒の最高峰

純　純米大吟醸酒や大吟醸酒の特徴は**「吟醸造り」**と呼ばれる醸造方法です。これは**低温で長期間、じっくり丁寧に発酵させる造り方**です。搾ったあとの酒粕がたくさん出るのも特徴。贅沢な造りなのです。この「吟醸造り」で醸された酒は、気品があります。繊細で、優雅なエレガントなタイプが多いですよ。クリア感が半端ないので、「日本酒って、くっさ～い」と思いこんでいる人にこそ、真っ先に飲んでほしいお酒です！　さあ、飲む前に、まずは鼻を近づけて、お酒の香りをかいでみてください。

米　わ～っ！　このお酒の香りは、なんとも清らか。確かに透明感を感じます。いやな匂いがまるでありません。爽やかです。しかもフルーツのような香りも。

純　**リンゴやバナナ、メロンのような香りが特徴の酒もある**んですよ。原料は米と水なのにです。果物が入っているわけではないのに不思議ですよね。香りは使用する酵母の影響が大きいです。香りを楽しんだあとは、いよいよ飲んでみましょう。

米　どれどれ……。

純　ちょっと待って。まずは、少しだけ口に入れてみてください。お酒を舌の上で広げるように、じっくり味わってくださいね。そして飲んだら息を吸って、鼻から出してみてください。味の余韻とお酒の香りはどうですか？

米　清らかで、雪の結晶を思わせるようなクリア感を感じました。あと口もきれい！　息まで美しい！　こ、これが大吟醸の世界ですか。

純　はい。**日本酒の最高峰**です！

今のお酒は、酒米の王と呼ばれる山田錦で造られています。半分以上磨いて、低温で醸した純米大吟醸酒。雑味がまるでありません。醸造アルコールを添加した大吟醸酒なら、よりライトな味わいに感じるでしょう。日本酒初めてさんにこそピッタリなのが、この大吟醸クラスなんです。温度ですが、**繊細で清涼感ある香りを活かすよう、冷やして飲むことをおすすめ**します。温度は白ワインと同じ8～12度くらいが目安。酒器は極薄手のグラスや磁器製のものがいいですね。

大吟醸酒はスペシャルな酒

低い温度で時間をかけてゆっくりと丁寧に発酵させるから、きれいな味わいの高貴な酒ができ上がる。

大吟醸酒は米の削り方が違う！

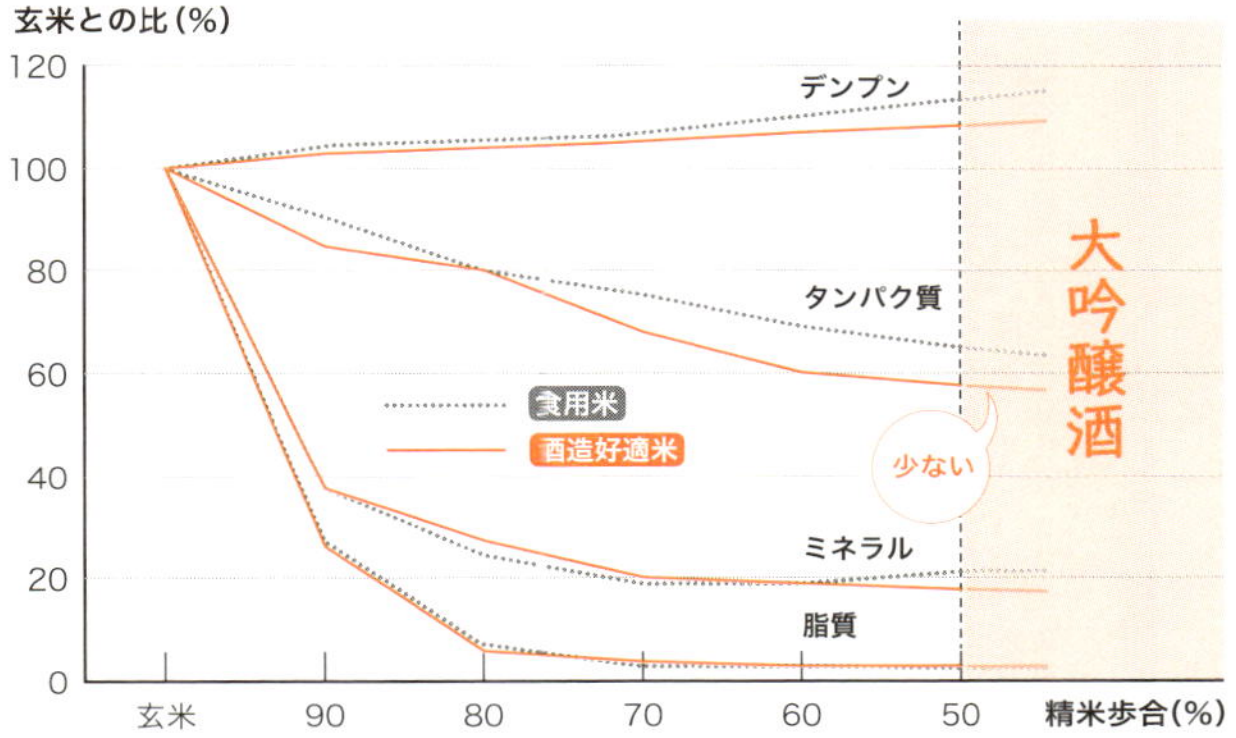

精米歩合と成分割合の関係

精米歩合とタンパク質と脂質の変化

米のタンパク質が多いと酒の味が重たくなり、脂質が多いと香りの生成が少なくなる傾向に。大吟醸クラスに使われる酒造好適米は、食べる米よりもタンパク質が少ないのが特徴。これを削ることでさらにきれいな酒になる。

大吟醸酒は発酵の温度が低く時間も長い！

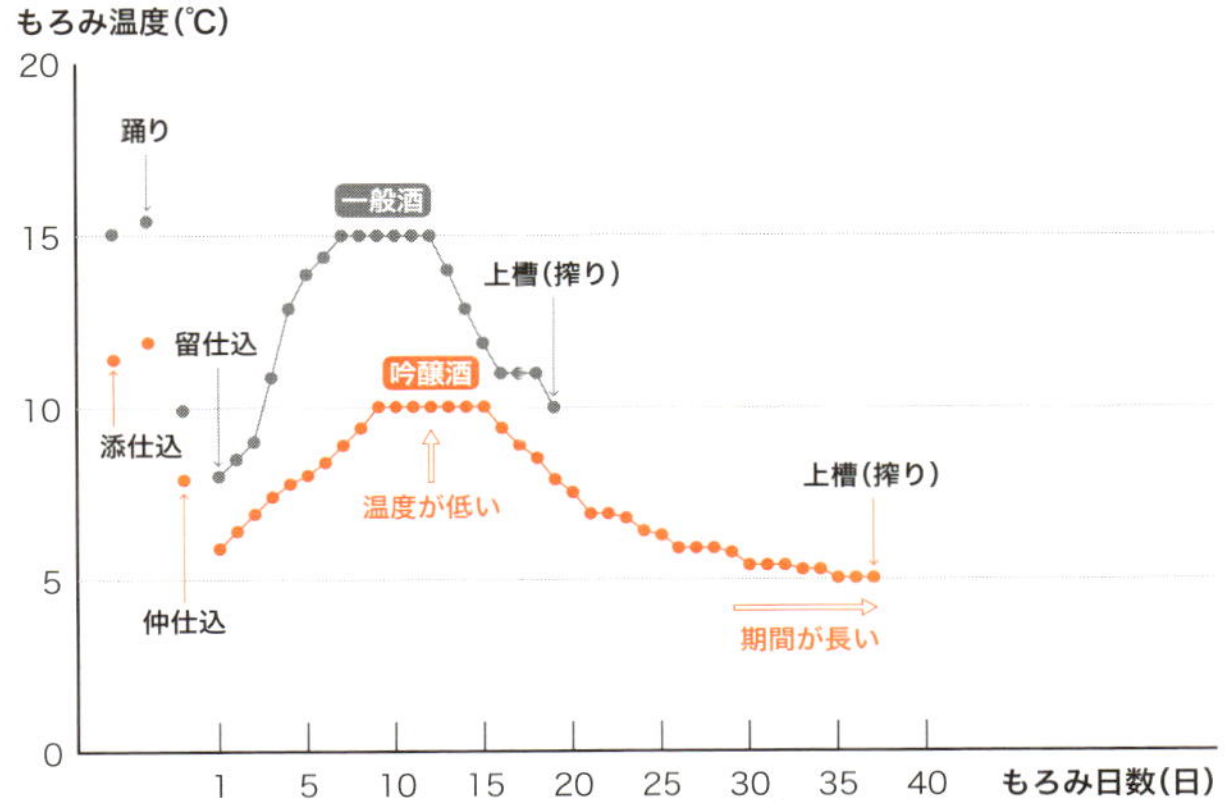

酒造時におけるもろみの発酵温度の変化

不思議とフルーティーな香りが！

純米大吟醸酒と大吟醸酒の違いは、別のアルコール(蒸留酒)の添加があるかないか。

- 純米大吟醸酒　精米歩合50%以下、麹歩合15%以上、アルコール添加なし
- 大吟醸酒　　　精米歩合50%以下、麹歩合15%以上、アルコール添加あり

参考／酒類総合研究所情報誌「お酒のはなし」

お酒を味わうには、途中で水を飲むことも大事

米　お酒の上手な飲み方って、あるんですか？

純　**お酒を飲んだらお水もね！**　が合言葉なの。

米　えっ、お水ですか？

純　ウイスキーなど洋酒を飲む時、口直しにチェイサー（追い水）があるように、日本酒も**水を一緒にとることで、体内のアルコール濃度が下がります。**すると酔いの速度が、ゆっくりおだやかになるんです。**酔いを和らげる水なので「和《やわ》らぎ水」**と呼ばれています。

米　どれくらい飲めばいいですか？

純　お酒をひとくち飲んだら、水をひとくち。これでアルコール濃度が半分になります。お水は冷たすぎると体が冷えてしまうので、水は氷抜きで飲みましょう。白湯にしたら、もっと体にやさしく、いつまでも飲めそうになります（おっと、それは危険かも!?）。お酒を飲む合間に水を飲むことで、舌の感覚も鈍らせないですみますよ。次のお酒や料理の味が鮮明になります。アルコールを飲み続けると喉が渇きますが、その脱水症状も防ぐことができるのです。

米　おいしいお酒が続くと、ついつい調子にのってクイクイと飲んでしまいます（反省……）。

純　お酒を飲んだら水を飲む、そのちょっとした「ひと呼吸」をおく時間も大事。口の中がリフレッシュして、次の一杯が、さらにおいしくなりますよ！　酔い心地もかろやかで、翌朝もスッキリ！

米　これからは、お酒を飲む時、お水も飲みまーす。

純　居酒屋でもお酒を頼んだら、「お水も一緒にください！」を忘れずにお願いします。**日本酒はワインよりも度数が高い**ことをお忘れなく。日本酒の原酒には20度前後あるものもあって、勢いよく飲むと危険です。ワインといえば、白ワインを炭酸で割ったカクテル「スプリッツァー」をご存知？　ワインにソーダの泡がはじけて、爽やかな口当たりでアルコールが弱い人や食前酒として人気です。日本酒も水やソーダで割ってもいいんです。無理せず、ゆっくりおいしさを楽しむのが一番です！また、お店によっては、仲のよい酒蔵から仕込み水を取り寄せて提供しているところもあります。酒蔵がこだわっている水だけに、おいしいですよ。

米　それは素敵！　仕込み水と、それから造ったお酒を飲み比べられる貴重なチャンスですね。

和らぎ水のすすめ

日本酒をそのまま飲むと度数が高く、急いで飲むと酔いやすいのでご注意。お酒を飲んだら、水を飲むことも忘れずに。

他の醸造酒に比べ、日本酒のアルコール度数は高い
（各平均アルコール度数）

日本酒と同量の和らぎ水と一緒に飲む（または日本酒を水で割る）

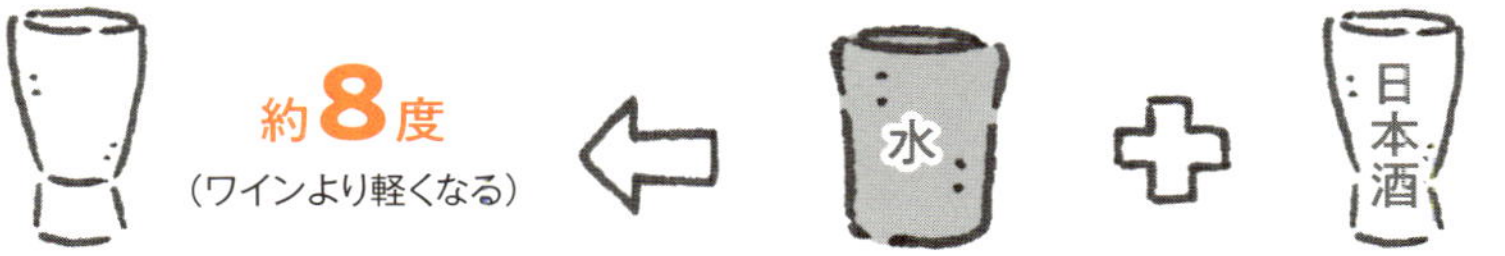

三杯目は純米吟醸酒の爽やかさを味わう

米　純米大吟醸酒って本当に透明感あるきれいな味で驚きました。その「大」がつかない吟醸は、どんなタイプのお酒ですか？

純　お酒の造り方は大吟醸酒も吟醸酒もどちらも「吟醸造り」という低温長期発酵して醸すことが特徴です。手間暇かけて米を削り、吟味されて丁寧に醸した高級酒。とはいえ、一部には吟醸造りをしない酒もありますよ。**大吟醸酒と吟醸酒の決定的な違いは米の削り方**です。先ほどの大吟醸クラスは玄米を半分以上削ったもので、精米歩合50％と表記してありました。それに対して純米吟醸（吟醸）酒の削り方は、純米大吟醸（大吟醸）酒より10％大きくてＯＫ！　ということは、40％以上削れば純米吟醸（吟醸）酒と名乗ることができます。ラベルには精米歩合60％と表記されていますよ。ほら、ここをよく見て！

米　なるほど、精米歩合がちゃんと書かれていますね。純米大吟醸酒や大吟醸酒と同じ低温長期発酵という造り方で、**玄米を4割以上削ったものが純米吟醸酒、吟醸酒**ということなんですね。

純　飲用温度は純米大吟醸酒や大吟醸酒同様に、繊細な香りを活かすよう、こちらも白ワインの温度が目安です。さあ、では純米吟醸酒を味わってみましょう。

米　こちらもフルーティーな香りです。みずみずしくて、ジューシーな感じも。純米大吟醸酒よりも輪郭がはっきりしているような味わいと言えばいいのかしら？

純　純米大吟醸酒は繊細でデリケートな味わいでしたよね。**純米吟醸酒はそれよりもやや骨太**と考えるといいでしょう。純米大吟醸酒はそれだけで楽しむ主役級の酒でしたが、純米吟醸や吟醸クラスは、香りも大吟醸酒より控えめなものが多く、料理にも合わせやすいお酒になります。お値段が大吟醸クラスより、少しばかり手頃になるのも嬉しいですね。

米　自分へのご褒美にしたり、ちょっといいお酒が飲みたい時に、純米吟醸酒のきれいな世界は気分をぐ～んと華やかに盛り上げてくれそうです。

純　フレッシュで爽やかな香りと繊細な風味は、和食だけではなく、野菜や魚、オリーブオイルや柑橘類の風味がきいたイタリアンにも合いますよ。おしゃれなデザインの瓶も多いので、ギフトにもおすすめ！　すっきりなめらかな喉越しが多い吟醸タイプですが、おだやかな香りでコクのある濃醇な味もあります。それは「味《あじ》吟醸」と呼ばれていますよ。吟醸タイプも多彩です。

吟醸酵母の過酷な発酵人生

大吟醸酒を含む吟醸酒は酵母のがんばりの賜物。その人生たるや、なかなか過酷。栄養状態をあえて抑えられ、ひどく寒い環境で、長い期間、耐え忍んで生き延びた結果のお酒が吟醸酒。

酵母の栄養分を
わざと不足気味に

5〜10℃の低温で
30日以上の長期間発酵

ハングリーな環境でこそ力強く育つ吟醸酵母

この過酷とも言うべき発酵により、吟醸酒独特の、リンゴやバナナを思わせるフルーツのような香りと繊細な風味という極上の味わいの高級酒が生まれる。

極上の香りと風味の誕生

吟醸酵母の代表的な2つの香り

- ○リンゴのような香り　カプロン酸エチル
- ○バナナのような香り　酢酸イソアミル

おいしいお酒が飲みたかったら「ギンジョー」と覚えよう

純　日本酒の中で最高峰のプレミアムサケが、純米大吟醸酒や大吟醸酒です。その次のクラスが純米吟醸酒や吟醸酒。いい酒は「吟醸＝ギンジョー」です。丁寧に造った美しい味のお酒が飲みたかったら、まずはシンプルに「ギンジョー」と覚えましょう！

米　ギンジョー！　それならすぐに覚えられます。

純　吟醸は、文字通り、その蔵が米選びから吟味して醸した高級酒です。

米　吟味して醸すので吟醸なんですね。ときに、お米はどうやって選んでいるのですか？　いい米を見繕ってブレンドしたロイヤルブレンドとか、スペシャルな高級ブレンドとかもあるんですか？

純　日本酒に使う米は、食べる米と違って品種をブレンドしません。いろいろな米品種が混ざると、均一に米を削ることができなくなります。成分も異なるため、温度と時間の調整をデリケートに行う必要がある麹造りも難しくなります。

米　そうですか〜。ブレンドはないんですね。

純　高級な吟醸クラスに使われる米は、酒造好適米といわれる酒専用の大粒の米です。酒の設計に合わせ、米の品種から吟味して選ぶんですよ。生産地や等級、栽培方法、生産者などを気にして選ぶ蔵が多いです。

米　そんなにいろいろな選択肢があるんですか？

純　米を選んだあとの酒造りからが大変なんです。吟醸酒だけは手洗いするとか、麹造りも手作業で寝ずにする。発酵をコントロールするため、少量仕込みにするなど。それはもう手間を惜しまない大変な工程の連続です。お酒を仕上げてから、ブレンドすることはありますよ。というわけで、品種を吟味して醸した吟醸酒、ひとつの蔵でもし、米違いの酒があれば、飲んでみてください。どういう風に違うか味わうと面白いですよ。同じ米の品種でも地域や田んぼによって味わいが変わってきます。そんな飲み比べも楽しいです！

米　米違いの飲み比べですか。分かるかしら？　楽しそう！　それは酒瓶に書いてありますか？

純　書いてあるものも多いですが、書いてないものもあります。

米　まず「吟醸」を選ぶ時は、どこを見て選んだらいいんですか？

純　**ラベルなどに「吟醸」とあるものは、すぐに見分けられて簡単**ですが、あえて表記しない蔵もあるんです。「先入観を持って選んでほしくない」という思いがあるそうですよ。**そんな時は、側面か裏面に書いてある精米歩合を見てみましょう。**吟醸酒や純米酒など特定名称酒は、精米歩合が表記されています。

米　なるほど、ラベルの米と精米歩合をチェックですね！

純　**原料名に「米、米麹」とあれば純米タイプ**。精米歩合の違いで、純米大吟醸酒、純米吟醸酒、純米酒となります。**米、米麹のあとに「醸造アルコール」と書いてあれば本醸造タイプ**で、大吟醸酒、吟醸酒、本醸造酒です。「吟醸」を名乗るには、米を40％以上削る必要があります。

米　このラベルは裏面に「麹米40％に掛米60％」と書いてあります。これは、なんのことですか？

純　麹米と掛米の精米歩合を分けているのですね。麹米とは、麹造りに使う原料米のこと。40％というのは、精米歩合のことです。60％を削って残ったのが40％、これを酒造りに使ったということです。すなわち大吟醸クラスですね。そして、掛米というのは、麹米と対になる言葉で、蒸してから酒母やもろみに加える米のことです。60％というのは精米歩合で、40％を削って残ったのが60％という意味。こちらは吟醸クラスですね。

米　精米歩合が違う……このお酒は、大吟醸酒と吟醸酒、どっちになるんですか？

純　この場合は、精米歩合の数が大きい（玄米に近い）方に揃えることになっています。大吟醸酒ではなく、下の吟醸酒になります。そして醸造アルコールを添加していないので、このお酒は純米吟醸酒ですね。

米　なるほど！　だんだん分かってきました～。早くいろいろなギンジョーを飲んでみたいです。

吟醸の見つけ方

まずラベルを見て「吟醸」の文字を探してみよう。
どこにもなかったら精米歩合を確認。
60％以下なら吟醸酒、50％以下なら大吟醸酒。

純米吟醸または吟醸を名乗るためには以下の条件が定められている。

- 純米吟醸酒　精米歩合60％以下、麹歩合15％以上、アルコール添加なし
- 吟醸酒　精米歩合60％以下、麹歩合15％以上、アルコール添加あり

冷やと冷酒、じつは違うものなんです

米　コホン。だいぶ日本酒になじんできたワタクシですが、通の頼み方としてはまずは「冷《ひ》や」ですかねえ。

純　「冷や」いいですね。ときに米さん、「冷や」と「冷酒」の違いはご存知ですか?

米　えっ、どちらも同じじゃないんですか?

純　冷酒は文字どおり、冷たく冷やしたお酒です。そして「冷や」は、冷酒と同じ「冷」の字がつくものの、冷やした酒ではありません。ちょっとややこしいですね。**その昔は、冷蔵庫がなく日本酒を「冷たくする」という習慣がありませんでした。**もともと日本酒は温めて飲むのが基本。お酒といえば燗酒だったんです。

米　燗酒が基本だったんですね。燗していない酒に対して、冷や酒……。「かん」と「ひや」しかなかった名残。なるほど、冷蔵庫が登場して、冷やして飲んでおいしい吟醸酒ができて、飲み方が変わったのですね。

純　そうです。昔は、冷や酒は、「貧乏人の冷や酒」とか、「親の意見と冷や酒はあとできく」とか言われて、敬遠されたものなのです。そして居酒屋さんで「冷やください~」と言えば、昔は常温のまま出してくれるのが当たり前でした。今は冷蔵庫から出したばかりのよく冷えた酒が出てくることが増えました。

米　喫茶店で「お冷やちょうだい」と言うと「冷たい水」ですもんね。

純　とある居酒屋さんで「冷や」を頼んだお客さんが、冷たい酒がテーブルに置かれたのを見て、「俺は冷や酒を頼んだんだ!」「だから、冷や酒ですよ!」「だから!　俺が飲みたいのは冷や酒なんだよ」と禅問答のような、あてどもない会話が繰り返されるのを聞いたことがあります。

米　冷やといっても、冷やしていないお酒……。

純　特に日本酒専門店の場合、お酒が管理のために冷蔵庫に入っていることが多く、融通がきかないこともありますね。店員さんが「冷や=常温」と知らないこともありますが、お客さんの方も「冷やは冷酒だ」と思い込んでいる場合が多いです。「なんだよ、生ぬるいじゃないか」と常温の冷や酒に文句言ってる人もいましたから。

米　私も勘違いしてました……。

純　**冷たい酒を飲みたい時は「冷たい冷酒で」。冷やを飲みたい時は「常温で」と具体的に伝えた方がいいですね。**

米　〝ひやひや〟したくないですもんね(笑)。

〝キリッと冷えた日本酒を〟なんてのは最近の話

冷蔵庫の普及に伴い冷酒向きの酒が増え、品質管理の徹底で冷蔵貯蔵が一般化。保管温度と飲用温度は別と考えて、好みの温度で飲みましょう。

1900年～　氷で冷やす木造冷蔵庫が登場

電気冷蔵庫はなく木製の氷式冷蔵庫。上に氷の塊を入れる氷室があり、氷の冷気で下の食材を冷やした。国産第1号の冷蔵庫は1930 年に誕生したが、小さな庭つきの家が建てられるほど高価なもの。酒を冷やすなんてとてもとても。

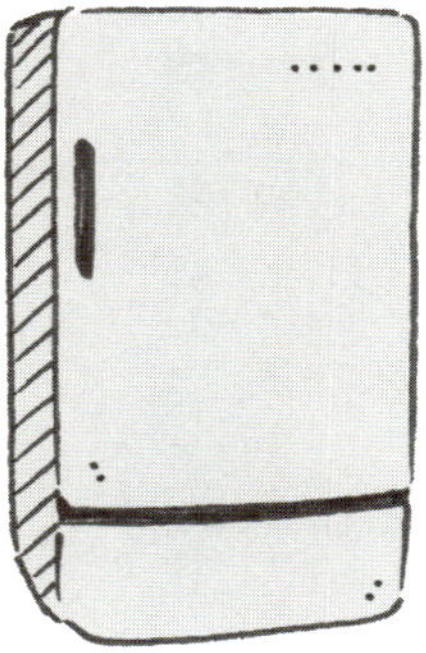

1950年～　電気冷蔵庫が普及

家庭用小型冷蔵庫が登場。高度成長時代に入り国民の所得も増え、「白黒テレビ、冷蔵庫、洗濯機」が三種の神器で消費ブームに。1958年には3%だった普及率も、1965年頃から急激に増え始め、1971年には90%まで普及。冷蔵庫の普及に合わせ清涼飲料水やビールが爆発的に売れ始めた。

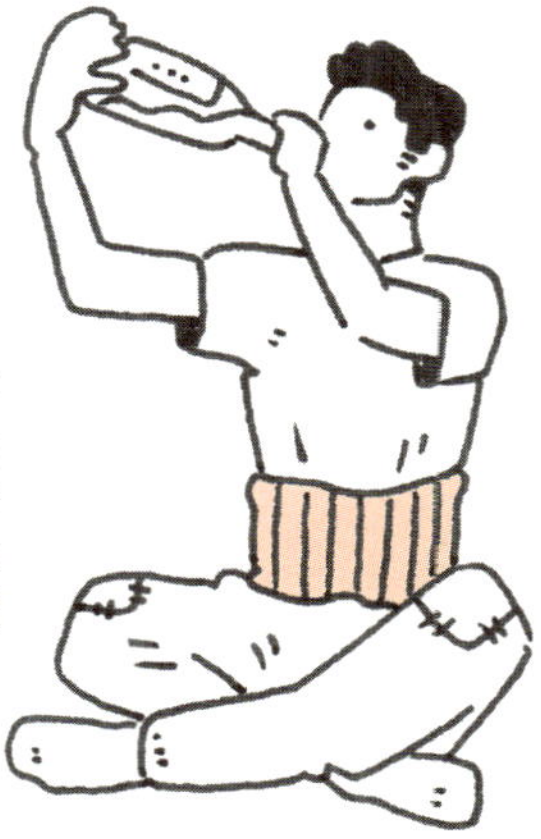

「貧乏人の冷や酒」とは

昔は酒は燗して飲むのが当たり前。貝原益軒の『養生訓』でも「温かい飲み物は体によい」と記される。温めることでうまみが増え、やわらかくなった。アルコールは体温に近い温度で吸収されるため、冷や酒だと酔いを感じるまで時間差が生じる。燗酒は吸収も早く、酔いすぎることが少ない。

四杯目はうまみを感じる純米酒を

純　大吟醸、吟醸クラスと続いては、いよいよ晩酌の大定番！　純米酒を飲んでみましょう！

米　お米と米麹と水だけのお酒ですね。

純　文字通り、純米酒は米と米麹と水で純粋に醸した米だけの酒です。コクのある飲み応えは、お燗酒にも向く酒が多いですよ。

米　純米酒は米の味がストレート。いろんな温度が楽しめると。

純　だから家庭料理にもドンと来い！　なんです。精米歩合90％以上はなかなかありませんが、**80％の純米酒**は結構あります。特に**酒米作りに力を入れている蔵に多い**ですね。では、精米歩合80％の純米酒を飲んでみましょう。まず、香りから。

米　やや、これはお米の香りでしょうか？　吟醸クラスにはなかった、太く懐かしいような。

純　純米酒は吟醸クラスでは使わない、昔ながらのオーソドックスな酵母を使うことが多いのです。

米　あ〜、コクがあります。しっかりした味わいですね。色のイメージで例えると、大吟醸酒は水晶、吟醸酒は水色、純米酒はベージュか黄色かも。

純　いいですね！　まさにそんな感じです。うまみやコクを感じるのが純米酒の醍醐味。冷やよし、燗よしと、楽しめる温度も広いです。また、**温めると輪郭がはっきり**してきますよ。

米　親しみやすくていいですね。お楽しみがいっぱい。

純　しかも、**純米酒はお値段もリーズナブル！**

米　いくらぐらいからありますか？

純　一升瓶で２０００円前半、四合瓶で１０００円前半からありますよ。手を出しやすい価格ですよね。

米　随分と安いんですね。ワインより安い⁉

純　「毎晩飲んでほしい」という酒蔵の思いですね。地元限定の良心的な純米酒もあるので、旅に出たら探してみてください。

米　こんなにおいしい純米酒があるのに、どうしてお酒に別のアルコールを入れるようになったのですか？

純　日本酒の原料である米が戦時中に不足し、また腐造防止、満州出兵時に、兵士用に寒冷地でも凍らない酒が必要になり、添加が認められたそうです。当時、日本の税金の2割強は酒税！

米　へ〜っ。

純　国の税金に占める酒税の割合が一番高かったのは、日露戦争の頃。なんと、税全体の4割近くも。日本酒の歴史ですね。純米酒の魅力は懐の広さ。煮物や漬け物など、晩酌に向くタイプが揃っていますよ。「うまみが多いな〜」と感じたら、料理にも使ってみて。「あら私、料理上手になった？」と勘違いの気分も味わえます。

米と米麹と水だけで醸す〝米の酒〟

日本酒は大きく分けて2系統。
米・米麹だけの純米酒か
醸造用アルコール＋αが添加されたものか。

特定名称酒とは

酒税法で定められた基準を満たしたものをいい、以下の8酒類がある。

- ○ **純米大吟醸酒**
- ○ **大吟醸酒**
- ○ **純米吟醸酒**
- ○ **吟醸酒**
- ○ **特別純米酒**
- ○ **純米酒**
- ○ **特別本醸造酒**
- ○ **本醸造酒**

特別本醸造酒と本醸造酒の違いは、前者の精米歩合が60%以下であり、後者は70%以下のものをいう。特定名称を名乗るには、米は農産物検査法で3等以上に格づけされた米を使うこと（山田錦でも格づけがないと名乗れず普通酒に）。そして精米歩合と麹割合と使用原料で名称が決まる。

純米系は日本酒全体の約25%

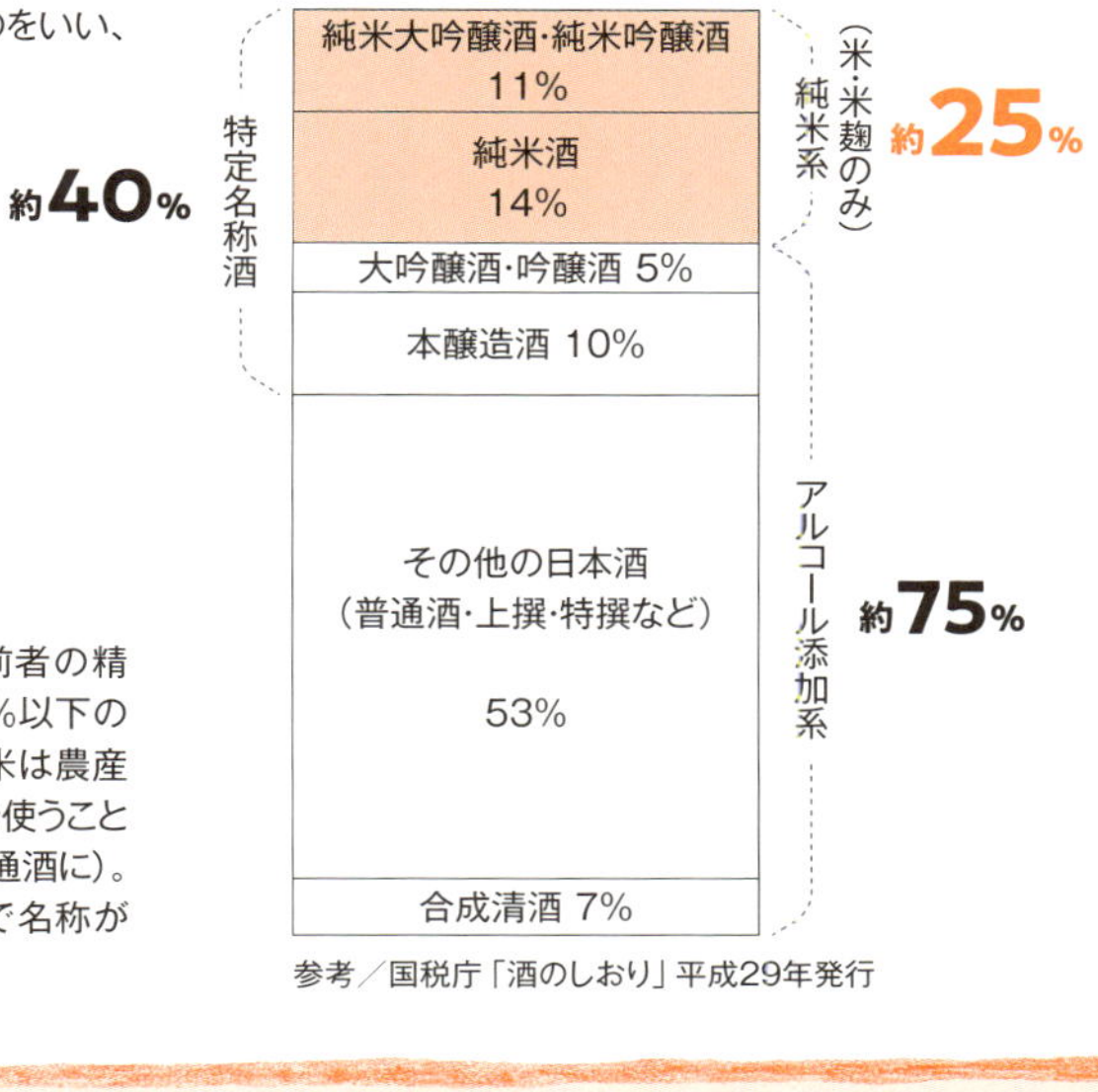

参考／国税庁「酒のしおり」平成29年発行

純米酒を名乗るための条件は？

純　昔は本醸造酒と同様に精米歩合70％と規定があったんですが、今は撤廃！　**玄米100％で仕込んでも純米酒が名乗れます。**

米　玄米そのままでよいなら、削らなくて簡単だからいいですね〜。

純　そうですが、玄米100％の酒ってほとんどないんです。玄米の表層は脂質やタンパク質で覆われて、酒にすると、味が重く、糠くさくなったり、雑味が出やすくなるんです。麹菌も中心部まで届きにくくて、削った方がおいしい酒になるんです。昔の純米酒の規定が70％だったので、今も精米歩合70％の純米酒が多いですね。

米　糠くさくなる……酒（うへっ）。

純　精米歩合が玄米に近い酒は、もったりとした、よく言えば日焼けした畳のような温かみがあって、悪いわけじゃない……。

米　日焼けした畳……分かるような気も。懐かしく気持ちがほっこりしそう。漬け物でいうなら古漬けでしょうか？

純　そんな感じですね（笑）。脂質やタンパク質が多い分、味が重く、雑味があるタイプが多かったのが、最近はちょっと変わってきたのです！

米　どうしたんですかっ。

純　蔵内の環境を清潔に整え、醸造の技術が上がったことも酒質向上につながったんです。酒専用に開発された酒米は、タンパク質含有量が少なくて削らなくても、きれいな味に仕上がりやすいんですよ。

米　80％でもきれいな味のお酒がある……ということは、どんな酒米を使っているかもチェックポイントですね！

純　お米の名前をラベルに表記している蔵は、そこを考えて設計しているんです。**今は80％精米の純米酒でも、かろやかなうまみの酒が増えてます**よ。

米　2割しか削ってないから、米力がドーンと出そうです。

純　さあ、これは兵庫県の酒蔵、本田商店「龍力」の80％。山田錦誕生から80年を記念した精米歩合80％の純米酒です。

米　80年、80％の山田錦の純米酒？

純　日本で一番多く生産されている酒米は兵庫県の「山田錦」。生産量は今もトップの座！　蔵元いわく「今まで米を磨くことで山田錦の魅力を伝えてきましたが、酒造りに適した米は磨かずともよい酒ができる」という自信作です。80％ゆえの山田錦のうまみや切れも感じます。

米　へ〜っ、山田錦そのものの味なんですね！

純　**玄米に近いほど、お米の味がガッツリと出てくる**ので、米違いの飲み比べをすると、よ〜く個性が分かりますよ。

精米歩合80%の純米酒

地元固有の品種米100%の純米酒を見つけたら、飲み比べを楽しむのもおすすめ。地域の特性も蔵の個性もしっかり見えてくる。

精米歩合80%は、ご飯で食べる白米に近い！

- 100%　玄米
- 90%　一般的な食用米
- **80%　純米酒**
- 70%　本醸造酒
- 60%　純米吟醸酒、吟醸酒
- 50%　純米大吟醸酒、大吟醸酒

濃厚なうまさ
まさに米力を感じる味！

80%

龍力
純米酒80 山田錦

兵庫県で開発された山田錦は酒米の生産量が全国一。誕生から80年を記念して醸した精米歩合80%の純米酒。山田錦ならではのうまみや切れが重なる。

本田商店／兵庫県

80%

七本鎗
純米80%精米火入れ

穀物の骨太な味が楽しめる蔵の看板酒。酒米「玉栄」の精米を80%に。米本来のうまみがたっぷりと味わえる。燗酒にするとさらに味わい深い。

冨田酒造／滋賀県

80%

秋鹿　八八八
一年熟成 純米無濾過生原酒

八反錦・八割精米・八号酵母で醸した"八づくし"の純米生原酒を1年間熟成。八反錦の米のうまみに切れある芳醇な酒。

秋鹿酒造／大阪府

五杯目はお燗酒を味わってみる

純　**純米酒は燗酒に向く**と言いましたが、これはご飯と一緒なんです。ご飯を冷めたまま食べるのと、温めて食べるのとでは、甘みやうまみの感じ方が違いますよね。ご飯にふくらみや甘みを感じるのは温めた方です。お酒もまたしかり！　なんです。

米　お燗酒を居酒屋で飲んだ時、いい印象がなくて……燗酒には苦い経験が……。

純　それは酒が悪かったということで（悲）。先ほど飲んだ、純米酒はどうでしたか。

米　コクがあっておいしくて、ハマりそうでした！

純　そのおいしい純米酒を温めますよ～。燗酒は体をぽかぽかと温め、血行をよくするので冷え性さんにもおすすめ。

米　なんだかお燗酒は風情も別格ですね。

純　指先から温もりを感じて、ああ、燗酒～と末端から感じますねえ。さあどうぞ、香りなんざあ、かがなくてよござんすよ！

米　では……あっ、おいしいっ！

純　そうでしょう～。ボディが太い辛口の純米酒はお燗にすると一層はえるのです。さあ、これにはこの珍味を。

米　どわ～っ。一層おいしくなりました。酒も珍味も！

純　それが純米燗酒の最高なところ。やさしくまるく、うまみを包んで倍増してくれるんです！

米　ときにこの珍味は、いったい……ナニモノですか？

純　へしこです！　さばを糠漬けにした北陸の伝統的発酵食よ。

米　うまみの塊のようでした。塩気がありましたが、燗酒を飲んだら、まろやかになって口中が一体感にうっとり。

純　これが日本酒の素晴らしさですね。生牡蠣にも抜群に合うのが日本酒ですからね。

米　えっ、生牡蠣にはシャブリじゃないんですか（知ったかぶり）？

純　ワインは料理との相性をドンピシャで合わせるのが難しいからマリアージュを語るんですよ。その点、日本酒は懐が広いですからね。オホホ。

米　私も受け止めてほしいです！　燗酒上手な懐の深い彼氏……独り言です。

純　そして燗酒の楽しさは器！　素材、口に当たる厚み、カーブ具合で味わいがガラッと変わります。ぜひいろんな酒器で試してみてくださいね。

米　燗酒は何度がいいんですか？

純　**温度の決まりはありません**。お酒によって最適な温度が違いますし、同じお酒でも温度によって味わいが変わります。いろんなお酒を様々な温度で試してくださいね！

お燗酒、おすすめは熱湯にちゃぽんとつけること！

○ 湯煎　× 鍋で加熱

湯煎で熱燗をつける

お湯が沸騰したら、鍋を火から下ろして徳利を湯の中へ。好みの温度になったら徳利を取り出す。

鍋で熱湯に徳利をつけ、加熱しながら酒をつけると、すぐに徳利内の温度が70度以上になってしまい、酒のアルコール分の揮発が始まることで、香りや味が抜けてしまう。

湯煎ならば香りや味が抜けない。

この体に染み入るまろやかな美味しさ！

ああたまりません

日本酒は、お酒の性質や温度帯によって様々な味わいが楽しめる。

丁寧に温めると、ふっくらとした味わいの燗酒に。

「燗酒はちょっと苦手……」という方も、純米酒で、ぜひお試しを！

燗の温度で、香りと味わいの違いを楽しむ

徳利を触っても温度は感じない	30℃	ほんのりと香りや味の輪郭が表れる
徳利を触るとほんのり温か	35℃	体温と同じ人肌燗。味がふくらみやわらか
徳利を触るとやや温かい	40℃	ぬる燗。香りとうまみがふくらみだす
徳利を触ると温かい	45℃	上燗。切れのよさがグッと出始める
徳利から湯気が上がる	50℃	熱燗。さらに切れよく、シャープな印象に
徳利を触るとやや熱い	55℃	飛び切り燗。切れのよい辛口の味わいに
徳利を触ると熱い	60℃	アチチ燗。辛口の純米酒がしっかり花開く

最後はコクとうまみがたっぷりの古酒を

純　日本酒の深い世界を最後にお見せしましょう！

米　やや、このお酒の色は、山吹色というか、茶色というか。醤油か紹興酒のようですね。

純　**日本酒にもビンテージがあります。**といっても、ワインのような原料の当たり年というわけではなく、**寝かせておいしくなる酒がある**ということ。千葉県の木戸泉酒造は、昔から長期熟成に力を入れ、そのために「高温山廃」という酒造りをしています。古いものでは20年以上熟成させた酒もあるんです。リッチでふくよか、チョコのような濃い甘みや香ばしい風味も。さあ、ちょこっとどうぞ！

米　やや、本当ですね！　香ばしくて甘みもコクもリッチです。チョコレートケーキと合わせたくなりました。ブランデーのような芳醇な味、あれれ、なぜか、するっと飲めてしまいます。

純　角がまるくなってますからね。

米　ウイスキーや焼酎なら20年ものもありますが、醸造酒で長期熟成があるとは。まったく知りませんでした。日本酒は、いったいいつまで飲めるんですか？

純　日本酒には基本、賞味期限はありません。開栓してなければ飲めるので捨てたりせずに、飲んでみてくださいね。

米　そうですか。ワインには、生まれ年のワインってありますが、日本酒でもそれができるってことなんですね？

純　20年持たせようと思ったら、造りのしっかりした長期熟成を目的に設計した酒がおすすめ。新酒のフレッシュな味と対極にあるような、コクやうまみ、甘みが時間とともに増えますよ。

米　古酒は何度で飲んだらいいですか？　ブランデーに近いからグラスで常温かしら？

純　お燗が面白いですよ。味がまろやかになります。温度は熱々燗でもへこたれません！　冷えても、またウマし。

米　日本酒はいつから「古酒」と呼ばれるのですか？

純　日本酒は寒い時期に造られて、春、夏、秋、冬と1年間のサイクルで販売されます。1年経った酒は、古酒と区別されます。ですが、売れ残った古酒と、酒蔵で目的を持って長期間熟成させた酒の名は区別しようと、長期熟成酒研究会が**「熟成古酒」**と呼ぶ活動をしています。

米　これぞというお酒で、自分で熟成したくなりました！

純　新酒の生酒はフレッシュな味を楽しむため加熱殺菌されていませんから、熟成には向かないですが、酒がどう変化するかは、やってみなければ分かりません。**好きなお酒でぜひチャレンジを**。日本酒にタブーなしです！

米　化けたら嬉しい～！

古酒の醍醐味、自家熟成のすすめ

日本酒は熟成するとどう変わる？

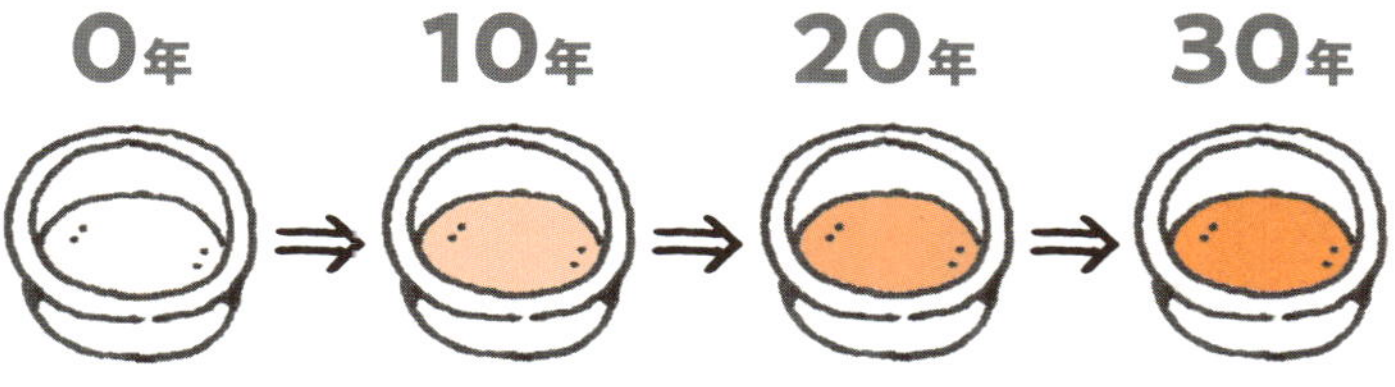

色	無色透明	淡い黄色	淡い茶色（山吹色）	濃い茶色（琥珀色）
香り	果実様 花様 麹様 など	ナッツ／はちみつ／醤油／ 漬け物（たくあん）／チョコレート／ カラメル／スパイス など	年を追うごとに 深みを増す	
味 （口当たり）	軽さ 爽やかさ 荒々しさ など	甘み感 苦み感 複雑さ など	年を追うごとに 深みを増す	

参考／酒類総合研究所情報誌「お酒のはなし2」

酒を長期間おくと、瓶の底に「おり」が出ることもあります。間違える人がいますが「おり」はゴミではありません。ある杜氏さんが「これが出たらうまくなった証拠！」と言っていました。

「おりが出たら、天使と思え」とね。

お酒はアルコールですから、腐ることはありません。日本酒よりアルコール度数が低いワインの長期熟成は、いくらでもありますから。心配しないで自家製熟成を試してみてください。熟成後はまず飲んで味見、ダメなら料理やお風呂へどうぞ〜。

ナッツのようななんともいい香り〜♡

古酒と長期熟成酒はどう違うの？

米　長期熟成酒のことが、もうちょっと知りたくなりました。

純　日本酒は新酒から始まり、春の生酒、秋のひやおろしなど、季節に合わせ1年かけて出荷するといいました。1年間の周期で売り切るのが基本なんです。昔は売れ残ったものが古酒でした。

米　売れ残りが古酒……そんな風に言われないようにしようっと。

純　今は昔と違い、容器も進化しています。ホーローやステンレス製の最先端のタンクや、貯蔵も瓶に詰めたり、蔵内も冷蔵設備が整うなど、貯蔵の技術が格段に進化し、劣化することなく、長期貯蔵できるようになったのです。

米　その昔は桶で自然の温度だけですもんね。

純　熟成したお酒の独特の色は、日本酒の成分に含まれる糖分やアミノ酸が、時間を経るにつれて反応した結果の色です。最初は透明、そして黄色、だんだんに山吹色、琥珀色、最後は濃い醤油のような色まで変化していきます。

米　先ほど飲んだ古酒は明るい琥珀色でした！

純　透明感ある輝きできれいでしたね。そして**特徴のひとつは、他の日本酒にはない香り**ですね。まるでナッツやチョコレート、はちみつを思わせるような香りだったでしょ？

米　目隠しして飲んだら、甘いシェリーかポート酒と思ったかもです。

純　甘みやコク、苦みなどの成分がどんどん増えて、複雑で芳醇なボリューム感ある味わいになるんですよ。

米　複雑で芳醇ですか。まさにそんな感じでした〜。これが日本酒ってビックリ。初めての体験でした。

純　**新酒にはなかった魅力的な味に育った酒を「長期熟成酒」と呼んでいる**んですね。ですから、たまたま売れ残った古酒とはまったく別物で、最初から狙って設計した熟成の古酒が、長期熟成酒なんです。

米　じゃあ、**古酒っていうのは、新酒に対して使われている言葉**なんですか？

純　そうです。単なる古酒というのは、もともと前年の酒造年度以前に造られた酒のことを指す言葉だったんです。木戸泉酒造では、お酒を造った醸造年度を、西暦で大きく表記した酒も造っています。分かりやすいですね。１９７４年の酒もあるんですよ！

米　わ〜っ、生まれ年……に近いです（笑）。

純　生まれ年の日本酒は感無量ですよね。もし手に入れたら、蓋を開けて瓶の中の空気を急いで吸ってくださいね。それはその時代の空気ですからね！

時間の経過を楽しむ"熟成古酒"の世界

単に時間が経てばいいわけではない
そこには技と手間がかかっている。

熟成には環境が大事

お酒の弱点は光。日光、蛍光灯など照明が大の苦手。温度変化が激しいところに置くと、確実に酒質が劣化してしまう。単に長期間保管するだけでは、おいしい熟成酒は生まれない。家では光に当たらないよう酒瓶を新聞紙で包んで、温度が一定の冷暗所で保管すること。床下収納庫に入れてもいい。

海中で熟成させる酒もある

日が当たらず温度が一定の海の底で保管した「海中熟成酒」というものもある。「海中熟成酒プロジェクト」の名で、全国15の蔵元が参加し、静岡県南伊豆の石廊崎に近い中木沖、水深15メートルの海底に日本酒を沈め、半年間熟成させている。海中は光が当たらず、温度も一定なので、おいしく熟成させることができる。

古酒五曲 秘蔵古酒詰合わせ
純米原酒の熟成酒5種飲み比べセット

日本酒の古酒ってどんな味だろう？

そんな人におすすめなのがこちら。同じ原料、同じ製法で造った純米原酒を熟成させた5本セット。1年･5年･10年･15年･20年と5種類の古酒がいっぺんに味わえる。木戸泉酒造／千葉県

タイプ別熟成古酒の特徴

タイプ	醸造方法	熟成温度	特徴
濃熟タイプ	本醸造酒 純米酒	常温熟成	熟成を重ねるにつれ、照り、色、香り、味が劇的に変化、風格を備えた個性豊かな熟成古酒
中間タイプ	本醸造酒 純米酒 吟醸酒 大吟醸酒	低温熟成と常温熟成を併用	低温熟成から常温熟成へ、またはその逆の貯蔵法により、濃熟タイプと淡熟タイプの中間の味わいを実現した熟成古酒
淡熟タイプ	吟醸酒 大吟醸酒	低温熟成	吟醸酒のよさを残しつつ、ほどよい苦みと香りが渾然一体となった、幅のある深い味わいの熟成古酒

出典／長期熟成酒研究会

飲んべえ県　日本一は、どこ?

消費量が多いのは大都会ですが……

単純な統計上、アルコール飲料消費の多いのは、東京。しかし東京は近県から通勤している会社員が、会社近くで消費する量もカウントされます。東京都民だけが酒を飲んでいる数字ではないのです。大阪も同様。

その大都会を外すと、アルコール飲料全体の消費量ナンバーワンは、高知です。さすが、南国土佐。名物の豪快なかつおのたたきや皿鉢料理と一緒に、酒をよく飲むことが実証されました。ただし、統計をよく見てみると、飲んでいるのは、ビールや発泡酒、第3のビールなど、軽い飲み物が多いようです。

それでは、一時ブームになった乙類焼酎は？と統計を見てみると、鹿児島、宮崎が、ツートップ。次に大分、熊本と続きます。意外なことに、鹿児島は、アルコール飲料全体だと15位です。乙類焼酎以外は口にしないのが、薩摩隼人気質?!

日本酒を日本一飲んでいる県は？

日本酒消費量を見てみると、ダントツは新潟！平均して、1人年間12・6ℓ飲んでいます。2位が秋田と石川で9・2ℓ。そして、山形と福島は8ℓ。次は僅差で長野と富山で7・9ℓ。続いて島根、岩手、福井、鳥取の順。12位にようやく東京、青森、宮城、九州から佐賀が登場。

近県需要を含む東京よりも、はるかに多くの日本酒を消費しています。上位の県、恐るべし。

日本海側の東北から、北陸、山陰にかけてが、日本酒飲みベルト地帯。正しく、地産地消ならぬ、地醸地飲。明らかに、日本海側の日本酒飲酒量が、多いのです。

新潟と秋田をはじめとして、米どころは、日本酒飲みどころなのも、間違いありません。九州で、唯一上位入賞の佐賀も、米の名産地です。米どころイコール日本酒消費量が多いのも、面白いですね。

酒類全体で見ても、新潟や秋田は上位でも、石川はちょっと低め。石川の人は、他の酒に浮気せず、日本酒ばっかり飲んでる、模範的日本酒ファン？

ふと気がつけば、上位の県は美人が多いと言われる県の名が連なります。「越後美人」に、「秋田美人」、「金沢美人」。やっぱり、日本酒をたくさん飲むから美人に？　はたまた、美人は日本酒が好きの法則？

ナンバー1の新潟は、酒蔵数も日本一多い日本酒県。蔵人たちが、日本酒を造って飲んで、消費にも貢献しているのかもしれませんね。

参考／国税庁「酒のしおり」　平成27年度成人1人当たりの酒類販売（消費）数量表（都道府県別）

第2章 ウチ飲みの楽しみ方

おいしく味わう酒器の選び方

純　いろいろな日本酒を同時に飲み比べる面白さ、楽しさをお店で味わいましたね〜。

米　どれも同じように思っていた日本酒ですが、それぞれに違う味があるんですね。どれも違って、どれもいい！　ですね。

純　もうひとつ、**飲む器次第で、味わい方がグーンと変わってくる**んですよ。

米　コップや湯のみじゃだめですね……。

純　器次第で、**香りの強弱、甘いか辛いか、飲む温度までガラリと変わる**んです。お酒に合わせて酒器を選んでほしいなあと思います。そういうことがいろいろ自由に試せるのが、ウチ飲みのよさ！　しかも、安あがり（笑）。ウチ飲みが最高になる、とびっきりの方法を教えますから、ウチに飲みに来てください！

米　おじゃましまーす。わ〜、いろいろな酒器が勢揃いですね！

純　日本酒ほど、様々な素材と形の酒器が揃う酒は世界中探してもありませんよ。ワインもビールも基本はグラスだけ。日本酒の器は素材も形もじつにいろいろです。例えば、陶器に磁器、漆器に錫、竹や杉の自然素材、ガラスも昔からあります。

米　備前焼や有田焼に唐津焼、越前漆器に会津漆器……じつは器大好きなんです。旅先でよく買います〜。

純　酒器は小さくて形もかわいく楽しいから、飲まない人にも人気ですね。**素材によって唇の当たり方が変わる**んです。朱色の漆はやわらかで温かく、寒い冬に嬉しい素材です。朱色の漆器に、白いにごりのお燗酒を入れると、それは風情があるんです。また、シャープな柄の切子ガラスは、見てるだけで涼やか。夏の冷酒に合います。有田焼など磁器製の薄口の平杯なら、繊細な大吟醸酒をよりデリケートに味わうことができます。ではどんな風に味の印象が違うか、試してみましょう。ここから好きな器を選んでくださいね。

米　私はこのたっぷり入るのが〜っと。

純　形状の違いで酒器の呼び名も変わります。米さんが選んだのは猪口です。**大きく分けて、盃、猪口、ぐい呑みがある**と覚えてくださいね。

米　猪口って？　甘いチョコのことじゃないですよね。

純　猪口は筒胴形の酒器。もとは料理を盛り付ける小さな器で、そば猪口に使われたり、酒を飲むのに使われたそうですよ。ぐい呑みは、ぐいっと呑むとか、ぐいっとつかんで呑んだことからついた名で、猪口よりも大きなものを言います。とはいえはっきりした定義はありません。

日本酒がもっとおいしくなる器選び

手にした時の肌触り、口に触れる感触、持ちやすい形など、器の持ち味は様々。酒を注いで味わうとさらに魅力が引き立つ。

陶器

粘土から作る陶器は温かみが特徴。厚みもあり燗酒に向く。釉薬を使わない備前焼など焼締は表面の細かい凹凸が味をまろやかにするとも。益子、美濃、唐津が有名。

磁器

陶石と呼ばれる岩石を砕いたものを原料とする磁器は薄手で透明感があり、繊細に味わいたい酒に向く。吸水性がなくカビない。有田、清水、九谷が有名。

漆器

漆を塗り重ねた漆器はなめらかで冬でも温かい。どぶろくやにごり酒など白濁した酒を美しく魅せる。軽く壊れにくく断熱性が強い。越前、山中、会津、紀州が有名。

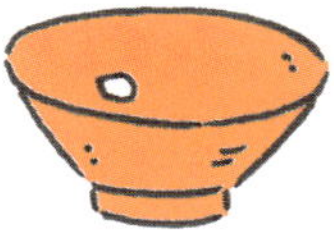

切子ガラス

ガラス表面に文様を刻み工芸的価値が高い。市松模様やストライプなど和モダンなデザインが増え、冷酒を万華鏡のようにも見せる。江戸切子、薩摩切子が有名。

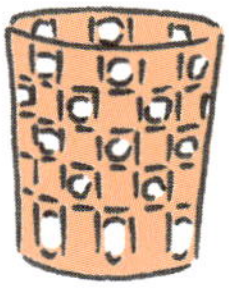

ガラス

酒の色や味、香りをじっくり確かめる時は薄手のガラス器が最適。光にかざせば酒の粘度もよく分かる。ワイングラスは丸いボウルの空間に香りが籠り、香りがよく分かる。

杉

杉をくり抜いたシンプルな形の猪口。爽やかな杉の香りが、雰囲気よく楽しめる。軽く、落としても割れにくい。安価で、旅の猪口にもおすすめ。

錫

銀色に輝き重厚感があり割れない。熱伝導率に優れ冷酒を最も冷たく飲めるのが錫や銀などの金属。指先まで冷たさが伝わる。故に燗酒は不向き。富山、大阪が有名。

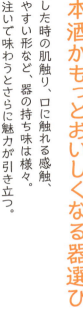

ウチ飲みパーティーにはこんな酒器がおすすめ

旅先で買い集めた酒器をカゴやトレーに載せて、好きなものを選んで飲んでもらうのも、日本酒の楽しみ方のひとつ。それぞれの酒が、飛び切りおいしく味わえる専用の酒器があれば、より一層味わいが明確になり、個性もくっきり味わえる。ひとつのお酒が酒器によってどのように変化するか、飲み比べてみよう。

◉純米大吟醸酒、大吟醸酒

繊細な味の酒には、酒器もデリケートなものを。香りが特徴の大吟醸クラスは、温度も冷たくして味わうものが多いので、エレガントな味わいを繊細なガラスの薄口のもので味わうのがおすすめ。

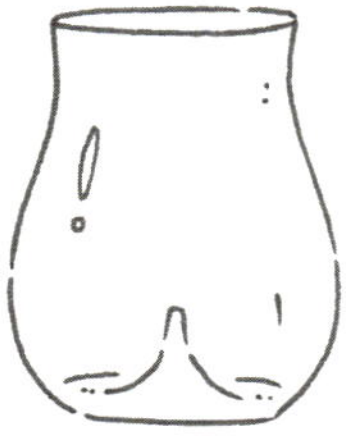

松徳硝子 うすはり大吟醸

口がすぼまり、香りが飛びすぎないようにしたデザイン。職人の手仕事で施された底の突起により、軽くグラスを傾けて、ゆっくりと回すことで吟醸酒の芳醇な味と香りが楽しめる。

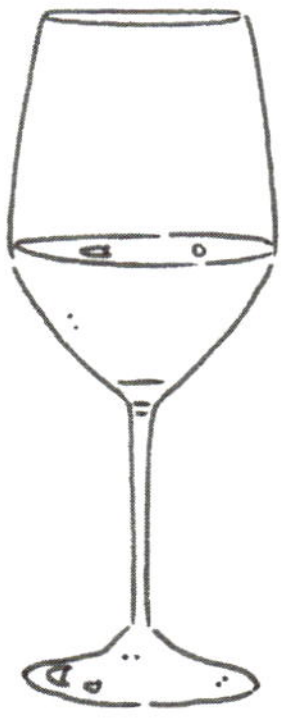

リーデル ヴィノム 大吟醸

ワイングラスの老舗リーデルが日本酒の蔵元と共同研究した大吟醸酒専用のグラス。大吟醸酒の香りが引き立つ設計となっている。

◉純米吟醸酒、吟醸酒

大吟醸クラスより香りがやや控えめで、ジューシー感もあるみずみずしいものが多い吟醸クラス。フルーティーな香りときれいな味を楽しむグラスを選びたい。

**リーデル・オー
大吟醸オー 酒テイスター**

ジューシー感がある大吟醸酒や吟醸タイプに向くグラス。縦長のボウル形状で、香りや喉越しを楽しめる。ボウル部分だけのデザインで足がないので気軽に楽しめ、手の温もりで徐々に温度が上がる。

純米酒

柳宗理 清酒グラス

民芸を研究し続けたデザイナー柳宗理氏が日本酒造組合中央会から依頼され、1970年代にデザインした日本酒グラス。値段が手頃で、飲み比べ用に数がたくさん欲しい人、来客が多い人におすすめ。

清酒グラス（大）［外寸 口径68mm × 高さ78mm 容量 125mℓ］
清酒グラス（小）［外寸 口径56mm × 高さ65mm 容量 65mℓ］

清酒グラスのデザインについて ― 柳宗理 ―

「日本酒造組合中央会の依頼により"清酒グラス"をデザインするに当って、一番心掛けたのは、日本酒のための盃、というイメージの表現である。特にガラス製品の場合は、ワイングラスと違い、誰が見ても、これは日本酒のためのグラスだという、明瞭な識別をもたせることが必要だ。日本的で、シンプルで、しかも新鮮な感じ、勿論、使い易さなど、色々な必要条件の下に約二年苦労して、出来上がったのがこの盃である。できるだけ早く、多くの人々に親しまれ、広く愛用されれば、幸いこの上もない」

純米酒の燗酒

酒は純米・燗ならなお良し 平杯　［直径8cm 高さ3cm］

元財務局課税物件鑑定官、元鳥取県工業試験場技官で全国の酒蔵を指導してまわった上原浩氏。著書も多く、名台詞は「酒は純米・燗ならなお良し」。その言葉を入れた磁器製の平杯。飲み口が薄く、燗酒を飲むのに最適。平杯の広い飲み口は酒が口の中全体に広がりやすく、味わいも広がる。平杯はお燗酒の温度が冷めずに飲める。上原氏ゆかりの酒蔵や酒販店で取り扱う。酒本酒店／北海道など。

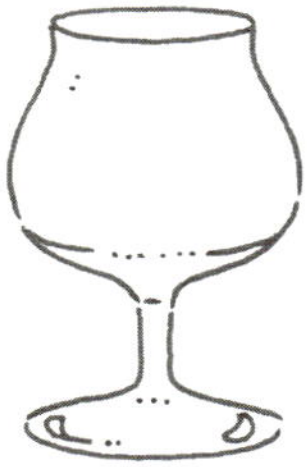

古酒

甘く色も濃厚なものが多く、少量ずつ飲むので、ブランデーグラスも合う。

木村硝子店 タサキ 古酒 5oz ［口径48mm × 高さ95mm 容量150cc］
ソムリエ田崎真也氏のデザイン。
日本の長期熟成酒の複雑で豊かな香りを引き立たせる。

片口

一升瓶から盃には注ぎにくく風情も台なし。そこで片口にいったん入れて、注ぎ分けるとスムーズ。たれずに注げることが重要なので、購入する前に、お店で試させてもらうとよい。

左）有田焼 古染雲
　片口カップ（L）180cc 伝平窯

中）有田焼 麒麟花万暦
　片口カップ（L）180cc 伝平窯

右）備前焼

ウチ飲みを彩る全国の銘品酒器

日本は山あり野あり、海あり川あり。風土が変われば、酒も変わり、器も変わります。陶器、磁器、漆器、金属まで、多種多様に勢揃いするのが日本の酒器の魅力。これほどまでに揃う国は唯一無二。日本酒は器を変えることで、楽しみ方も無限大です。酒と器を探しに各地へ向かえば、新しい発見とおいしさ、楽しさが満載。

[漆器]津軽塗 青森県

漆で凹凸を作った上に数十回も漆を塗り重ね、平らに研ぎ出して斑の模様に表す唐塗、小さな輪紋が可愛い七々子塗などが有名。

[漆器]川連漆器 秋田県

木地は、主としてブナと栃。地塗りと中塗りを繰り返して仕上げているので丈夫で使いやすい。普段使いに喜ばれる実用漆器。

[漆器]浄法寺塗 岩手県

無地の本朱、黒、溜色の光沢を抑えた単色仕上げが多く、国産最大の漆生産地ならでは、艶のある質感で高い評価を得ている。

[漆器]鳴子漆器 宮城県

木目の美しさをそのまま生かした木地呂塗は、素朴な味わいが特徴だが、墨流しの技法の龍紋塗は幻想的。

[陶器]益子焼 栃木県

濱田庄司により「用の美」を目指す民芸運動の拠点に。時代を経ても伝統を守り抜き、関東で最も広い窯里に。

[漆器]木曽漆器 長野県

木肌の美しさを活かした「木曽春慶」や。幾層にも塗り重ねた色漆を研ぎ出して作り出す「木曽堆朱」で知られる。

[陶器]備前焼 岡山県
焼締の中で最も有名な産地。土と炎が織りなすダイナミックな造形。器の表面の細かい凹凸が、お酒の味をおいしくするという説もある。

[陶器]萩焼 山口県
アイボリーがかった厚めの釉薬の下に、オレンジ色の土肌が透けるやさしい印象の器。使うほど味が出て、「萩の七化け」と珍重される。

[磁器]砥部焼 愛媛県
磁器ながら厚みがあり丈夫で、おおらかな雰囲気が普段使いにどんぴしゃり。気取りなさと潔さが魅力の器。純米をぐいっと飲むのが似合う。

[陶器]小鹿田焼 大分県
民芸運動の柳宗悦に見出された、飛び鉋という金属のヘラでリズミカルに削り取る技法で、全面に施した細かい幾何学紋様が特徴。

[陶器]美濃焼 岐阜県
日本最大の焼物産地とも言われ、ピンクがかった白い志野、濃緑の織部、瀬戸黒、黄瀬戸などが有名。有名作家も数多く輩出し、名作も多数。

[陶器]常滑焼 愛知県
焼締のなめらかな肌合いは、他の焼物にはない独特なタッチ。特徴ある朱泥の色は鉄分の赤み。薄手の杯は純米酒や古酒にもよく合う。

[陶器]信楽焼 滋賀県
伊賀焼 三重県
ごつごつした手触り、大らかさが魅力の焼き物。真の酒好きが好む焼き物とも言われ、冷酒よりも、アツアツのうまい燗酒がよく似合う。

[陶器・磁器]京焼 京都府
雅の都、京らしい色鮮やかで華やかな独特の絵付け。花鳥風月、京友禅のように描かれた器が多く、陶器もあれば、磁器もある。

[磁器]九谷焼 石川県
華麗な色遣いで見て楽しい絵付け磁器。絵柄を鑑賞しつつ味わうのがおすすめ。酒質がきれいな金沢酵母(きょうかい14号)の酒を冷酒でどうぞ。

[漆器]輪島塗 石川県
日本の漆工芸の代表と言われる輪島塗。沈金彫りや蒔絵による優美な装飾も高評価。輪島塗の朱杯に白いにごり酒はひと際美しく映える。

[陶器]越前焼 福井県
赤褐色の焼締の肌、ピシッとエッジの立った輪郭。ガラス質の多い陶土を、高温で焼き上げた独自の陶肌は、使い込むにつれ、なめらかに。

[漆器]越前漆器 福井県
天皇の冠の塗り替えを担当。黒塗の艶の見事さが評判。

[磁器]有田焼、伊万里焼 佐賀県
日本磁器発祥の地。白くなめらかな磁器の肌は、歴史に磨かれた透明感ある美しさが魅力。有田焼は2016年で創業400年を迎えた。

[陶器]唐津焼 佐賀県
東の「せともの」に対して、西の「からつもの」と言われ、器の代名詞にもなったほど。土ものならではの素朴で力強い味わいが楽しめる。

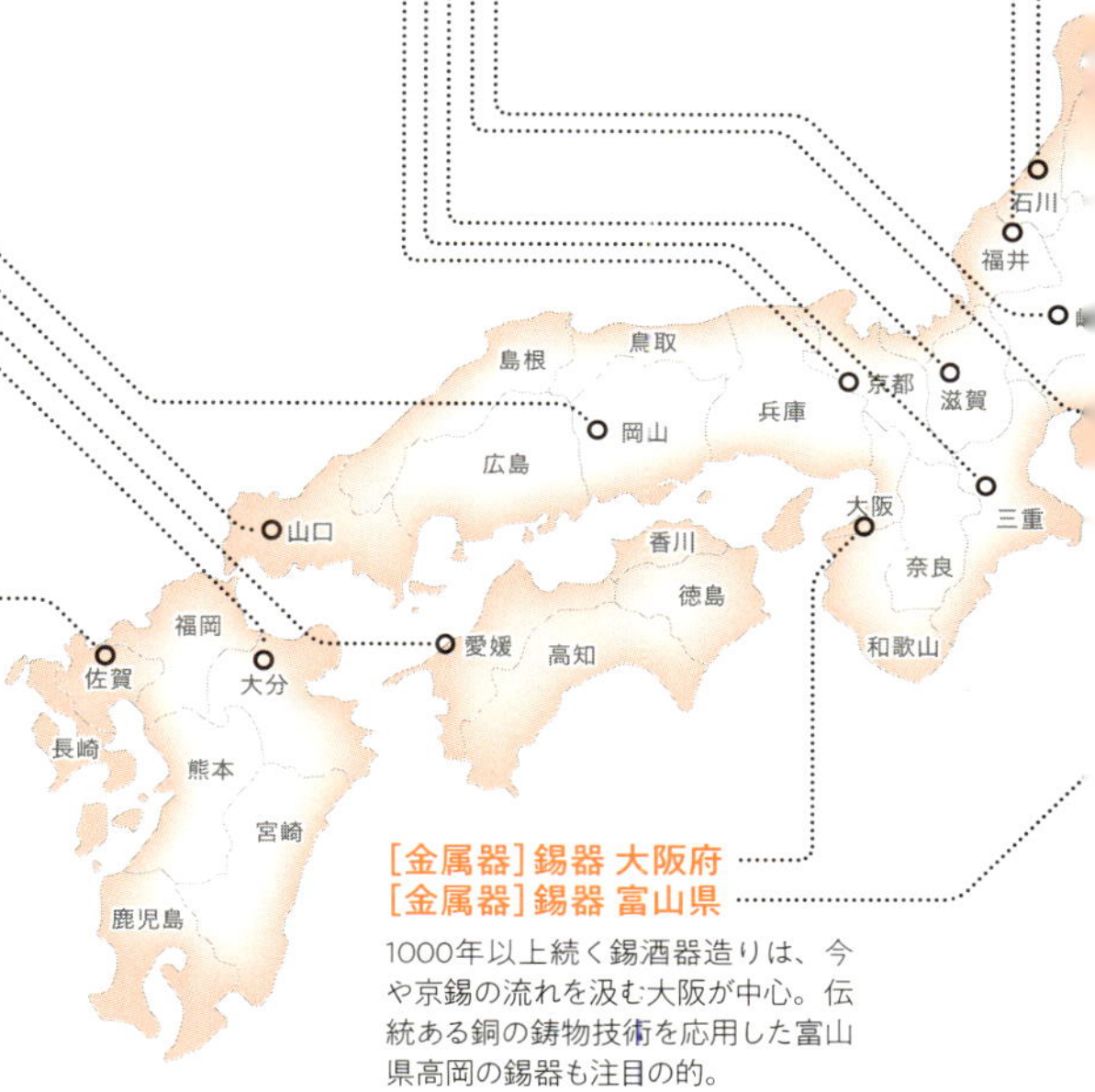

[金属器]錫器 大阪府
[金属器]錫器 富山県
1000年以上続く錫酒器造りは、今や京錫の流れを汲む大阪が中心。伝統ある銅の鋳物技術を応用した富山県高岡の錫器も注目の的。

ウチ飲みでいろいろな温度を試してみる

純　日本酒は世界でも類を見ないといわれる独特な飲み方があります。それは、飲む温度の幅広さです。冷たい冷酒から、ほっこりぬくぬくのお燗酒まで、奥行きといい、懐が深〜いのが日本酒。これほど**温度帯のバリエーションがある酒は他にない**んです。

米　他の国じゃ、そんな飲み方しないんですか？

純　ワインの場合、白は冷やして10〜14℃、赤は15℃前後が適温と言われています。普通、ワインは温めません。もっとも、ヴァンショーのような果実や砂糖を入れて温めた飲み方もありますが、冬場だけで特殊です。他に温めて飲む酒といえば、中国の紹興酒。熱々に砂糖を添えるのが定番ですね。日本酒はただ温めるだけではなく、それぞれの温度ごとに微妙な味わいを楽しめるものなんです。そんな日本酒には、**飛び切り燗から、雪冷えまで、温度を表す素敵な言葉がある**んですよ。私はさらにアチチ燗もおすすめしています。

米　どんな順番で飲んだら？

純　料理の温度と合わせるのがひとつです。最初はさっぱりした冷製の料理が出てきますね。お刺身もコースの前半に出ます。冷たい料理に燗酒では、口の中で生温かい感じになってしまいます。冷たい料理には、冷たい酒が相性よし。そして、徐々に温度を上げていきましょう。というわけで、最初は冷酒から！最近の日本酒は、フレッシュで爽やかさを味わうスパークリング日本酒や、火入れ殺菌を一切しない生酒が増えました。管理も冷蔵庫が必要な酒が増えて、いい酒は冷やして飲む風潮がありますが、温めておいしい酒もいっぱいあります。**「この酒にはこの温度」と頭から決めつけない**で、ウチ飲みではいろいろな温度で楽しんでみましょう！

米　一番、おすすめの温度って何度ですか？

純　お酒によって違うんです。日本酒は温めると甘みが増して、角が取れてまるくなり、苦みや渋みが少なくなります。特に冬場、寒い風や雪に当たって、体が芯までひえひえになった時、盃いっぱいの燗酒を飲むと、体中にじゅわーっと温かさが染み渡り「は〜極楽」って思いますよ。

米　お風呂につかるより、体が早く温まりそうですね。

純　そうです！　飲むお風呂です。もうそれは素晴らしい燗酒の世界です。が、向かない酒もあります。香りの高い酵母を使った酒など、香りと切れを味わうタイプは、冷やして飲むことが前提なので、温めすぎると甘みが強くなって香りがうすれ、バランスが悪くなることも。

日本酒の飲み頃温度

同じ日本酒でも、温度によって違う印象の味わいになる面白さがある。その時の気分で温度を変えて飲めば、意外なおいしさに出会えるかも。

ほぼ5℃
雪冷え
氷水で冷やしたくらい、香りは立たずあっさりした味わいに。

ほぼ10℃
花冷え
冷蔵庫で冷やしたくらい、飲むうちに香りが広がる。

ほぼ15℃
涼冷え
冷蔵庫から出して少し経ったくらい、とろみのある味わいに。

ほぼ30℃
日向燗
温度の高さを感じないくらい、なめらかな味わいに。

ほぼ40℃
ぬる燗
飲むと温かさを感じるくらい、香りが最も豊かになる。

ほぼ50℃
熱燗
徳利から湯気が立つくらい、切れ味のよい辛口になる。

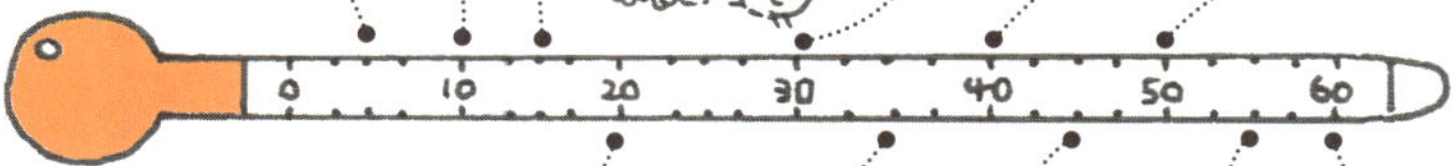

20℃以上
室温
徳利にほんのり冷たさを感じるくらい、やわらかな味わいに。

35℃以上
人肌燗
飲むとぬるさを感じるくらい、さらりとした味わいに。

45℃以上
上燗
注ぐと湯気が出るくらい、引き締まった味と香りに。

55℃以上
飛び切り燗
徳利を持つと熱いくらい、香りが強くなり辛口になる。

60℃以上
アチチ燗
徳利を持つと熱い。辛口の純米酒は真骨頂の領域!

参考／日本酒造組合中央会「&SAKE　二十歳からの日本酒BOOK」

日本酒を飲む温度は大きく3つ

冷酒（れいしゅ）	**冷や酒**（ひやざけ）	**燗酒**（かんざけ）
冷蔵庫で冷やした酒。香りと味がキリッと引き締まる。味幅は狭い。	室温・常温の酒。そのままの香りと味が分かる。	温めた酒。まるいふくらみが出て、甘さやうまみが増す。味幅が広がる。

大吟醸クラスもお燗してみよう

純　日本酒は温めることで、本来の持ち味がぐーんと引き上げられ、ほわんとした米由来の香りと味が出て、温かい料理や、くせのある発酵食品にもぐぐっと寄り添ってくるんです。

米　合わせるおつまみが増える……嬉しい！

純　温めると、冷たい時には感じなかった、ふくよかなうまみや甘さに、あと口もやさしくなって余韻がのびます。**上手に温めることで味の世界が広がります**よ。とはいえ、なんでもかんでも温めたらいいというものではありません。ですが、冷酒がおいしいとされる大吟醸クラスも、お燗していいんですよ！

米　えっ、大吟醸酒をお燗するなんて、大胆で恐れ多いことじゃ？

純　では、どうなるか試してみましょう。大吟醸酒はきれいで繊細な味わいが持ち味。まずは、**「雪冷え」**の温度5℃をどうぞ。

米　冷たい！　シャープで、ライト。お酒の味じたいの線は細いような。印象は水のような、と言ったらいいのでしょうか。

純　味幅が少ない、あっさりした酒に感じますね。では、次に**「涼冷え」**の15℃でどうぞ。

米　冷たいけれど、とろみと香り、味が出てきました。

純　はい。では、次は**室温**ですよ。20℃くらいですね。

米　あ、おコメの味がしてきました！

純　次は、少し湯煎して、**「人肌燗」**の35℃。

米　ああ、なんだか目の前に春がきたような。味がまあるくなりました。唇にも、なじみがよくて、さらりと入ってきます。ですけど、冷たいキリッとした味も捨て難いです。

純　冷たい美人から、おひさまに当たって微笑んだ美人って感じがしないですか？　1本のお酒も温度で様々な表情があらわれます。ただし大吟醸酒はデリケート。極端に温度を上げない方がおすすめです。

純米酒のお燗酒は熱めを楽しむ

純　さあ、次は純米酒をお燗していきますよ。まずは室温でこのまま少しだけ飲んで味を覚えてください。ほんのちょっぴりでOKですよ。そして、いきなり50℃まで温めますよ〜。**「熱燗」**です。

米　室温の味は、ええっと、香りも味もやわらかです。どこも尖ってない感じ。いい人ねって感じでしょうか。では、「熱燗」いただきます。あーっ、なんだか、縁側で気持ちよく昼寝しているみたいでぽかぽか。でも切れ味もあっておいしいっ！　こっちが好きです。

純　温度を上げていくと、香りも味もまるく調和してきますが、徐々に味が引き締まってきます。では、次に**「飛び切り燗」**と言われる55℃です。

米　あっ、切れ味がよくて、しっかりとした辛口の酒になった感じです。

純　50℃以上では、熱くすればするほど、辛口になる傾向があります。知り合いの杜氏さんに「自分のお酒は、何度で飲むのが好きですか?」と聞いたことがあります。「自分はケチなので、先に**65℃以上、酒の温度を上げて、少しずつ冷めるのを楽しみながら**好きな温度で飲んでいます」と。冷める時に、好きな温度を見つければいいと言ってました。なるほどですね。

米　65℃!?　そんなに熱くしていいんですか(驚)。

純　お酒にもよりますが、嗜好品ですからね。それぞれです！　ウチ飲みだと、もうちょっと温度を上げてみようということが、自由自在、遠慮なく好きにできるのがいいんです。

お燗酒はおつまみをおいしくする

純　お燗酒の特徴は、なんといっても、おつまみと相性がよくなることです。ところでワインと合わない日本の食材をご存知ですか?

米　ワインに合わないものですか?

純　私は「地獄の食材」と呼んでますが、塩辛、納豆、魚醤などディープなうまみを持つ日本の伝統発酵食ですよ。納豆を食べてワイン、ぜひ試してみてください。お互いのいや〜な部分だけが引っ張り出されたような激的なマズさです。なのですが、日本酒のお燗なら、どんなくせがある食材も、まるく包んでおいしくしてくれますよ。さあ、この「熱燗」を飲みながら、この塩辛と合わせてみてください。

塩辛や納豆、珍味も
お燗酒だと
ぐっとうまくなる

米　おっおー。塩辛がぐっとまろやかになりました!

純　これがお燗酒の効果ですよ。あと口がいいのは、アルコール分が素材の味を切るようにする効果があるからです。そして次の肴へと向かわせるのです!　次は、今の塩辛を食べて、水を飲んでみてください。

米　うぅーん。いつまでも塩辛の味が口に残ります。生臭さも……。

純　水と酒のあと口の違いは驚きですよね。**燗酒は魚介の発酵珍味と最高に合う**んです。今度は、ほたるいかを干して炙ったものと、燗酒を合わせてみてください。うまみに加え、少し苦みもあるほたるいか干し。噛むほどにうまみがじんわり出てくる**乾物珍味類は、特に純米の熱燗にドンピシャ。**

米　ほたるいかをよく噛んでから、熱燗を飲んで、と。おーっ、じゅわじゅわ、うまうまです。おいしさがエンドレス!!

純　冷たい酒、お燗酒、どちらにもよさがあります。料理は味の薄いもの、冷たいものから、だんだん味が濃く、温かいものへと進みます。最初は大吟醸クラスを冷たい温度で始めて、徐々に精米歩合の%の数字を大きくして、温めて飲んでみることをおすすめします。1本のお酒も、温度を変えることで、合わせる料理が変わり、印象をガラリと変えることができます。

日本酒って楽しいですね！

米

1本で二度も三度もおいしくなる。さっそく我が家でも試してみます！

純

それから、酒器ですが、**お燗酒は、小さな盃で少なめ**に飲むのがおすすめです。器が小さければ、酒の温度が変わらずに飲めますし、少しずついろいろ試せますからね！　大きなぐい呑みやグラスだと、間違えて、いっぺんにぐいっと飲んでしまう危険性もあって、よくありません。喉元見せながらあおるのもね。お酒は丁寧に少しずつ大事に味わいましょう。

昔の盃の容量をはかったことがありますが、大さじ1も入らない小さなものでした。昔の人が差しつ差されつできたのも、今よりアルコール度数が低かったこともありますが、盃の一杯が少なかったからです。お燗酒は、平杯で少しずつ楽しんでくださいね！

塩干物には純米酒の燗酒がベスト！

ほたるいかなどの塩干物や珍味に、うまみに苦み渋みも持つ。そこをうまみでやさしく包みこむようにして味わわせてくれるパートナーが純米酒の熱燗。時間が経って酒が燗冷ましになっても、しみじみとよく合う。「酒は純米・燗ならなお良し」が体感できます。

差しつ差されつ～～♪

互いの器に注ぎあう日本ならではの飲み方。昔の人が酒に強かったわけではなく……昔の酒は加水され、アルコール度数が低かったから。そして酒器も小さく、10～15㎖と少量しか入らなかった。芸者さんと向かいあい、差しつ差されつができたのも、度数と量の違いから。

自分でお燗をつけてみよう

米　おいしいお燗酒はどうやって、つけたらいいんですか？

純　**おすすめは湯煎燗**です。必要なのは徳利かチロリ、小鍋と温度計です。徳利かチロリにお酒を移しますが、必ずしてほしいことは、まず、熱湯を入れて捨てることです。2回くらいお願いします。

米　熱湯は捨てちゃうんですね？

純　中の匂いやホコリが取れ、徳利やチロリが温まるので一石三鳥です。では、始めてみましょう。小鍋に熱湯を沸かします。徳利やチロリの肩がつかる深さがあればOK。

米　うちには小さな鍋がないかも……。ミルクを沸かす鍋だと、肩までつからないです。

純　ちょうどいい小鍋がなければ、やかんか丼でもいいですよ。

米　それって、ゲゲゲの鬼太郎のお父さん状態ですか！

純　そうそう、徳利がお風呂につかると思ってください。熱湯ができたら、徳利に入れて、2回ほど、すすぐようにしてください。中の湯を捨てたら、いよいよ！　お酒を徳利の首の下まで注ぎますよ。徳利は口が狭いので、ろうと（じょうご）を使うといいですね。

米　トクトクトク……。はい、首の下まで入りました！

純　では、熱湯を入れた小鍋か丼に、徳利をちゃぽんとつけてください。お酒さん、どうぞ温かいお風呂に入ってください、というわけです。肩までつかって、**1分半で30℃、2分で40℃、3分で50℃が目安**です。とはいえ、徳利の厚みや材質によっても違うので、途中で温度と味を確認しましょう。

米　お燗酒は何度くらいがいいのでしょう？

純　お酒の味と、好みによって様々です。一番いいのはちょっと飲んでみることです（笑）。これにまさるものはありません！

❶ 徳利を温めるため湯を注いで捨てる。

❷ 徳利に酒を注ぎ入れる。

❸ 徳利の肩がつかる深さの鍋や丼に熱湯を入れ、徳利をつける。

電子レンジでつける時

温める形状により、温度にムラが出る。徳利の首部分は熱くなっても、中身はぬるいことも。一度混ぜるか、別の徳利に移し換えると温度が一定になる。

お燗をつける器

純　徳利またはチロリに酒を注ぐ時の注意点。**酒は温まると膨張する**ので、**目一杯入れない**ことです。昔の仲居さんは、温度計を使わず、常連さんの好みにつけたそうです。徳利の底の温度を手で触ったり、液面がどれだけ上昇したかを見て、判断したのでしょう。一番いいのは、温度計を差し込むこと！３００円くらいの一番安いシンプルな温度計で十分です。

米　おすすめの徳利やチロリはありますか？

純　**熱伝導率が最もいいのは、金属**です。チロリには錫、ステンレス、アルミ製があり、値段も順番に安くなります。素材は薄いものほど、早く熱を伝えます。金属製は、落としても壊れないので安心ですね。

米　私にはそこが一番、頼もしいです！

純　磁器と耐熱ガラスも早く温まります。**陶器の徳利は**温まるまで時間がかかりますが、生地が厚いぶん、**一度温まると冷めにくい**よさもあります。首を持ってもやけどしにくいのも、陶器のいいところ。どの素材も一長一短があります。徳利やチロリがなかったら、小瓶でもＯＫです。とある杜氏さんが「炭酸水のガラス瓶は分厚いから徳利代わりに使える」と教えてくれました。

米　なるほど。買いに行かなくても、家にあるものでできそうです。

純　お燗をつけ終わったあとの徳利などの器は、きれいに洗っておくことも忘れずに。陶器は水を吸うので、使い終わったら熱湯で洗い、内部を乾かしておく必要があります。徳利の中は洗いにくいので、しっかりとやってくださいね。**清潔を保つのがおいしいお燗の第一歩です！**

温度計を使えば安心

金属製のチロリは、陶器や磁器の徳利に比べて熱伝導率が高いので、早く温められるのが特徴。慣れないうちは温度計を使うと温めすぎる心配がない。

お燗に向く酒

米　お燗に向くお酒はどうやって選んだらよいですか?

純　温めて味がよくなるお酒を選びたいですね!　そういうお酒のことを**「燗上がりする酒」**と言います。

米　それってラベルに書いてあるんですか?

純　「燗上がり」や「燗向きの酒」は残念ながら、ラベルには書いてないのです。たまに表記してある酒もありますが。大吟醸酒や吟醸酒は冷たくして飲んでおいしい酒で、温めてもせいぜいぬる燗まで。「燗上がり」の酒は、温めることでグンとおいしさがのるお酒。うまみや酸味がしっかりある酒が特にそうなります。そこで、選ぶ時の目安はまず、**精米歩合の数字が大きな純米酒**。

米　覚えてます~。純米酒の精米歩合は100%でもOK!。

純　そう、その中でも新酒ではなく、秋を越した熟成酒になるとうまみがのっています。出荷の年月を要チェック!　そしてもうひとつの目安は、造り方にあります。生酛や山廃の酒は、天然の乳酸菌を活かした酒造りで、うまみ、コク、酸味など複雑な味の濃醇タイプが多いのです。これらは燗酒にすると美味!　選ぶ時の目安にしてくださいね。

米　はーい!　**あったかいお酒が飲みたいと思ったら、純米酒に、生酛や山廃の酒**とメモメモ。

生酛のどぶ

生酛造りの純米酒にごり酒。熱々の65℃燗にしても味がくずれないどころか、しっかりとおいしい。

久保本家酒造／奈良県

秋鹿「山」山廃純米酒

ラベルの「山」の字が特徴。骨太で重厚な味は、燗にすることで、メリハリよくさえる。

秋鹿酒造／大阪府

白隠正宗 生酛純米 誉富士

酒米は静岡県が開発した「誉富士」。太いうまみと酸味は、燗酒にするとよりさえる。

高嶋酒造／静岡県

黒松剣菱

ロングセラーの黒松剣菱。豊潤な味は見事なブレンド技術の賜物。一升瓶のイメージが強いが、便利なのが一合=180㎖の飲みきりサイズの小瓶。そのままお湯につけるだけで燗酒ができる。

剣菱酒造／兵庫県

日置桜 鍛造生酛 強力純米酒

お燗前提に造られ2年半熟成。燗酒にすることで酸味とうまみの調和が楽しめる。

山根酒造場／鳥取県

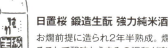

いろいろなお酒をお燗する楽しみ

純　燗酒は、じんわりと五臓六腑に染み渡るのが分かります。煮つけや焼き魚、おでん、ぶり大根など、醤油や出汁がきいた料理や揚げ物にも、うまみある燗酒が寄り添います。また、アルコール分が口中の脂分を切って、次の料理へと気持ちを向かわせます！

米　おでんに燗酒、いいですね～！

純　ぴりっときいたおでんの和辛子も、純米酒のコクある燗酒がどんぴしゃりと合うんですよ。そして、おすすめは中華料理！長期熟成酒を選ぶと、それはもう最高。韓国料理のキムチなど、唐辛子がぴりぴりきいた辛～いものにも、ビールよりマッコリより、焼酎より、ぜったい**日本酒のにごり酒の燗酒**が、辛みを抑え、うまみを足してよく引き合います。

米　えっ、にごり酒の燗酒ですか。飲んだことないです。

純　にごり酒といっても、糖類を添加していない甘くないタイプですよ。燗酒にすると、口当たりなめらかで、それはもう！　素晴らしい世界へあなたをお連れします。それ以外にも**温めると〝化ける〟酒**もいろいろあります。すっきりタイプだな～と思った辛口の酒でも、**お燗すると想像以上にうまみがふくらむ**こともあります。「おぉっ、うまっ！」そんな感動の発見をしてほしいです！

醤油と出汁のうまみが染みたおでんには、純米酒のコクがある燗酒。

うまみの濃い中華料理には、長期熟成酒の燗酒がマッチ。

熱燗で変わりダネ！

純　日本酒は温度ひとつで、おいしさが広がる！　それが醍醐味です。同じ1本のお酒でも、ぬる燗でほんのり芳醇に、熱燗でキリッと切れよく楽しめる。それが日本酒の面白さ！

米　楽しさがさらにふくらんできました～。燗酒と料理、意外なおすすめってありますか？

純　じつは、**チーズと熱燗**です。チーズは乳酸菌による発酵食品。**同じ発酵食品の日本酒とは相性抜群！**　特に生酛や山廃の酒は、天然の乳酸菌を活かした酒。複雑なニュアンスや、奥行きある「酸」を持っているので最高の組み合わせです。中でも熟成が進んだブルーチーズは見事にマッチします。面白い食べ方をご紹介しましょう。だまされたと思ってブルーチーズと納豆を混ぜて口に入れてみてください。これに酸味やうまみがのった太め系の熱燗をクイっと飲む。不思議と合うんですよ。というか熱燗でしか合わない(笑)ミラクルワールド！　パルミジャーノ・レッジャーノにも、熱燗がよく合います。口の中の脂肪分が酒でとろっと渾然一体に、いやもう、ことのほか合うんです。

米　おぉー！　まさかの組み合わせ。熱燗とチーズ、試してみなくちゃなりませんっ。

純　**チーズフォンデュもワインではなく日本酒**を使っていいんですよ。それから、度数が高いお酒の場合、お水をちょっと加えてから燗酒にしてください。そうすると、アルコール度数も味もライトに薄まり、なめらかで飲みやすくなりますよ。**私は「割り水燗酒」と呼んでいます。**

米　水で薄めちゃうんですか？　アメリカンな燗酒ってこと？

純　お酒は温めると味が豊かになります。**目安は一合に対して大さじ1か、盃1杯の水。**　それ以上だと、ちょっとバレてしまうかな(笑)。これくらいの割り水だと、水で薄めた感はそうないです。意外にこの割り水燗酒、「やわらかい、飲みやすくていい！」という人が多いんです。

米　お酒が弱い人にもいいですね。

純　ただし、この「割り水燗酒」、試す時は、コクや酸がしっかりある純米酒で試してくださいね。タイミングも、ほんのり酔ってきたかな～という頃に。お酒が冷めると薄めたことが感じられて興ざめしてしまうこともあるので、燗酒は一合くらいで。温かいうちに飲みきれる量がいいですね。お酒もストレートがいいばかりじゃありません。割り水燗酒、楽しんでみてください。

熱燗とチーズによるうまみと香りのハーモニー

チーズは乳酸菌による発酵食品
同じ発酵食品の日本酒とは相性抜群！
生酛や山廃なら天然の乳酸菌を活かしたもの同士で
奥行きある酸味がことのほか合う！
熱燗がチーズの脂肪分をとろっとさせて
口中渾然一体にしてくれる！

複雑に混ざり合う
うまみとコク。
これぞ最高の相性！

日本酒チーズフォンデュ

チーズフォンデュはワインを入れるのが定番。でも、日本酒を使うとまろやかに仕上がる。おすすめはカマンベールチーズ。粗挽き黒胡椒をたっぷりと。

割り水燗酒

日本酒はお燗すると味が豊かになる。水を1割弱ほど入れると、アルコール度数が下がってグッと飲みやすくなる。ただし冷めると薄い感じが出るのでお燗する量は飲みきれる一合くらいで。

冷たくするとおいしさがアップするお酒

米　温めた方がおいしい酒と、冷たい方がおいしい酒があることが分かりました。

純　お酒にはそれぞれ個性や特徴があり、それらを活かす温度で味わえると最高です。

米　今日はまず冷たいお酒からスタートしたい！　と思ったら、何から飲んだらいいですか？

純　ではまず、冷たくしておいしさがアップする酒を紹介します。最初は**活性にごり酒**。泡がシュワシュワするスパークリングタイプの日本酒です。これは**温度がぬるいと泡立ちが悪く、味に切れもなく**なって、妙に甘ったるいだけのつまらない酒になることも……。

米　ぬるいビールみたいなもんですね。

純　そうです。せっかくの炭酸ガスも、温度が上がってしまうと爽快さを楽しめません。冷蔵庫で冷やしておき、飲む直前に出して開栓するようにしましょう。白い活性にごり酒を存分に楽しむ方法をお教えします。まずはよく冷やしたものを静かに注いで上澄みだけを飲みます。瓶を大きく揺らすと底に溜まったおりが浮き上がりますから、そ～っとです。切れのある爽やかな味を楽しめます。次に、おりをからめるように全体をひとふり混ぜてから飲みます。スカッとした味わいの中に、ややコクのあるうまみを感じるはずです。

米　キリッと冷えた爽やか炭酸酒、おいしそうですね。スパークリング日本酒は冷やして……と。その他に、冷やしておいしいお酒は何ですか？

純　**純米大吟醸酒**や**大吟醸酒**など、玄米を半分以上、小さくなるまで削って醸した高級酒です。香りがリンゴやバナナのようにフルーティーで、白い花のように華やかなタイプのお酒です。大吟醸クラスは乳酸、コハク酸が少なく、その代わりに爽やかなリンゴ酸やクエン酸が多いというわけ。そういうお酒は、冷たくした方が香りも活かせて、喉越しもスッキリ爽やか。みずみずしい清涼感が楽しめます。

米　なるほど～。大吟醸クラスは、冷たいほど爽やかさが楽しめると。

純　変わったところでは、生酒をそのまま冷凍した**「凍結酒」**というものもあります。冷凍庫から出して、シャリシャリしたシャーベット状のものをガラスの器に入れると、見た目も新鮮。味わったことのない日本酒の新食感を楽しめます。生酒は冷凍して保管すれば劣化しづらいので、一石二鳥の商品とも言えますね。

凍ったまま食べる〝コオリ酒〟

生の酒を凍結させた喉越し涼しい氷の酒
舌の上で溶かすようにして味わうのも趣あり。

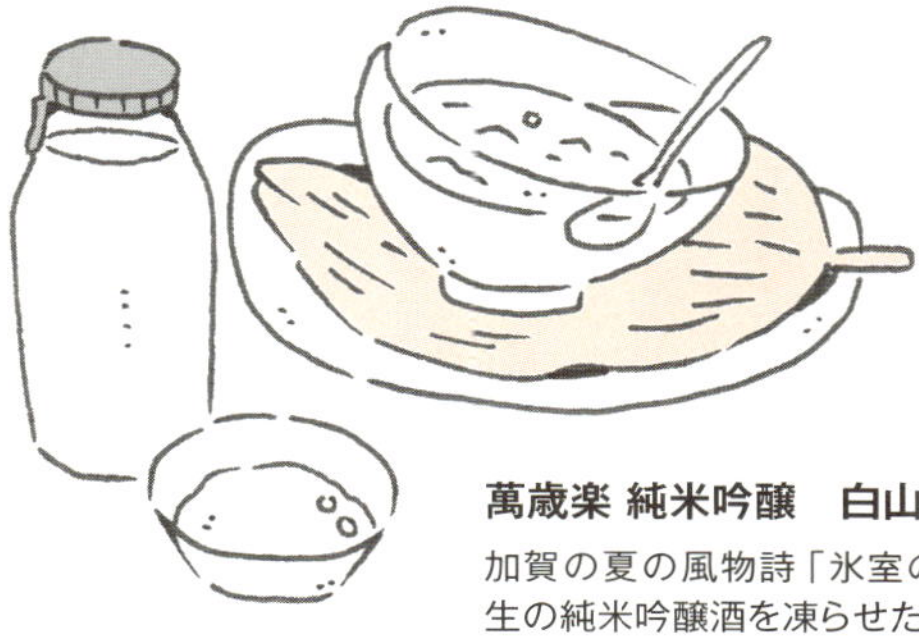

萬歳楽 純米吟醸　白山氷室

加賀の夏の風物詩「氷室の日」がモチーフ。生の純米吟醸酒を凍らせたまま保管&流通し、米は特AA地区の山田錦。凍ったまま食べるシャリシャリ感が爽やか。小堀酒造店／石川県

福寿 凍結酒、凍結梅酒

生酒を瞬間凍結させた凍結酒。爽やかさと凍結した氷の舌触りが楽しい。また梅酒を凍結した凍結梅酒もあり。飲む時は水につけて、少し溶けたところをスプーンやマドラーで混ぜてシャーベット状でグラスへ。神戸酒心館／兵庫県

冷たくすることで、
おいしさが増すものも
あるんですよ。
これは、冷凍冷蔵庫が
一般的になってからの
楽しみ方ね。

冷凍庫を
開けたら日本酒
それはウレシすぎる

凍らせてデザートのように楽しむ

純　というわけで、凍らせた日本酒という世界もある！　ということなんです。なのですが、**冷たいほど甘みやうまみは感じられない**ことも肝に銘じてくださいね。いいお酒だからとギンギンに冷やしすぎてしまうのは要注意。冷蔵庫から出したての5度くらいだと、味が開いていません。「なあに、この酒、薄っぺら～い！　つまらない」と感じることも……。ただし、それを逆手にとれば、お酒をドライに味わいたい時など、うんと冷やすのもひとつの手です。

米　あ～、アイスクリームも温度が上がると甘くなりますもんね。炭酸飲料をグラスに注いで放っておいたのを飲んだら、気が抜けて、甘すぎて、飲みにくかったことがあります。

純　そうなんです。温度が低いと味幅が狭まります。ただ、いいところは、欠点も感じにくくなることなんですね～。前ページで紹介した凍結酒はプロならではの特殊な工程で凍らせてありますよ。ですが、家でも「みぞれ」酒なら楽しめますよ。この酒の香りと味はどうもなあ……と思ったら、冷凍庫で凍らせてみてください。破れないよう厚手のファスナー付きのビニール袋に日本酒を入れて、冷凍庫に一晩以上入れておきます。お酒はアルコール分が含まれるため、水を凍らせた氷のようにカチカチには固まりませんが、**シャーベットのようなシャリシャリ感のみぞれ酒**になりますよ。メロンにかけたら、大人のフルーツシャーベットに！

米　フルーティーな香りの大吟醸酒は、まさに果物と相性がよさそう。

純　ブドウをグラスに入れて、凍らせた日本酒をかけてスプーンでシャリシャリと合わせて食べたり、桃やマンゴー、キウイとも相性がいいですよ！　さらにフルーツも凍らせるとなおよし！　果物は食べやすくひとくち大にカットして、凍らせた酒と合わせてみてください。カットフルーツとお酒を一緒に凍らせてもいいですね。真夏の日や、デザートにもおすすめ！

米　フルーツとみぞれ酒、香りも色もきれいでいいですね。わ～っ、試してみます！

純　変わったところでは、白いにごり酒を凍らせてみてください。にごりのおり部分がまた、ひと味変わった風味になります。ノンアルコールの**甘酒も冷凍するとまるで極上のフローズンデザート！**　こちらもぜひお試しを。とはいえ、冷たすぎて「違うな～」と感じたら、今度は温めて飲めばいいんです。

米　お酒の温度はひとつじゃない！　と。

純　凍らせた日本酒は、切子のグラスに入れるとそれは美しいですよ。暑い夏の日本酒。ロックもよし、凍らせてフローズンもよし、見た目も楽しんでみてくださいね。

凍らせると味わいの幅がぐっと広がる

ビールやワインではできないいろんな味わい方を楽しめるのがコメの酒、日本酒の醍醐味。

シャリシャリ食感みぞれ酒の作り方

日本酒をファスナー付きのビニール袋に入れる。瓶のまま冷凍庫に入れると、庫内で中身が膨張して破裂する危険があるので×。

↓

口をぴっちり閉じて、匂いが移らないよう、さらにビニール袋で包み、冷凍庫で一晩以上凍らせる。

↓

アルコール分が含まれるのでカチカチには凍らないが、シャーベットのようなシャリシャリ感が楽しいみぞれ酒が楽しめる。

みぞれ酒を使ったフローズンデザート

にごり酒（または甘酒）のシャーベット

白濁したにごり酒を凍らせるとミルキーな色合い。ノンアルコールの甘酒も冷凍すると、極上のフローズンデザートに！　ゆで小豆をトッピングしたり、抹茶をかけて和デザート風も合い、バナナも合う。

フルーツシャーベット

ブドウ、桃、マンゴー、キウイなど、酸味のあるフルーツは日本酒と相性抜群。ひとくち大にカットして一緒に凍らせてもgood。アルコール分を薄めたかったら、果汁を入れて凍らせる。

日本酒で四季を楽しむ　春夏

純　日本酒には素晴らしい四季があるんですよ〜。

米　春夏秋冬の酒、ということですか？

純　日本酒は冬に造るのが基本ですが、すぐには全部を出荷しないんです。季節を待って、販売する期間限定酒も多いんですよ。例えば、お花見用の酒や、秋に出る「ひやおろし」などがそうですね。

米　四季でお酒の味が違う？

純　厳寒時に仕込んだ酒が、時を経て少しずつ熟成していきます。どう変化するのか、試してみるといいですね。

「寒仕込み」をするからおいしくなる

純　大寒を過ぎると、酒造りは最盛期を迎えます。最上級クラスの純米大吟醸酒や大吟醸酒もこの時期を狙って仕込むんです。1年中で最も寒いこの時期、小寒から立春の前日までの30日間を寒の内といい、大寒はその中間期。

冬　寒仕込みといわれ、冬は雑菌が少なく酒造りに最適の季節。酒造りの1年が始まる。

酒造りも**「寒仕込み」**と言われ、寒さを活かして酒をはじめ、凍豆腐、寒天、味噌を仕込むのにもいいと言われています。

米　ヒューブルブルのさむさむが、大吟醸酒にいいと？

純　この時期の水は**「寒の水」**と呼ばれるんです。特に寒の入りから9日目に汲んだ寒九の水は「酒が腐らない」「一番水が澄む」と言われてね。雑菌が少なく、保存にも向いて最高の酒ができると言われています。

米　なるほど、寒い時に仕込むのはそういう理由が……。

純　2月は、節分もあり、大雪が降る日も多いから。節分の炒り大豆で雪見酒もいいですね。

米　こたつに入って、しっぽり、ぽりぽり、雪見酒！

春は新酒の搾りたて、生酒、花見酒

純　弥生3月に入りますと、桃の節句です。雪や桃の蕾を思わせる白いにごり酒で乾杯なんて風情があります。**にごり酒といっても、新酒の搾りたて**

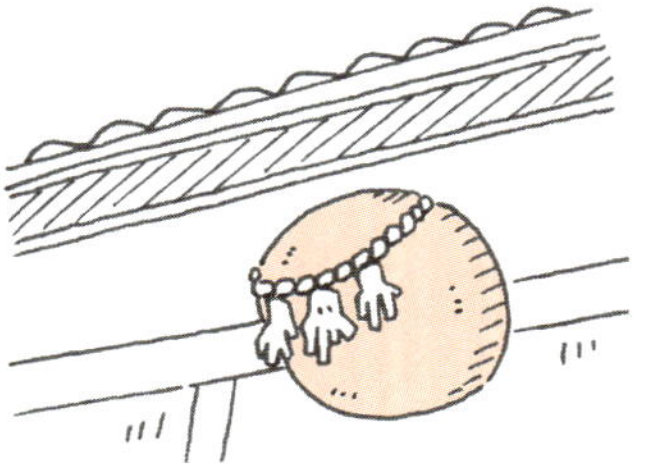

真冬　杉の枝葉で作る緑の杉玉は「新酒ができました」のサイン。できたての酒はピチッとガスが残ってフレッシュ。

で、おりがからみ、うす~くみぞれのような酒もこの時期だけのお楽しみ!

米　搾る時に、おりをからめたお酒ですね。**ちょっとピチッとガスが残ってフレッシュな!** ああ、大人の私のひな祭り。

純　白いお酒は朱色の漆器に入れると、とっても映えますよ。ぜひ片口に移して注いでくださいね! そして春分3月20日頃を越えると、「暑さ寒さも彼岸まで」。いよいよ桜の開花予想も始まって、さ~っ、お花見です! 日本酒の出番。「桜」好きの日本人。日本酒にも「桜」銘柄が多いんです。ざっとあげただけでも「阿櫻」「出羽桜」「御代櫻」「四季桜」「黄桜」「桜吹雪」「日置桜」「美和桜」「玉櫻」。次のお花見では、全国から選んだ「桜」銘柄で、お花見気分を盛り上げてはいかが? おすすめは春季限定のフレッシュな新酒。そして、同じ酒の温度違いも試してほしい~。特に**「花冷え」**とはどんな温度なのか? 桜の下で味わうと格別ですよ。いろいろな角度から、様々な「桜」のお酒を味わってみましょうね!

米　次の花見は桜の酒テイスティングで!

春　3月の桃の節句、4月の桜の花見と楽しい宴が続く春。桜の時期に試してみたいのが「花冷え」温度。

夏は、冷酒、涼み酒、ロック、ソーダ割

純　さて、春が過ぎて初夏の声を聞くと、1回だけ加熱殺菌した**「生詰め酒」や「生貯蔵酒」**が出てきます。

米　生といっても生じゃない、ああややこし~い「生」の酒ですね!

純　そうですよ。そのややこしい**「火入れ違い」の酒を試す**のも、この時期が揃っていていいですね。蛍でも愛でながらテイスティングはいかが?

米　生と火入れ回数別! 飲まねば分かりません。

純　そして、夏本番! 夏酒というと水色のボトルに入れたり、「夏」を意識したものが増えます。夏酒の考え方は3つあります。1つめはアルコール度数を下げた**低アルコールタイプ**、2つめは喉越し爽快の**シュワシュワのスパークリング**、3つめは、あえて**アルコール度数も、味も濃くした生原酒タイプ**です! それは**ロックで飲む**ことを意識しています。

米　えっ! 日本酒のロック!? 意外な感じだけど、おいしさの想像はつきます。試してみたくなりました~。

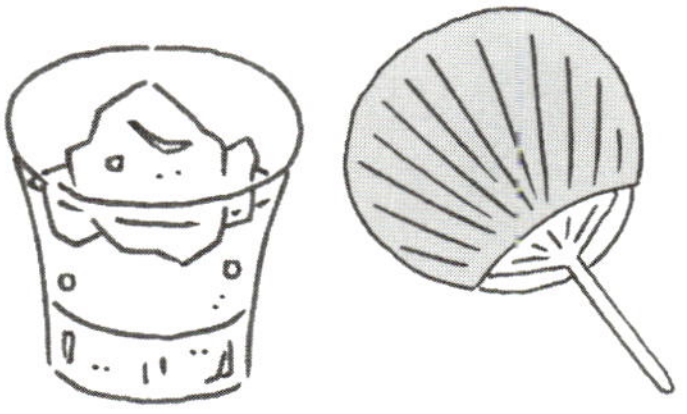

夏　1回だけ加熱殺菌した生詰め酒や生貯蔵酒を冷酒でキリッと。原酒で度数が高い酒をロックで飲んでも。

日本酒で四季を楽しむ　秋冬

秋は、ひやおろし、菊酒、月見酒

純　日本酒は四季折々で楽しめることが、だんだん分かってきましたね！

米　はい！　できたてはフレッシュで、火入れの回数や時間の経過とともに味が変わっていくんですね。季節の行事に合わせて、日本人は昔から日本酒を楽しんでいたことも、よ～く分かりました！

純　春が過ぎ、熱い夏を越え、虫がリーンリンと鳴き出す秋、外の気温と酒蔵の中の温度が一緒になると、「待ってました」の！

米　**「ひ・や・お・ろ・しーっ」**ですね。

待ってました！
これぞ、秋の贅沢

純　そうです！　ひやおろしの季節の到来です。「ひやおろし」は、春に搾った酒を一度だけ加熱殺菌して、タンクで秋まで貯蔵した酒を瓶詰めし、二度目の火入れをせずに、そのまま出荷するお酒のことです。**瓶で貯蔵する場合「秋あがり」という蔵もあります**よ。どちらも「秋の今がうまい旬の味」ということ。その「ひやおろし」ですが、年々出荷が早まって、近年は外気温がまだ高い8月末から販売する蔵もあるんです。

米　夏にはまだ飲みたくない感じ。でも、1回火入れで出荷ということは、「生詰め」のお酒もそうですよね。あれれ？　「ひやおろし」と同じ？

純　よくぞお気づきになりました！　はい。どちらも火入れは搾った時点で1回だけの同じ火入れ回数です。

米　ふふふ～ん（勝ち誇りのどや顔）。

純　搾りたての面白さはできたての魅力。荒々しさが残るようなちょっと暴れ気味のお酒が、まっ、それもそれで面白いですが！　秋まで熟成すると味の角がとれ、丸くなり、ふくよかな味が出てきます。秋が旬のさんまの塩焼きや、松茸の土瓶蒸し、柿の白和え、サツマイモの天ぷらと合わせて飲むと相性ピッタリ！

米　食欲の秋、飲み頃の秋！　日本酒の秋がきた～！

純　9月9日は重陽の節句で、菊の花びらを浮かべた菊酒もひやおろしに合いますね。秋は、紅葉狩りに、ススキと団子を前に月見酒と、酒がおいしくなる行事もめじろおし。

米　芋栗南京！　秋はお酒もおいしい行事もいっぱい。

冬は円熟味を増した酒でお燗

純　そして晩秋になり、木枯らしが吹くかな～という肌寒い頃は、お燗が恋しくなります。師走の声が聞こえたら、お歳暮に、忘年会、年末年始の準備と、寒い冬の到来とともに、お酒が欠かせません！　寒い季節になると**日本酒の1年間の集大成**です。ここまでくると素晴らしい円熟味を帯びてくるんです。

米　冷やよし、お燗はもっとよし！　の世界に突入ですね。ぬる燗、人肌燗に、熱燗、飛び切り燗！　凍えた体もひとくち飲めば、身も心も中から温まる～～。

純　素材も旬がいろいろ登場ですよ！　真牡蠣が旬で、牡蠣フライに土手鍋、おでんに鱈ちり、きりたんぽ鍋。

米　ああ、お鍋に熟成したお酒をキュッと合わせたいです。

純　ふぐのひれを炙って、熱々のお燗酒に入れて蓋をして点火！　香ばしくうまみを出した「ひれ酒」もオツ！　**寒い季節は、日本酒の燗酒の出番**です。

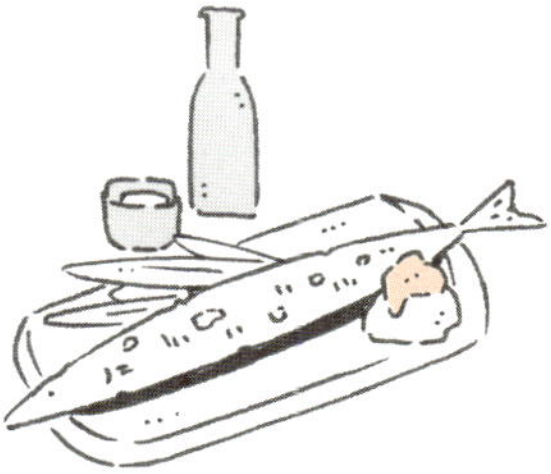

秋　食欲の秋は新米の季節。旬のさんまや、松茸、柿、栗など食材も豊富。この時期に出る酒が「ひやおろし」。まろやかで秋の食材とピッタリ。

冬　お酒が春夏秋を越して、円熟した熟成味が出てくるのが年末頃。寒い時期、一杯の燗酒はまさに飲むお風呂。鍋にも熟成酒の燗で。体が中からポカポカ。

秋　昔から日本人は季節と寄り添いながら暮らし、酒もその時々で楽しみ方が様々にあり、季節と酒は切り離せなかった。秋の月見は元来、旧暦8月の満月の夜に行われた収穫祭で、これに観月の趣向を加えて発展。秋たけなわの9～10月はまるみを帯びたひやおろしが美味。月を愛でながら、酒の原料、稲に感謝しつつ月見で一杯。

お酒とおつまみの相性　ぐっとおいしくなる組み合わせ

米　ワインでは料理との相性を、マリアージュ、ペアリング、マッチングなどと言います。日本酒にも相性のいい組み合わせってあるんですか?

純　もちろんです!　ワインは料理との相性の幅が狭く、合う合わないが多いのです。組み合わせ次第では喧嘩することも。例えば牡蠣に合うワインとして有名なワインがありますが、逆に言えば、合わないものがあるからなんです。だからこそ、ぴったり合うと感動的なわけですよ。

米　なるほど~。そこへいくと日本酒は、ストライクゾーンが広いんですね。

純　そうです。懐深~いのが日本酒なのです。とはいえ、相性というのも、やっぱりあるんですよ!　ワインは特に生魚との相性が難しいですが、日本酒と刺身は抜群の相性です。酒でうまみが増し、切れのよさで口中をさっぱりさせます。刺身を食べて水を飲んだあとと、酒を飲んだあとでは印象がまるで違います。日本酒と一緒に食べると、よりおいしく味わえ、余韻もよくなります。刺身にも種類がありますね。淡白な白身、鉄分が多い赤身、脂のある青魚。魚種で味わいが異なり、調味料と薬味も違ってきます。塩とレモンで食べるのか、醤油で、わさびなのかしょうがなのか。素材との相性があります。そして重要なのが、お酒の温度!　日本酒と料理の原則は**「さっぱりにはさっぱり、こってりにはこってりを!」**です。地域と酒も関係があります。海に近い蔵の酒は魚介に合うものが多いですね。お寿司や刺身で迷ったら宮城県石巻の酒を選んでみてください。当地の酒蔵「日高見」(平孝酒造)の平井孝浩さんは、「寿司王子」と呼ばれるほどの寿司と酒の相性研究家なんですよ。

米　寿司王子さん!

純　ほんのり甘みがある白身や貝に合う酒、鉄分がある赤身に合う酒、脂の多い青魚に合う酒は「違う」と断言していました。

米　**刺身には日本酒と言っても、ひとつじゃない**と。

純　東北や北陸の酒は、西日本~九州の酒に比べて総じてきれい系です。キリッとした酒質の酒は、口中をクリーンにさせ、あと口の生臭みが消え、気分もリフレッシュ。次の魚介へ向かわせる力がみなぎるお酒です。かつおのたたきで有名な高知県にもドライな酒が多いのはそういうことかと。蔵元は、地域の素材との相性を意識していますから、まぐろやふぐ、鮭、いかなど、名産地の漁港近くの酒を選ぶのも面白いと思いますよ~。

日本酒マリアージュの秘訣

さっぱりした料理には、さっぱりした酒をこってりした料理には、こってりした酒をワインよりも料理の相性の幅が広いのが日本酒のいいところ。

ワイン+刺身
生の魚介類が生臭く
感じられることも。
日本酒+刺身
日本酒は牡蠣をはじめ、
どんな魚介類もOK！

日本酒の「酸」と飲む温度の関係

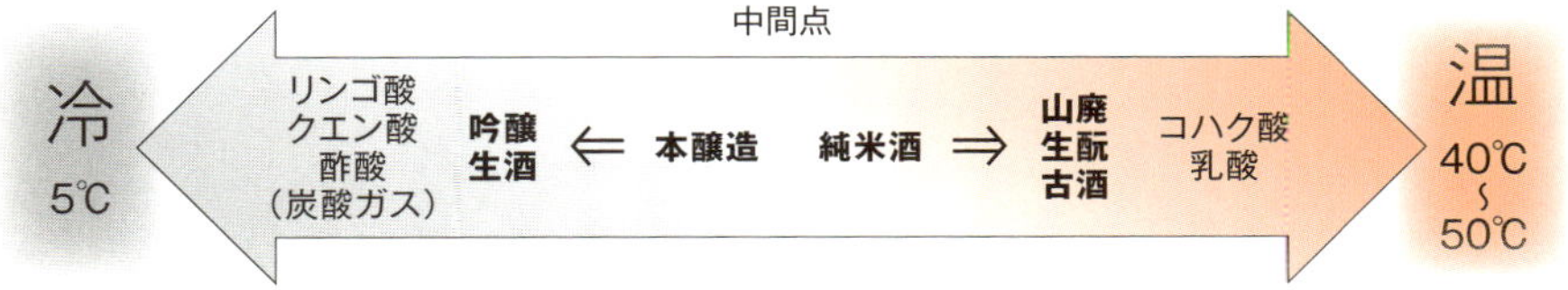

日本酒のタイプで見る相性のよい肴と調味料

さっぱり系	中間系	こってり系
たい ひらめ かれい しらうお きす さより すずき あじ ふぐ いか（白身や運動量の少ない魚が多い）	えび かに しまあじ 鮭 まぐろ（赤身） 春かつお かさご 金目鯛 貝類 等	秋かつお まぐろ（トロ） いわし さば ぶり はまち さんま ニシン（運動量の多い魚が多い）
鶏肉	マトン 豚ヒレ肉	牛肉 豚バラ肉
湯豆腐 寄せ鍋	しゃぶしゃぶ（ポン酢）	すき焼き 石狩鍋 三平汁 しゃぶしゃぶ（ごまだれ）
酢の物		煮込み料理
生野菜	野沢菜漬け（乳酸発酵素材）	キムチ（乳酸発酵素材）
植物油	オリーブオイル	バター ラード 牛脂
しょうが 酢 柑橘系（レモン すだち かぼす ゆず） 青じそ ねぎ 大根おろし わさび	二杯酢 三杯酢 ポン酢 酢味噌	醤油 味噌 辛子 マスタード にんにく

参考／「日本酒と料理の相性」日本名門酒会編

お酒とおつまみの相性　キリッとしたお酒に合うおつまみ

純　お刺身の温度は？

米　冷たいです。温かい刺身なんかありませんよ。

純　とすると、**冷たいものをキリッと味わうには、キリッとした酒**です！　白身のひらめの刺身には、醤油べったりは合いませんね。すだちなど柑橘をきゅっと搾って、塩がよく合います。ふぐ刺し（てっさ）もポン酢ともみじおろしで食べますね。さて、これに合わせるなら？

米　柑橘と塩で白身。さっぱり系かしら。

純　**さっぱりにはさっぱりの法則**です。リンゴ酸、クエン酸、炭酸ガスがきいたものと相性がいいです。冷たい吟醸タイプがいいでしょう。温度は5℃～10℃くらい。

米　まぐろのトロには？

純　運動量の多い魚はこってり系が多く、醤油でヅケにしてもおいしいですよね。醤油醸造には麹菌、乳酸菌、酵母の３種類の微生物が関わっています。その醤油に似ていて相性のいい酒といえば、乳酸、コハク酸がきいた生酛&山廃、熟成した酒です。ぬる燗でもＯＫ！　キリッとした酒には、湯豆腐、酢の物、生野菜。お肉では白身の鶏肉。調味料は塩、酢、しょうが、柑橘系のレモン、すだち、かぼす、ゆずなど。青じそと大根おろし、ミントも合います！

ふぐ刺し

高級白身の代表、ふぐ刺は脂肪分が少なく清らかで繊細な味。昔からわさび醤油ではなく柑橘がきいたポン酢＋もみじおろし＋細ねぎを添えて食べるのが定番。爽やかな味同士の吟醸酒や活性清酒が上品に引き立て合う。

柑橘類

いか、えび、かに、牡蠣、ホタテなどの魚介類には、柑橘をぎゅっと搾って食べたくなる（醤油の濃い味に負けてしまうから）。柑橘の香り、爽やかな酸味は、白系魚介類のうまみと甘みをグッと活かし、柑橘＋塩は純米吟醸酒に合う。

お酒とおつまみの相性　コクのあるお酒に合うおつまみ

純　さっぱり系の魚介は白身が多い。そういう白身は柑橘や塩、ポン酢で食べることが多いんです。ふぐやかにもそうですね。

米　ふ〜ん、おいしい素材は調味料の相性もあるんですね。では、コクのある酒に合うつまみを教えてくださ〜い。

純　**脂が多いもの**です。秋のかつお、まぐろのトロ、さば、ぶりにはまち、ニシン。醤油や味噌、辛子ににんにくが合います。お肉でいうと豚バラ。すき焼きの牛肉もこってり系です。こういうものには、**太い味のお酒が合う**というわけです。また香りもあります。熟成させた酒には、カラメルやナッツの香りがありますが、古漬けの糠漬けやたくあんにはこの手のお燗酒がどんぴしゃり。大吟醸酒には合いません。**似ているものが相性よしの同調・調和の精神**です。塩辛にはワインは絶対合いません。酒です酒。熟成酒！　寒い冬、湯気が出たおでん鍋、見ているだけで幸せになりますね。そこに、煮込んで茶色く出汁醤油が染みた大根、がんもどき、厚揚げには、和辛子をのせてぴりっと辛く、時々、出汁を飲んで。そこには、冷たい吟醸酒……合いません。お燗した純米酒が、コク同士が調和して、ああぴったり！

米　キリッとでもない、コクでもない、中間はどうなるんですか？

純　まぐろでもさっぱりした赤身や、あじ、春のかつお、お肉でもしゃぶしゃぶをポン酢で食べる場合には、お酒も中間のタイプで温度も「冷や」の中間地点が合うんです。料理のコースも冷たいもの、さっぱりしたものから始まりますね。いきなり肉やバターのこってり料理なんて出てこないです。和食も中華もフレンチもイタリアンも、最初はさっぱりした冷製です。お酒も、冷たくておいしい大吟醸・吟醸クラス、そして純米・本醸造クラス、最後に生酛・山廃、熟成酒を、**冷たい温度から温かい温度へ**。この順番で飲み進めると楽しいですよ。

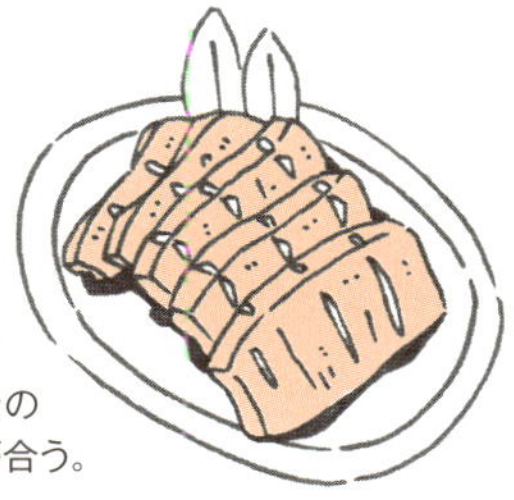

まぐろのトロ

腹身で脂が多いトロは、やわらかで、口に入れた瞬間に脂が溶け出す。脂たっぷりの刺身には、コク同士の調和がとれる純米酒が合う。

すき焼き

醤油と砂糖、牛脂を使うこってり系のすき焼きは濃いうまみが重なり合う。酒も熟成して複雑なうまみが重なる古酒が合う。その燗酒もよい。

ウチ飲みにおすすめのおつまみレシピ①

おつまみがおいしければ、日本酒はもっとおいしく味わえます。
とはいえ、手間をかけて作る必要はありません。
簡単に楽しめる、爽やか系のおつまみをご紹介します。

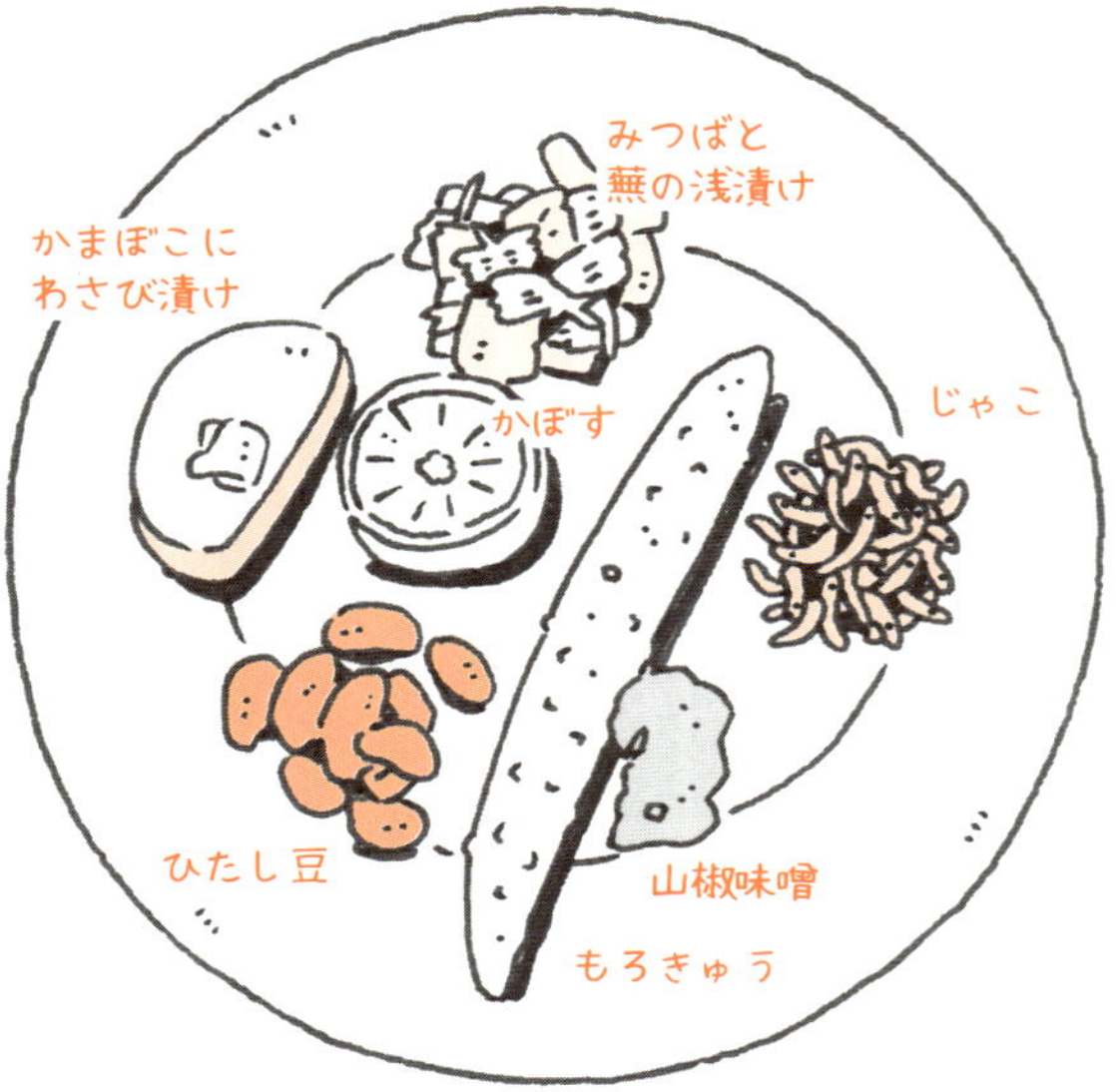

キリッとしたタイプの酒に合う爽やかおつまみ

かまぼこにわさび漬け。ひたし豆。もろきゅうと山椒味噌。じゃこ。みつばと蕪の浅漬けなど。かぼすは、かまぼこや豆、じゃこ、浅漬けにぎゅっと搾ると、キリッとした酒によく合う。

山椒味噌の作り方

❶ 味噌を小鍋に入れ、本みりんや酒を入れて混ぜ、少しやわらかくする。
❷ 中火にかけて混ぜながらつやを出す。濃いコクが欲しい時は、ごま油を入れて練る。
❸ つやが出たら火を止め、山椒の粉を好きなだけ入れる。山椒は使う直前に粒を粗く砕くと香りがとてもよい。

しょうが風味の油揚げ味噌漬け焼き

❶ 味噌100gに、しょうがを皮ごと30g すりおろして混ぜる（作りやすい分量。好みで増減を。甘めが好きなら本みりんを加える）。
❷ 油揚げを熱湯にくぐらせて水気を切る。ゴムべらで油揚げの両面にしょうが味噌を塗る。好きな枚数を塗り重ね、ビニール袋に包んで密閉する。
❸ 冷蔵庫で1～3日おく。味噌がついたままオーブントースターか網で焼く。
❹ ねぎの薄切りやカイワレ菜を添え、七味唐辛子をふる。食べやすく切ってから（3日目なら味が濃くしみているので細い短冊切りに）盛りつけてもOK。

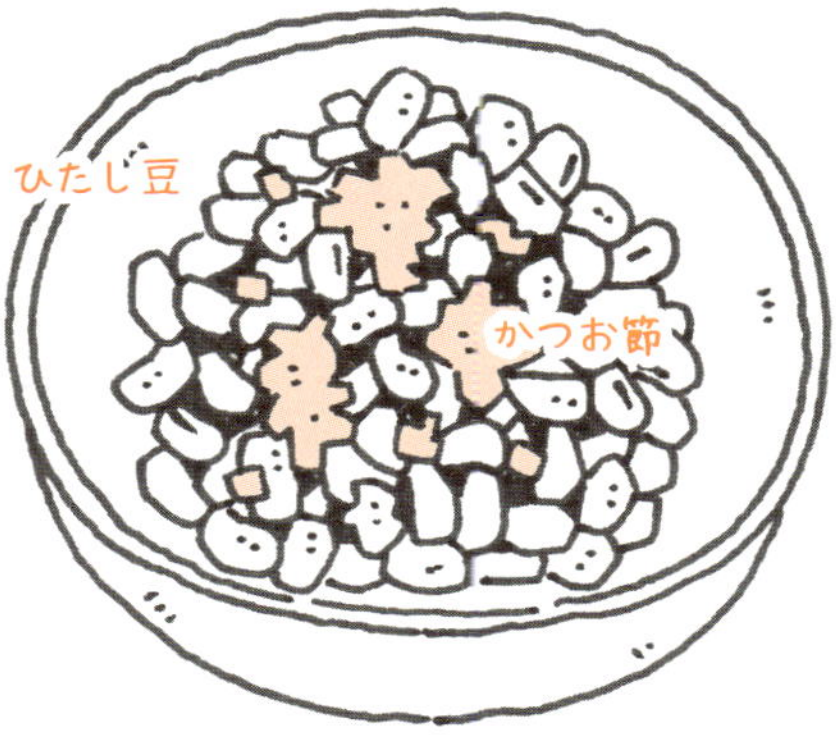

翡翠みたいなひたし豆

❶ ひたし豆（青大豆）200gをボウルに入れ、たっぷりの水で一晩もどす。
❷ ざるに上げて、水気を切る。鍋かフライパンに豆がかぶるくらいの湯を沸かし、自然塩大さじ1を入れる。豆を入れ、13〜15分ゆでる。食べてみて、歯ごたえがあるくらいで引き上げる（ゆですぎ厳禁）。
❸ そのままでもよいが、上質な緑色のEXVオリーブオイルを回しかけると、キリッとした純米吟醸酒に合う。または醤油少々を回しかけ、上等なかつお節（血合いがないもの）をかけると純米酒に合う。下の「くずし豆腐」に入れると緑が美しく映える。

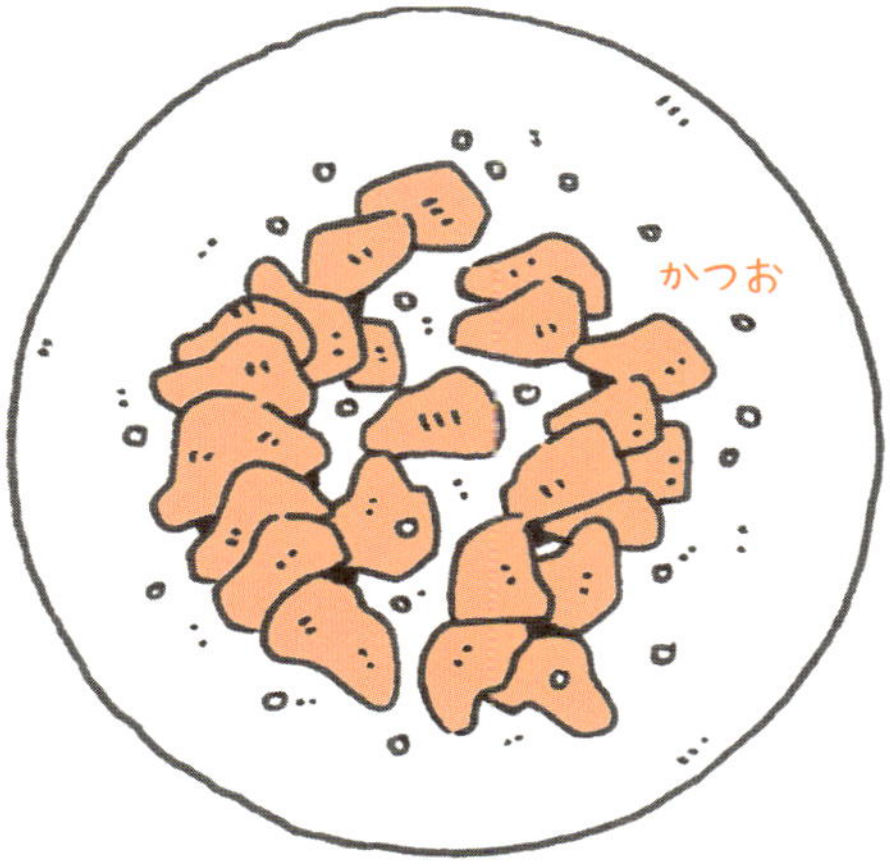

かつお生ハム風

❶ かつおのサク全体に自然塩をまぶして、キッチンペーパーに包んで15分以上おく。
❷ 水洗いして塩を落とし、水気をぬぐって新たに自然塩をまぶしてキッチンペーパーに包み、ビニール袋に入れて冷蔵庫で半日〜一晩寝かせる。
❸ 水洗いして塩を落とし、水気をぬぐって薄切りにする。カルパッチョ風に皿に並べ、EXVオリーブオイルをかける。粗挽き黒胡椒、あればケッパーやイタリアンパセリ、細ねぎ、香菜などを刻んでふりかける。粒マスタードも合う。冷蔵庫で2日は持つ。まぐろの赤身でも美味。

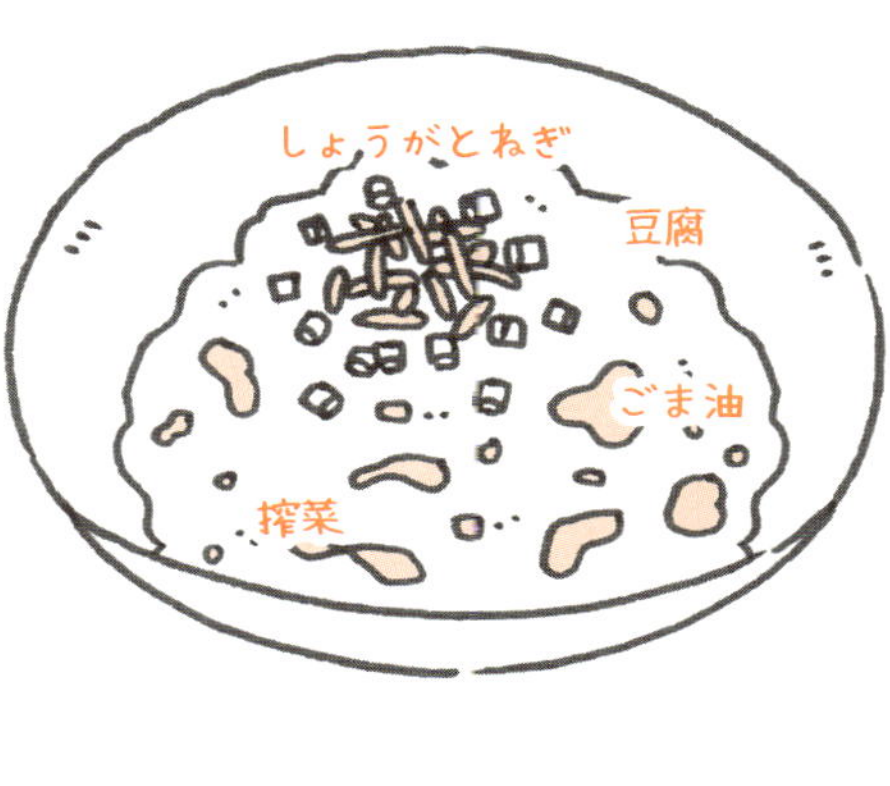

くずし豆腐のごまごま風味

❶ 豆腐一丁（300g）をざるにのせ、水気を切る。熱湯でグラッと湯がいてざるにのせてから水切りしてもOK。
❷ 搾菜をみじん切りにし、しょうが30gは千切りにする。ねぎ15cm（約30g）を細かく切る。全部ボウルに入れ、茶色いごま油小さじ2、塩少々を加えて混ぜる。そこに水気を切った豆腐を加え、さっくり混ぜ、片口や深めの器に入れる。
❸ 上からごま油少々を回しかけ、炒りごまをふる。

※ 青じそ、カイワレ菜、ミョウガ、クレソンを入れるとさらに爽やか。緑が美しく映える。

ウチ飲みにおすすめのおつまみレシピ②

うまみの濃い日本酒には、うまみのあるおつまみを！
純米酒や熟成酒など濃醇な味わいの日本酒には
油で揚げたり、醤油味を効かせたものがぴったりとなじみます。

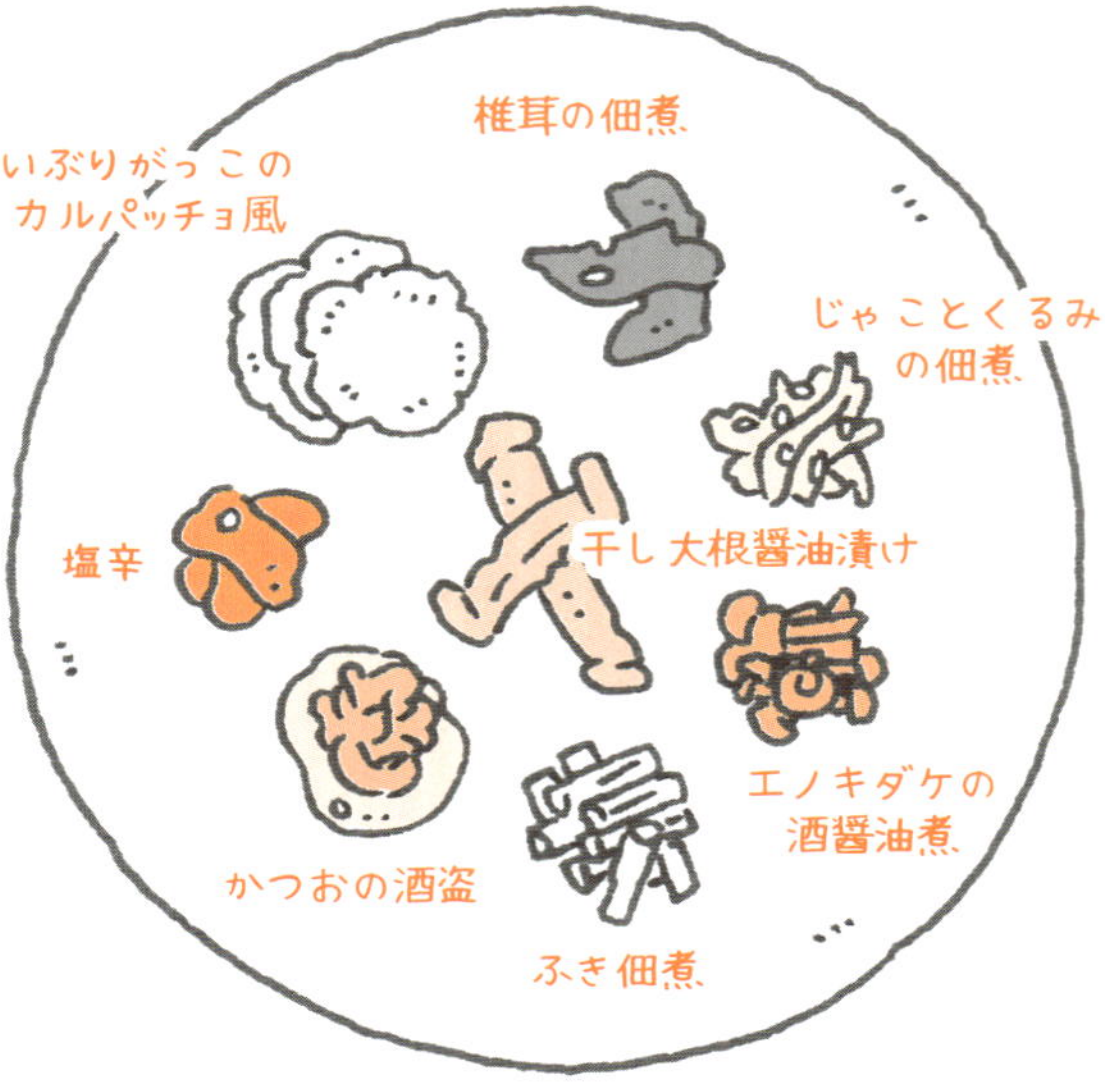

熟成した酒に合うおつまみは茶色ワールド

いぶりがっこに粗挽き黒胡椒とEXVオリーブオイルをかけた、いぶりがっこのカルパッチョ風。干し大根にスルメか柚子を巻いて醤油漬けしたもの。塩辛、かつおの酒盗。じゃことくるみの佃煮。ふき佃煮。椎茸の佃煮。エノキダケの酒醤油煮。

あると便利！　純米塩麹

塩麹の水分を日本酒にして作るとうまみ倍増！　米麹に自然塩を重量の20%加えてよく混ぜ、日本酒をかぶるくらい注ぐ。毎日底から混ぜて1週間。とろっとしてきたらOK。野菜やキノコをあえたり、魚を漬けたり、タレやドレッシングにも重宝。

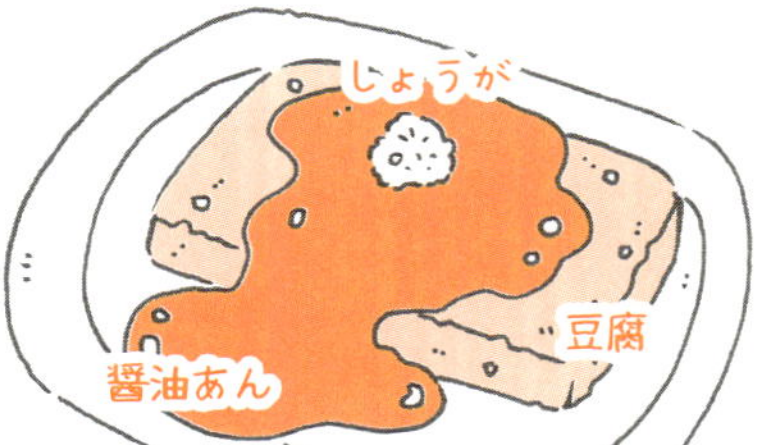

しょうが醤油の豆腐ステーキ

1. 豆腐は厚みを2等分し、さらに2つに切り分ける。両面に小麦粉をまぶす。
2. フライパンにごま油大さじ1をひき、豆腐を入れて、蓋をせず中火でじっくり火を通す。時々揺する。
3. 豆腐の底がかたくなったら、へらでくずさないように裏返し、両面をこんがりと焼く。
4. 醤油あんを作る。
小鍋に葛粉を水50㎖で溶き入れ、醤油大さじ2、みりん大さじ1を加えて、弱火にかける。透明になって、とろりとするまで煮る。
5. 皿に豆腐を盛り、あんをかけて、おろししょうがをのせる。七味唐辛子をふっても。

キビナゴの塩麹漬け焼き

❶ キビナゴの一夜干しをビニール袋に入れ、塩麹を加えてまんべんなくからめてから冷蔵庫に入れておく。
❷ 3時間〜半日漬けて、グリルかフライパンで焼く。

※ おすすめはキビナゴ、シシャモ。メザシや丸干しなどのイワシ系干物は、塩気がきついことが多く、塩麹よりも酒粕に漬けた方が、塩気が抜けておいしくなる。

ハタハタ一夜干しの揚げ漬け（マリネ風）

❶ ハタハタの干物はかるく炙ってから、フライパンに入れ、菜種油かオリーブオイルをたっぷりふりかけてカリッと焼き揚げる。
❷ 柑橘果汁（かぼす）＋リンゴ酢＋醤油で作った漬け汁に、アツアツの①をジュッと漬けてマリネ風にする。骨ごと頭まで食べられる。水菜と玉ねぎスライスもその漬け汁に漬けると爽やか。酒のつまみに最高！

※ 干物は包丁不要で、簡単においしくなるから（しかも安くて保存がきく）便利。つまみの最強素材！

ごぼうの唐揚げ

❶ ごぼう1本はよく洗い、皮つきのまま長さ4cmに切る。太い部分は縦半分かさらに半分に切る。切った方が味の染み込みがよい。
❷ ビニール袋に入れ、にんにく1片のすりおろし、醤油大さじ1を入れてなじませる。
❸ 袋の口を閉じ、冷蔵庫に30分〜一晩入れておく。
❹ 水気を切り、片栗粉か葛粉をまぶす。鍋に深さ2cmくらい菜種油かごま油を注ぎ、中温に熱してきつね色にからりと揚げる。黒ごまや黒胡椒をふる。

ウチ飲みに加えたい全国のおつまみ

土地の風土で育まれた日本酒は、酒蔵の建つ地域の郷土食とよく合います。
中でも伝統的な発酵食は複雑さが持ち味。
ワインやビールよりも、絶対に日本酒がベストマッチ。
全国各地にお宝のように残る珍味と酒巡りの旅がおすすめ！

北海道・いくらの醤油漬け、塩うに

海産物の宝庫。いくらの醤油漬けや塩うになど、ご飯に合うものはお米の酒とも相性抜群。コクある純米酒をぬる燗でキュッ！　口中で酒とうまみが混ざり合い、おいしさ×何乗分にも。

宮城県・牡蠣

牡蠣に合うワインはありますが、日本酒ならもっともっと合うと太鼓判！　酢牡蠣や、柑橘類を搾った牡蠣には純米吟醸を。牡蠣を昆布にのせて焼くなら、純米の燗酒を。うまみが増した牡蠣は酒で切れよく、さらにおいしく。

番外編・東京都　そば屋で飲む

そば味噌、板わさ、焼き海苔、卵焼き。そばの具をシンプルに出すそば屋のつまみと燗酒は「これでいいんだ、これがいいんだ！」が実感できる大人の飲みが楽しめる。さくっとひとりで飲みたい時にも便利。

静岡県・うなぎの蒲焼

濃厚な甘辛旨たれには、長期熟成古酒の冷やか燗酒がベストマッチ。色も味も香りもぴったり一致！

滋賀県・鮒寿司

湖国近江の伝統食品。琵琶湖のニゴロブナを2年ほど熟成させた、全国でも稀なる濃い〜発酵珍味。熟成チーズのような複雑な味わいは、長期熟成酒を燗にすると最高の相性。

京都府・大徳寺納豆

一休禅師が伝えたとされる納豆。糸引き納豆とは違う、苦みやうまみ、酸味もある発酵食品。長期保存可で携帯にも便利。塩気が強いので1粒ずつどうぞ。コクのある燗酒と、しみじみ飲みに。静岡の浜納豆も同じ仲間。

全国の海沿い・うるめの丸干し

うるめいわしを塩水につけて干した、安価でうまい晩酌の友。酒をふりかけて焼くと、身がふっくら仕上がり、うまみや苦みが燗酒にぴたっと寄り添うよう。酒粕や塩麹に漬けて焼くと格別に！

日本海・かに

かにと酒はなくてはならないもの同士。甲羅に熱々の純米燗酒を入れ、味噌ごと味わう甲羅酒はブイヤベースを超えるうまさ。また食べたあとの殻を焼いて湯のみに入れ、熱燗を注げばクリアな味のかに酒のでき上がり。熱燗を注げば何度でも楽しめる。

秋田県・ハタハタのしょっつる

ハタハタの魚醤「しょっつる」は鍋の出汁に重宝しますが、干物やいかなどにひとふりして焼けば、香ばしいうまみがのった酒肴のでき上がり。カマンベールチーズも魚醤をひとかけするだけで「えっ!?」というおいしさに。

秋田県・いぶりがっこ

世界唯一のスモークたくあん。山深い山内地域が名産地。おすすめは極薄切りカットに、EXVオリーブオイルと黒胡椒をふったカルパッチョ風。古酒や燗酒ともよく合います。粗く刻んでポテトサラダに入れてもgood！

福井県・へしこ

背開きにしたさばを1週間ほど塩漬けし、塩水を張って半年以上糠漬けしたへしこ。タンパク質がペプチドとアミノ酸に分解されて、複雑な味わいに。薄切りをそのままで、炙ると香ばしさ満点。にごりの燗酒ともよく合う。

福井県・小鯛の笹漬け

小鯛を3枚におろして塩と酢、みりんにひたした若狭小浜の名物。小鯛の淡白な身に味がじんわりしみて、純米吟醸酒に合う。柑橘類を搾るとさらに爽やか。

新潟県・鮭の酒びたし

100通り以上も食べ方があるという、村上市の鮭珍味。そのひとつが塩漬けした鮭を寒風でカチカチに乾燥させた薄切り。その名もズバリ「酒びたし」！名前の通り、酒にひたして、ちょっとずつ噛みしめて、ぬる燗をキュッ。口の中でうまみがじゅわ〜っとしみ出てくる。

高知県・かつおのたたき

にんにくの薄切りや薬味と食べるかつおのたたき。焼き目の香ばしさが酒を呼ぶ。口にほおばり、辛口酒をグイッと飲む、燗酒をグッと飲む。すべてを受け止めてくれるような!?　豪快つまみ。

高知県・かつおの酒盗

燗酒がどんどんすすみ、まさに「酒盗」。味が濃ければ酒を少々注ぐとgood。チーズにのせても相性よし。燗酒に、熟成古酒もどんとこい珍味！

鳥取県・エテカレイの干物

透けるように美しい白身の干物。焼いてよし、揚げてよし。きれいな味が凝縮した白身の干物には、かろやかな純米酒を。

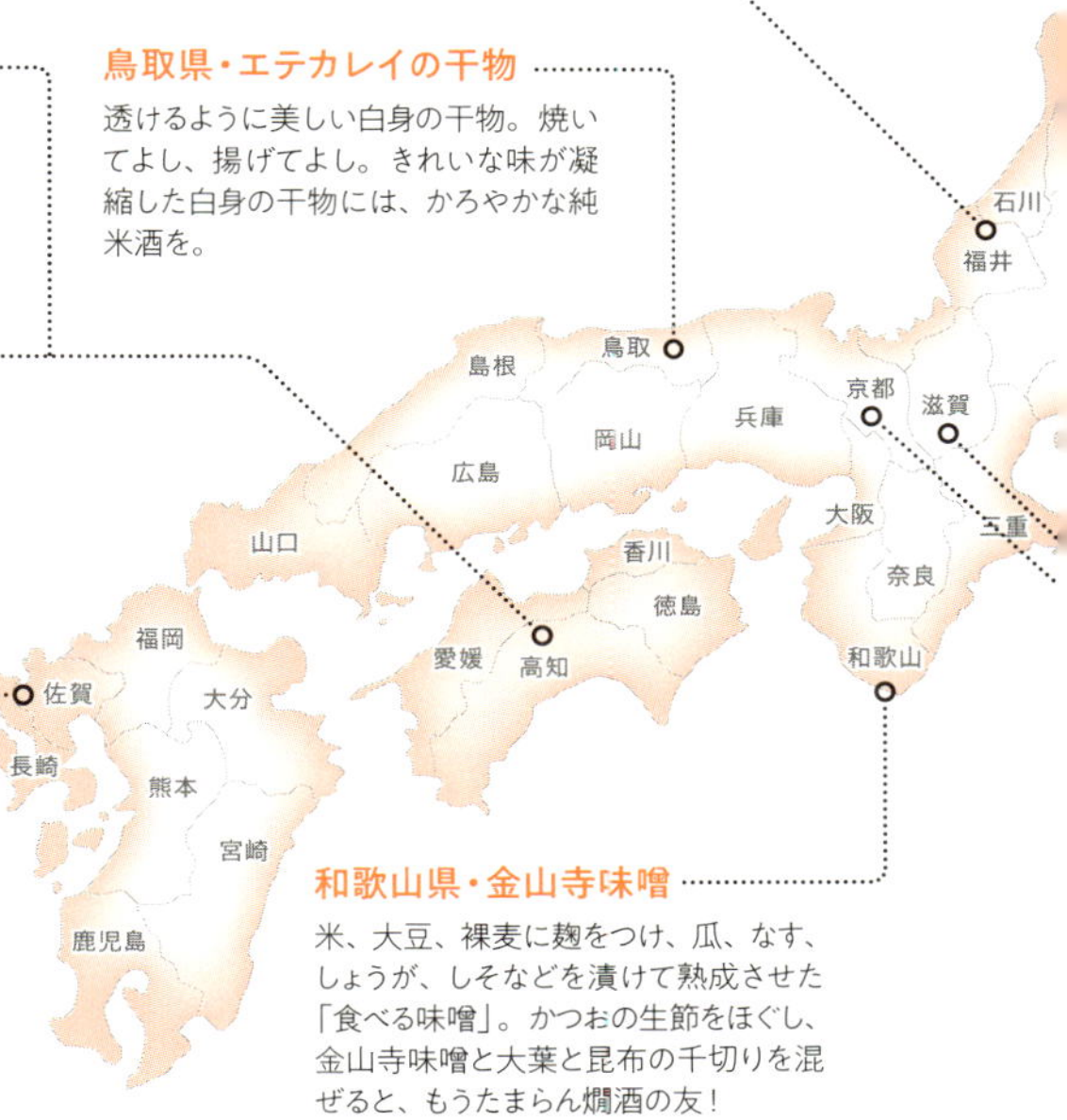

佐賀県・一番海苔

11〜12月の寒い時期に摘んだ一番海苔は香りも味も口どけも最高。さっと炙って、醤油をちょっとつけて。かろやかな純米酒と一緒にどうぞ。

佐賀県・温泉湯豆腐

嬉野温泉の温泉水は弱アルカリ性。鍋に入れて豆腐を煮ると、タンパク質が溶けてクリーミーな湯豆腐に。残った汁と酒を合わせて、体ポカポカ。最後までやさしくしみわたる。

和歌山県・金山寺味噌

米、大豆、裸麦に麹をつけ、瓜、なす、しょうが、しそなどを漬けて熟成させた「食べる味噌」。かつおの生節をほぐし、金山寺味噌と大葉と昆布の千切りを混ぜると、もうたまらん燗酒の友！

ひれ酒、いか徳利。面白い日本酒

純　日本酒の楽しい飲み方に、なにかと組み合わせることがあります。例えば**「ひれ酒」**。

米　あ〜、「ひれ酒」。甘美な響き。話には聞いたことがあります。

純　乾燥させたふぐのひれを香ばしくさっと炙って熱々の酒を注ぎ、火をつけるという飲み方です。酒のアルコール分が青白くぼぉっと燃えて、電気を消すと、なかなかイリュージョンな光景に！

米　いったいどんな味になるんですか？

純　ふぐひれの香ばしい香りと独特のうまみが酒に染み出て、**出汁のきいたスープのよう**です。**「つまみつきの酒」**とも言えますね。結構、酒に味が出るので、そこにまたおかわり酒を注ぐ人もいて、なかなかエンドレスな飲み方です。

米　おつまみ込みの酒！　いったいどうやって作るんですか？

純　な〜に、いたって簡単。ひれに熱燗を注ぐだけです。コツはお酒を飛びっ切りのアチチチチ燗にすること！　これが、熱くないとうまみが引き出せず、生臭くなることも。

米　アッチッチ〜！　でいいんですね。

純　**70℃以上まで**温度を上げて、器も温度が下がらないように温めておきましょう。熱燗を注ぐので、器は持ち手のついた耐熱のグラスか陶器製で。そこに炙ったひれを、一合に1、2枚入れて蓋をします。2分ほど蒸らしたら、蓋を少〜し開けて、火をつけます。青白い炎が燃えて、火が消えたらアルコールが飛んだサイン。これででき上がりです！　さあどうぞ！

米　おいしい！　出汁が染み出して、うまみたっぷりですね。

純　次はこの**「いか徳利」**を楽しんでみましょう！

米　わ、かわいい形！　どこで売っているんですか？

純　日本の海に面したみやげ物屋さんの定番商品です。新潟県のアンテナショップなどでも売ってます。アチチチチ〜な燗酒を、いか徳利に注ぐだけ！　何度でも楽しめますよ。いかのほんのり甘い風味とうまみが加わって、**いかの酒コンソメ的**と言いましょうかねえ。お酒がやわらかになり、思ったほどいか臭が強くなく、なかなかグ〜ッ！　温まった徳利の手触りも、和菓子の求肥のようで、すべすべ気持ちがいいんですよ。

米　持たせてください〜。ああ、温かいし、やわらかい。

純　何度も楽しんでいると、だんだんボディがふにっとやわらかになってくるのもご愛嬌！　徳利として楽しんだあとは、1回ではもったいないので、水気を切り、ビニール袋に入れて冷蔵庫へ。使っては冷蔵庫に入れて3回以上は楽しめます。飲んで楽しんだあとは、ボディは焼いておつまみに！

米　最後はおつまみですか！

純　ユーモアと、日本酒を愛する底力を感じますね。

飲んだあとも楽しい、ひれ酒、いか徳利

ふぐひれや、いかのうまみを出すために熱めにお燗した酒を注ぎ入れる。
どちらも飲んだあとはおつまみに。

ひれ酒

ひれ酒の代表はなんといってもとらふぐ！ 香ばしいうまみは安い酒も極上に！ 作り方は、ひれを炙って湯のみかコップに入れ、熱燗を注いで蓋をon。香りと味が出るまで待ち、蓋を少し開けてマッチで酒の表面に点火。アルコール分が飛んで、香ばしい味わいに。

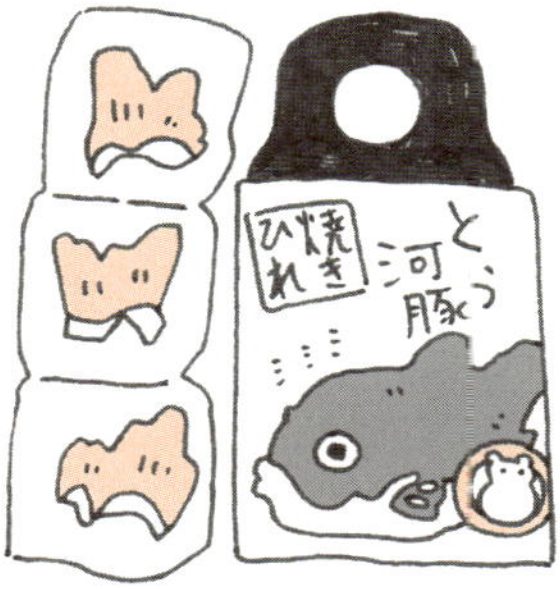

ひれ酒用とら河豚の焼きひれ

ひれを炙るのは難しいが、便利な「焼きひれ」商品もあり。
約4g、2枚入3袋。天草海産／熊本県

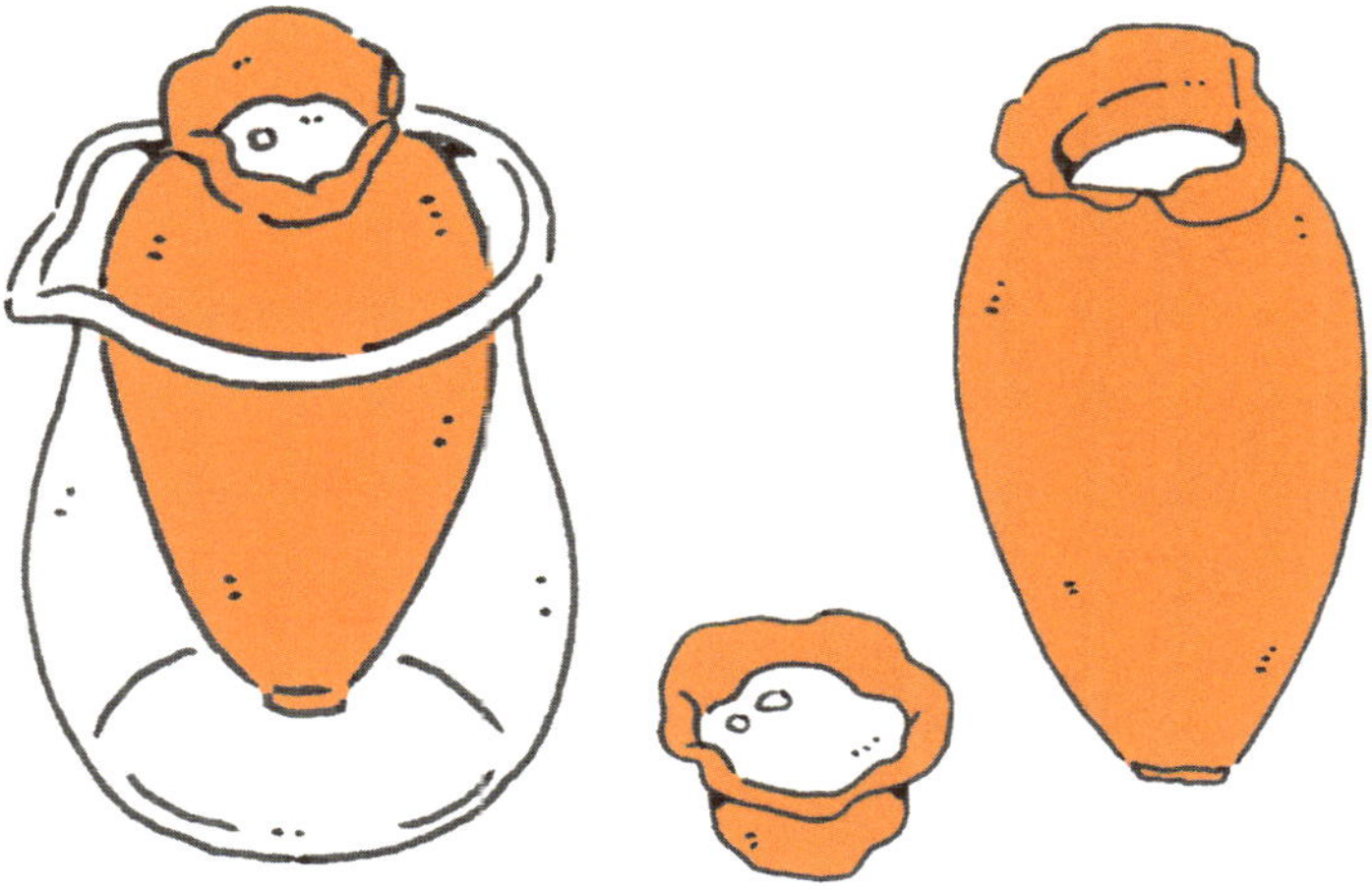

いか徳利

港町のみやげの定番！ 日本が誇る卓越した技術とセンスが炸裂した「いか徳利」。熱燗を注ぐとスルメの味が酒に移ってうまみが倍増。いい感じにお酒がしみたら、さいて炙って、おつまみに。最初に考えた人はスゴイ！ 商品によってはいか猪口つきも。ただし、この徳利、安定が悪いのでグラスなどに立てておくと安心。

まだまだあります。いりこ酒、甲羅酒

純　最近は、ご当地名物を入れた酒も商品化されています。香川県には**「いりこ酒」**なんてのもあるんですよ！

米　これはまたユニークな組み合わせ。おいしさが想像できますね。そういえば、**「かにの甲羅酒」**というのもありますよね？

純　かにの港、ゲゲゲの境港生まれの私ですから、かにの甲羅酒にはうるさいですよ！　その甲羅が「焼きがに」か「蒸しがに」かでも、味が違ってきます。甲羅の風味と、かに味噌の味が違うので。どちらもおいしいですけどね。わはは。

米　……かにのことになると、とたんにアツいですね。

純　香ばしいのは「焼きがに」の甲羅に酒を注ぐ飲み方。「蒸しがに」の場合も、どれだけ味噌を残すかにかかっています。

米　ええっと、甲羅がない……かにの足だけしかない場合は……。

純　そういう場合もあろうかと。**足や甲羅をカリカリに網で焼いて、熱燗酒を注ぐ**とそれはそれで、香ばしさ満点のかに酒のでき上がり！　味噌がないぶん、クリア感が楽しめます。熱燗を注げば、何度でも楽しめます。味が薄くなったら、また足せばOK！　その他にも、変わった飲み方として骨酒がありますね。焼き魚として食べたあと、残った（残した？）頭や骨やひれを炙り、ふぐのひれ酒同様に、アチチ燗酒を注いで飲むというものです。たいなど、白身の魚がおいしいですよ。

米　なんと！　残った頭も骨も活かせて、魚も成仏できますね！

純　地方によっては、岩魚や鮎の川魚でも作ります。じっくり焼いた一匹まるまるを深めの皿に入れて、熱い酒をなみなみ注いでうまみを移して飲む。山奥の地域で、地鶏の骨酒というのもありました〜。それは脂がすごかったです。

米　酒にご当地名物のうまみを移して飲む！

純　もうひとつ変わったところでは、東京下町のおでん屋が、少し飲んで減ったカップ酒に、おでんの出汁を注いで「出汁割り」にしているのも人気が。日本酒にはアミノ酸が含まれていて、お出汁みたいなところもありますから、うまみonうまみで、そういう楽しみ方もぴったりくるのですよ。

米　出汁割りの酒、わ〜！　いろんな楽しみ方を教わりました。ひれ酒や、甲羅酒に合うのはどんなお酒ですか？

純　お酒で味わいも変わってきますからね。お好みですが、**二度火入れした辛口の酒**。アツアツの燗酒にしても、ヘコタレナイ強い酒質の酒がいいですね。

米　例えばどのような？

純　しっかりとうまみを味わうなら神亀、諏訪泉、日置桜、義侠など。するっと飲みたい時は、天の戸、綿屋、白隠正宗など。その蔵の中でも地元向けの晩酌酒をおすすめします！

いりこ酒、甲羅酒の味わい方

いりこは香ばしく炙ってあるのでそのまま熱燗にポチャン。かにの甲羅は、焼くことでうまみが浸み出す。

川鶴　炙りいりこ酒　カップ酒180㎖

讃岐観音寺伊吹いりこ（片口いわし煮干し）を炙り、寒造りで醸した観音寺地酒川鶴につけ込んだ本格仕込製法。上質ないりこのうまみと炙った香味は、熱燗で風味が増す。別添のいりこは、お燗したいりこ酒に入れて楽しむもよし、そのままおつまみにしてもよし。
川鶴酒造／香川県

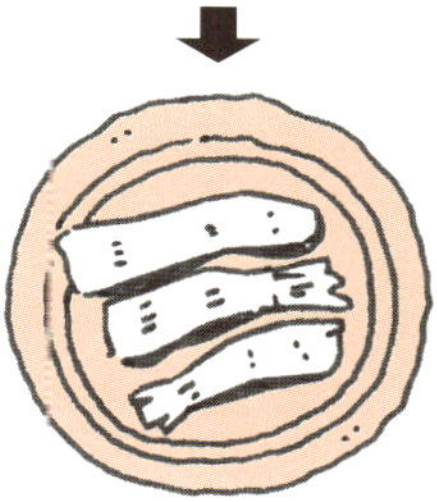

かにの甲羅酒

（右）「焼きがに」か「蒸しがに」の甲羅に熱い酒を注ぎ、焼き網で温める。直接焼くと、穴があいてお酒がもれてしまうので、焼き網には必ずアルミホイルを敷くこと。（左）甲羅や足を網でカラリと焼いて、熱い酒を注ぐのも風味抜群。クリアな味のかに酒が楽しめる。

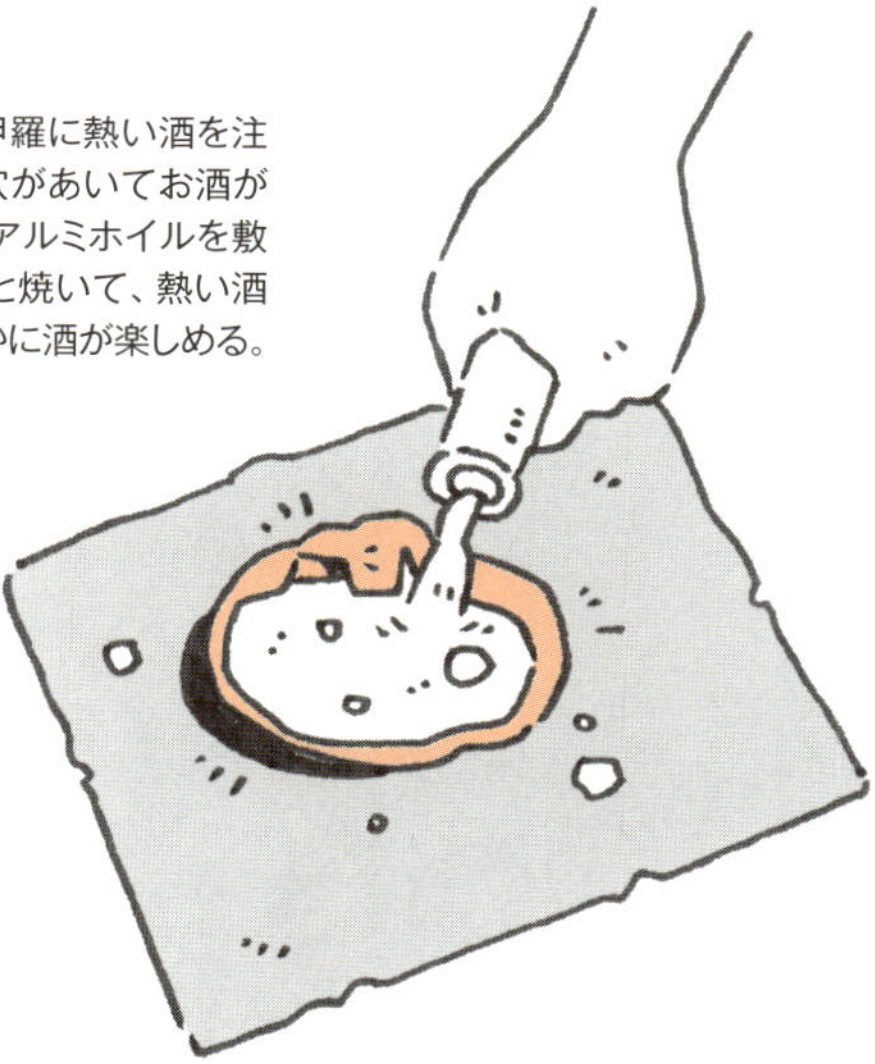

お燗噺がいっぱい！
落語の酒

昔は、お酒はおいしく燗して飲むのが、当たり前。冷やで飲むのは、燃料代と手間をケチった貧乏人の飲み方とされ、「貧乏人の冷や酒」と蔑まれたもんでした。落語のネタにも、そんな噺がいっぱいあります。

燗は、うどん屋に限る

そのひとつが『替わり目』。夜遅く、帰って来た酔っ払いの旦那さん。すでにさんざん飲んでるものの、まだまだ飲み足りない。おかみさんに酒の肴を買いに行かせる。自分で先に酒をついで飲もうとすると、台所の火がすでに落ちたあと。これでは酒が飲めない。そこへ通りかかったのが、夜鳴きうどん屋。こいつは渡りに舟と、うどん屋を呼び止めます。うどんのゆで湯で、燗をつけさせせようと企んだのです。上手にお燗をつけさせて、うどんは注文せず、ひどいやつ。あげくに「燗は、うどん屋に限る！」とまで。いいように使われたうえに、からかわれて頭にくるのがうどん屋さん。

帰ってきたおかみさんが、燗酒でご機嫌の旦那を見て、顛末を聞いたところ、それは気の毒と、一杯注文しようとうどん屋を追いかけた。「うどん屋さ〜ん」と声をかけたら、声を聞いてあわてた、うどん屋さん。「あ！　そろそろ銚子の替わり目だ」と、全速で駆け出し逃げた……というオチ。

酔っ払いが、店主をからかう噺はことかかず

落語『上燗屋』に出てくるのは、「上燗」酒専用酒場。「熱なし、ぬるなし」熱燗よりぬるく、ぬる燗より熱いのが上燗。そこへ来た客。「これは、どっちかって言うと、ぬる燗だ」と、酒を足して温め直させ、熱くなりすぎたと「ちょっと、うめてんか」と酒を足させる。器からこぼれた豆とか、添え物の紅しょうがなど、店主が代金をとりにくいものばかり平らげる。たちの悪い酒飲み噺もあります。

また、ちょっと色っぽい噺は『夢の酒』。若旦那が、昼寝の夢の中で美人のご新造さんと、差しつ、差されつを楽しんでいたら、突然、嫁さんに起こされてジ・エンド。なんの夢だったのか嫁さんに詰問され、渋々と話すと、嫁さんが嫉妬で泣き出す始末。舅の大旦那が、泣く嫁に理由を聞くと、くだらぬ夢の話。「夢なら泣いて騒ぐこともないだろう」と呆れたものの、嫁が「どうにかしてくれ」と言うので、ご新造さんに説教するため夢の世界へ。すると登場したのは、話し通りの美人ご新造さん。やっぱりお酒を勧められ、お燗酒を所望。「もうすぐ、お燗がつきますからね」と、燗がつくのを待ってると、嫁に起こされ……。「惜しいことをした。冷やで、飲んでおけばよかった」。

昔はお燗酒が当たり前だったというお噺でした。

第3章

お酒を買いに行こう

最初は、いろいろ教えてくれるリアル店舗がおすすめ

純　純米大吟醸酒や吟醸酒、純米酒や普通酒、スパークリングに生酒と、日本酒には様々な種類があることを学んできました。

米　日本酒はどれも同じかと思ったら、とんでもなく種類が多いことに驚きました。

純　自分のお酒の好みも分かってきたのではないかしら？

米　まだまだ、いろいろ飲んでみたいです。

純　それでは実際に、自分でお酒を買いに行きましょう！

米　やった〜、どこですか？　デパート？　蔵？　それともネット？

純　お酒を買うには、**ネットではなくリアル店舗がいい**ですね。そのためにはお店選びが肝心。日本酒には四季があると伝えましたが、今のおすすめを誠実に教えてくれて、管理も真面目なお店から買いたいですね。まずは、お店の外観をチェック！　表の黒板や貼り紙で、最新入荷情報なんかがあるのもいいですね。店内も、清潔が第一！　掃除が行き届いているのは、お酒の扱いも丁寧である証です。雰囲気が暗くて、床や商品棚、冷蔵庫が不潔、整理整頓ができていないお店はバツ！　お酒も大事にしていない可能性が大です。いいお店は、説明書きやポップも充実しているもの。ディスプレイに季節感を盛り込んでいるお店なら、通うのも楽しくなりますよ。

米　冬でも、夏の生ビールのポスターが貼りっぱなしのお店とかもありますもんね。昔の女優さんが日焼けしているポスターはイタイかも……。

純　**お酒を大切にしているかは、お店を見たら分かる**、と。蔵に行った時の写真などが貼ってあるのも、好感が持てます。蔵に信頼され、責任を持って選んだことが伝わりますもんね。そして、分からないことは、なんでも店員さんに聞いてみましょう。それぞれのお酒の違いや、今のおすすめなど、いいお店の店員さんは、どんなことでもハキハキと感じよく答えてくれるし、一緒にお酒を選んでくれますから。

米　声をかけても返事がないようなお店は……帰りたくなりますね。

純　最近では、店内にテイスティングが楽しめる**バーを併設するお店、酒の勉強会を開催するお店**も増えました。気になるお酒が一杯から試せて、気軽に聞けるお店がいいですね！　また、店主が選んだグラスや平杯、酒蔵のエプロンやバッグ、おつまみなどをセレクトショップのように扱っている店もありますよ。それから、そのお店にはどんな居酒屋さんが買いにくるのかも教えてもらいます。旅先では特にね！　いいお酒を置いている店は信頼できますから。日本酒は旬の情報満載のリアル店舗が楽しいのです！

肝心なのは品質管理と豊富な情報

いい酒販店は見れば分かる。
商品棚にはきれいに酒瓶が並び、丁寧な説明書きが添えられているもの。
質問しやすそうな、雰囲気のいいお店に行ってみよう。

よい酒屋例

- ○ 酒瓶ひとつひとつに説明書きがついているのは、責任を持って選んでいる証拠。
- ○ 商品の魅力を教えてくれる。
- ○ 料理に合うお酒を考えてくれる。
- ○ 店の人全員がプロ。説明が気持ちよいほど分かりやすく、適切なアドバイスをくれる。

絶対にダメな酒屋例

- ○ 日本酒を劣化させる直射日光や人工照明が直に当たる棚に平気で並べている。
- ○ 瓶が埃だらけ。
- ○ 説明書きがなく、内容も値段も分からない。
- ○ 食品以外の洗剤などと一緒に並べている。
- ○ 声をかけるまで店員が出てこない。

有料テイスティングができる酒販店

	店名	電話
東京	中目黒　伊勢五本店	03-5784-4584
	IMADEYA GINZA	03-6264-5537
	銀座君嶋屋	03-5159-6880
	恵比寿君嶋屋	03-5475-8716
	はせがわ酒店　二子玉川店	03-6805-7303
	はせがわ酒店　パレスホテル東京店	03-5220-2828
	出口屋	03-3713-0268
大阪	山中酒の店	06-6631-3959

ネットで買う時はここに気をつけて

米　なんでもネットで買うのが便利な時代になりました。日本酒はどうなんですか？

純　最近はネット販売が増えましたね～。でも知り合いの酒販店が「限定本数しか入荷してこない酒は、店頭ですぐに売れてしまうので、ネットに載せることはない」と言ってました。

米　あらら、ネットの方が面白いお酒が見つかると思ってました。

純　酒蔵によっては「ネットで販売しないで」と酒販店にお願いしているケースもあります。

米　えっ、どうしてなんですか？

純　ネットだと、転売されて不当に高く売られることが多いからです。店舗でお客さまの顔を見て、販売してほしいと。

米　どうしてそんなことに？

純　商品数に対して、欲しい人が多いからです。人気の酒蔵は卸しに出さず、**特約店制度**をとっています。加盟店に、直接蔵から送るのです。なぜ、そうするかというと**品質管理が徹底できる**から。

米　ネットショップの値段って、そんなに高いんですか？

純　有名なのが山形県の「十四代」です。ネットで検索すると定価の5～10倍の価格で転売されています。高値をつけておきながら、「値下げしました」とか「お値打ちセール」と表記する店もあり、まったく呆れてしまいます。

米　もとの値段が分からないと、注文してしまいそう。

純　事前調査が必要ですね。問題は値段だけではありません。そういうネットショップでは一般店から商品を購入し、その後の管理が杜撰なことが多いのです。とある蔵元が「冷蔵が必要な生酒も常温で販売しているので、品質劣化が甚だしい。お客さまからのクレームで、おいしくないという方の購入先はネット購入ばかりです」と嘆いていました。

米　高いだけでなく、品質も悪いだなんて、踏んだり蹴ったり……。

純　見分け方は、**極端に値段が高い商品が並んでいたり、「値下げ」などと書いてある場合は、ほぼ怪しい**です。引っかからないようご注意を。気になるお酒があれば、酒蔵に定価と購入方法を尋ねるといいですね。

米　はい。心得ました。

純　もちろん、ちゃんとした酒販店のネット販売もあります。人気酒や季節の限定酒はすぐに売り切れるので、リアル店舗の品揃えにはかなわないですが、定番酒を買うのは便利。私がいつも買っているお店は、好きな蔵の限定酒が出る時に連絡をくれますから。普段のつきあいが何事も大事ということですね。

ネット通販で後悔しないために

希少な酒でも品質が悪ければ意味がない。
ネットで日本酒を買う時は
目先の情報に惑わされないことが大事。

便利なネット酒販店にも落とし穴が

ここが問題
●不当に高い価格
●品質が劣化していても分からない

有名銘柄を集め、
異常に高価な価格帯で
売っていたら要注意！

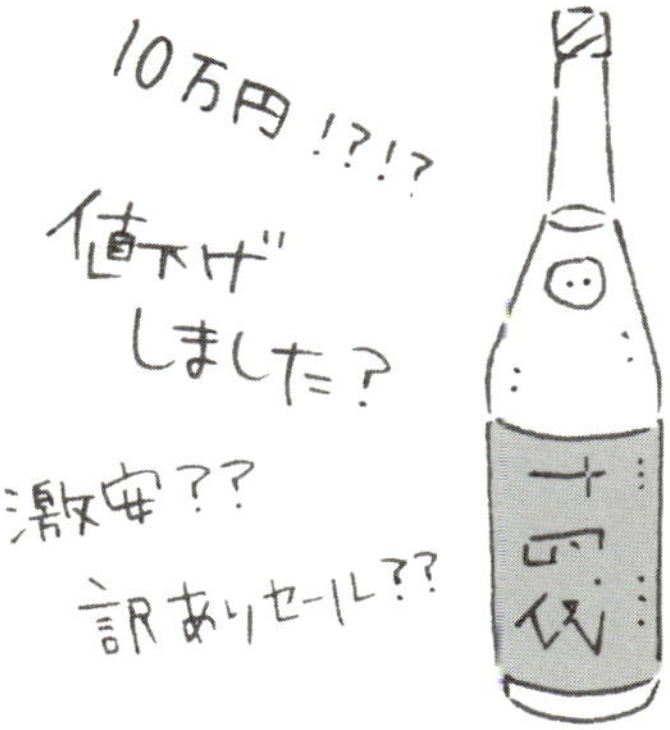

とんでもない値づけをして販売しているネット酒販店がある

2,160円の酒が37,800円！
1万円の酒が5万円！
などなど信じがたい値づけのオンパレード。

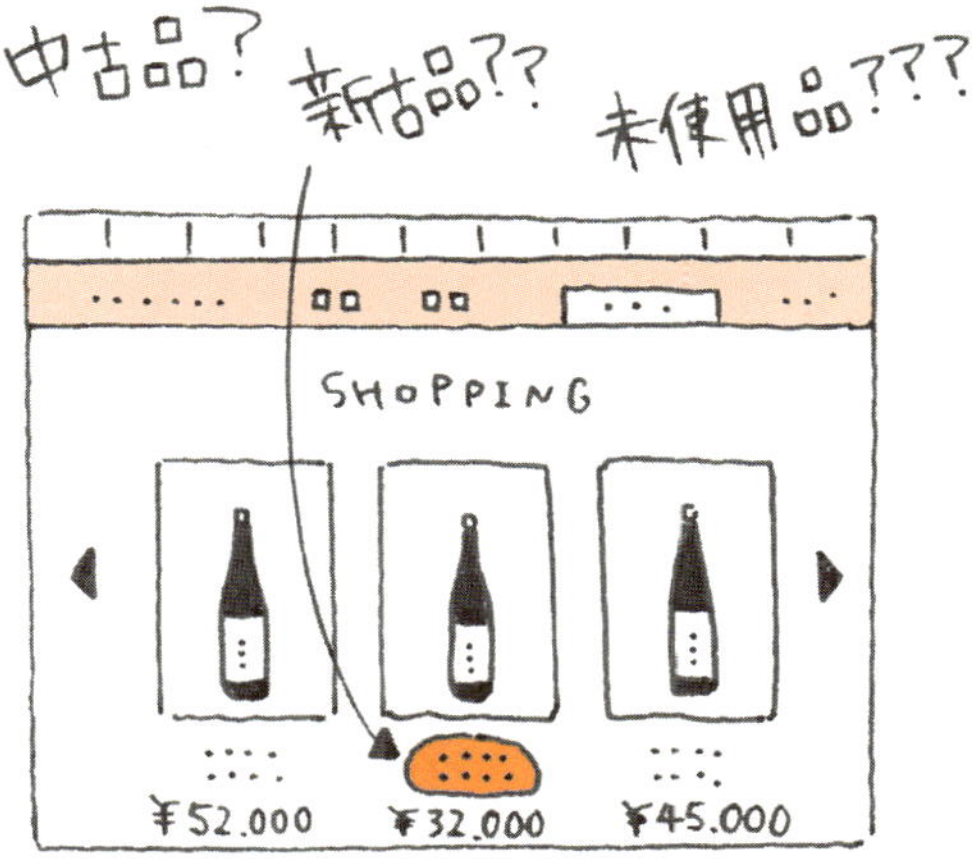

あり得ない表示が並ぶ

コンディションに「中古品」って？
「お値打ちセール」って？
真っ当な酒販店ではあり得ない
表示が並ぶ店は危険！
買ってはいけない。

ラベルの見方❶　全体の読み方

純　お酒を購入する時は、まずラベルをチェック！　法令で義務づけられた表示と、蔵が伝えたいことが書いてありますよ。

米　ラベルって恥ずかしながら読めない漢字が多くて、それと難しい用語がたくさん並んでいるイメージで、とっつきにくいです。

純　順番に教えるから大丈夫！　**最初はカテゴリーからチェック**しましょう。大吟醸酒、吟醸酒、純米酒、本醸造酒など特定名称酒は8種類、その表記がないものは普通酒で、他に合成清酒があります。

米　まずはカテゴリーと。これは大吟醸と書いてあります！　銘柄名は筆文字、カタカナ、英語、数字にイラスト……いろいろあるんですね。

純　どの蔵も、何を考えて酒造りをしているか、ラベルに表していますね。例えば、栽培醸造蔵を名乗る、神奈川県の泉橋酒造のお酒を見てください。トンボの絵！

米　かわいい！　蔵元さんはトンボ好きなんですね～。

純　この蔵は酒米を育てています。秋になると田んぼにトンボが集まることからシンボルに！　冬酒にはトンボの越冬卵と雪だるま、夏酒には成長したヤゴ。トンボの成長を追っています。

米　へ～っ！　米作りの背景をラベルにした、と。

純　次は、**ラベルで蔵の住所と原材料名を確認**しましょう。どんな地域で造られ、使っているのは米と米麹か、そこに醸造アルコールが加わるか、原材料は必ず明記されています。

米　それが書いてないものはない、と。

純　他に表示が義務づけられているのはアルコール度数、特定名称酒なら精米歩合、製造年月、生酒も必須です。その他は、任意で蔵が強調したいことが書いてあります。原料米の名前、使用酵母、日本酒度、アミノ酸度、酸度、酒造年度、生酛や山廃、濾過の有無、杜氏など、製造に関することです。例えば、分かりやすいのが旭菊酒造（福岡県）の「綾花」の裏ラベル。米の名前、酒造年度、日本酒度、酸度が入ってます。詳しくは次ページで紹介しますよ！

米　なるほど、いろいろですね。奈良県の油長酒造は「超硬水」と、水の硬度に発酵日数も。

純　**裏ラベルは「酒蔵からのラブレター」**と言う蔵元さんがいます。秋田県の新政酒造は蔵の醸造方針の説明も。栃木県のせんきんは日本語と英語、フランス語の3ヶ国語を併記しています。とはいえ、必要最小限のシンプルなラベルの方が多いです。まずは表記を読んで、お店の方に、どんな感じのお酒なのか聞いてみるといいですね！

日本酒ラベルは、その酒の履歴書

見方が分かれば、どんな酒でどのように造られているのか、味わいの違いも見えてくる。

ラベルの見方

デザインは蔵やメーカー、銘柄によってじつに様々。
必要記載事項以外に、酒蔵からのメッセージやこだわりが書かれていることも。
ここでは旭菊酒造／福岡県の「綾花」のラベルを例として紹介。

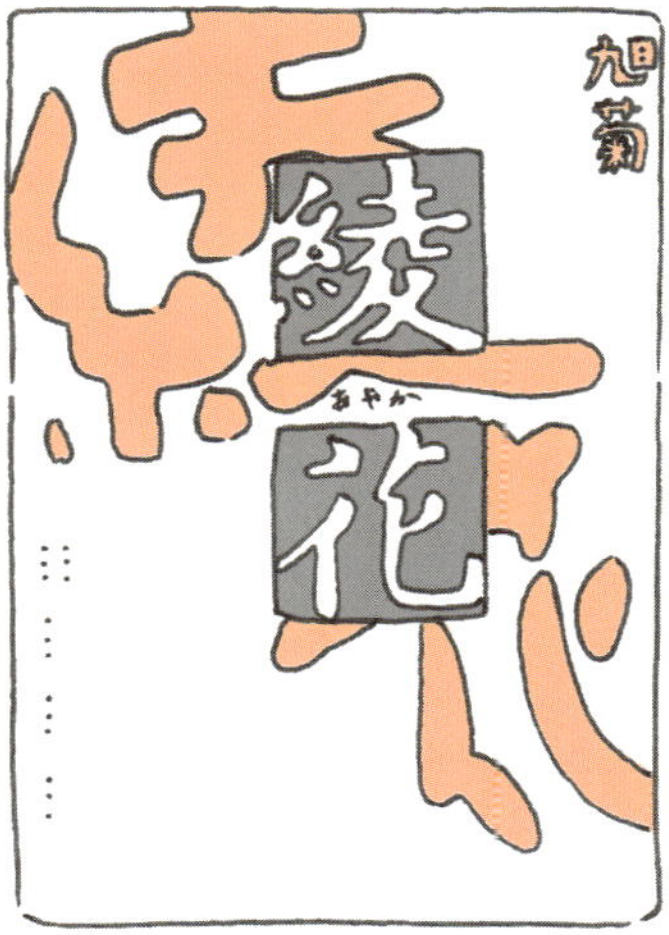

正面ラベル

- **銘柄名**
色や書体もいろいろ。
- **製造者名**
氏名や酒蔵名、所在地は必ず書く。

銘柄文字を金色や銀色に箔押ししたラベルも多い。「ひやおろし」などの季節限定酒や、強調したいビンテージがある場合、年号を大きく記したり、別のシールで貼ることも。
最近では、瓶に直接印刷をしたプリント瓶も増えている。また、耐水性のある透明シールに印刷し、一見プリント瓶風のものもある。

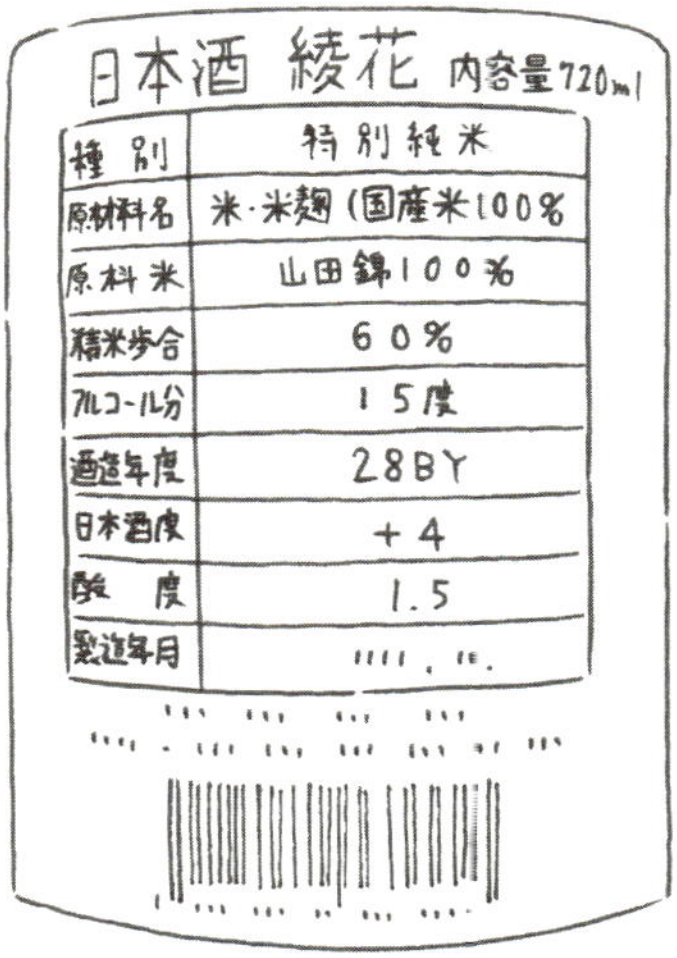

裏ラベル

- **特定名称区分（カテゴリー、種別）**
「純米大吟醸」など。
基準を満たした場合に表示できる。
- **容量**　一升瓶は1.8ℓ、四合瓶は720mℓ。
- **原材料名**　使用量の多い順に記載する。
- **原料米**　使用割合が50%を超えていれば表示してよい。
- **精米歩合**　特定名称を表示する場合は、併せて表示する。
- **アルコール分**
清酒はアルコール度数が22度未満のもの。
- **酒造年度、製造年月**
日本酒が造られた時期。
- **日本酒度、酸度**
それぞれ味の目安になる。

ラベルの見方1　酒米の品種とは

米　お米の品種もいろいろあるんですね～。
純　酒造好適米、略して酒米は、日本酒造りに適した性質を持つ酒造専用の米品種です。食糧法では醸造用玄米と言います。
米　どんな品種があるんですか？
純　各県で様々な新しい品種が開発されています。最も有名なのは、兵庫県で生まれた**「山田錦」**。**これに加えて、「五百万石」、「美山錦」、「雄町」の4つが有名**です。
米　どんな特徴があるんですか？
純　人気第1位は山田錦！　日本を代表する酒米で、香りの高い大吟醸酒用として支持があります。全国新酒鑑評会に出品される酒の多くは、この山田錦が使われているんですよ。1936年に命名されてから80年以上もたちますが、人気がまったくおとろえません。
米　ロングセラーの人気酒米なんですね。
純　五百万石は新潟県、北陸を中心に栽培されている酒米です。
米　ナンバー2はゴヒャクマンゴク！　どうしてその名になったんですか？
純　新潟県の農業試験場で開発された交配種ですが、誕生したちょうどその年に、新潟県の米の生産量が五百万石を突破したことから命名されました。酒造好適米の生産量で1位だったこともあり、今も多くの蔵元に愛されている、日本酒造りには欠かせない酒米と言えます。そして美山錦は長野県生まれ。寒さに強い耐冷性に優れた品種で、北日本で多く栽培されています。雪を頂く北アルプスの山のように美しく白い心白を持つことから、1978年に命名されました。
米　地域の気候条件に合わせて開発されたのですね。
純　開発種だけではなく、**原生種もある**んですよ。雄町は1924年に命名された古い品種で原種です。豊かなふくらみを持つ酒になり、雄町で醸造した酒には根強いファンがいて「オマチスト」とも呼ばれています。「雄町サミット」という日本酒の祭典も開かれているほどです。最近は各地で新品種が開発されるようになり、秋田県の「秋田酒こまち」、宮城県の「蔵の華」、山形県の「出羽燦々」、新潟県の「越淡麗」などがあります。
米　地域の米だけで造ったお酒というのも魅力を感じます。飲んでみたくなりました！
純　それから、**最近は古い品種の復活もある**んです。愛国、陸羽132号など50年以上前の品種を、わずかな種もみから復活栽培している蔵があります。

日本の酒米生産量ベスト10

酒米別生産量のトップは、9年連続で山田錦。
2017年は全国で107銘柄の酒米が栽培されている。

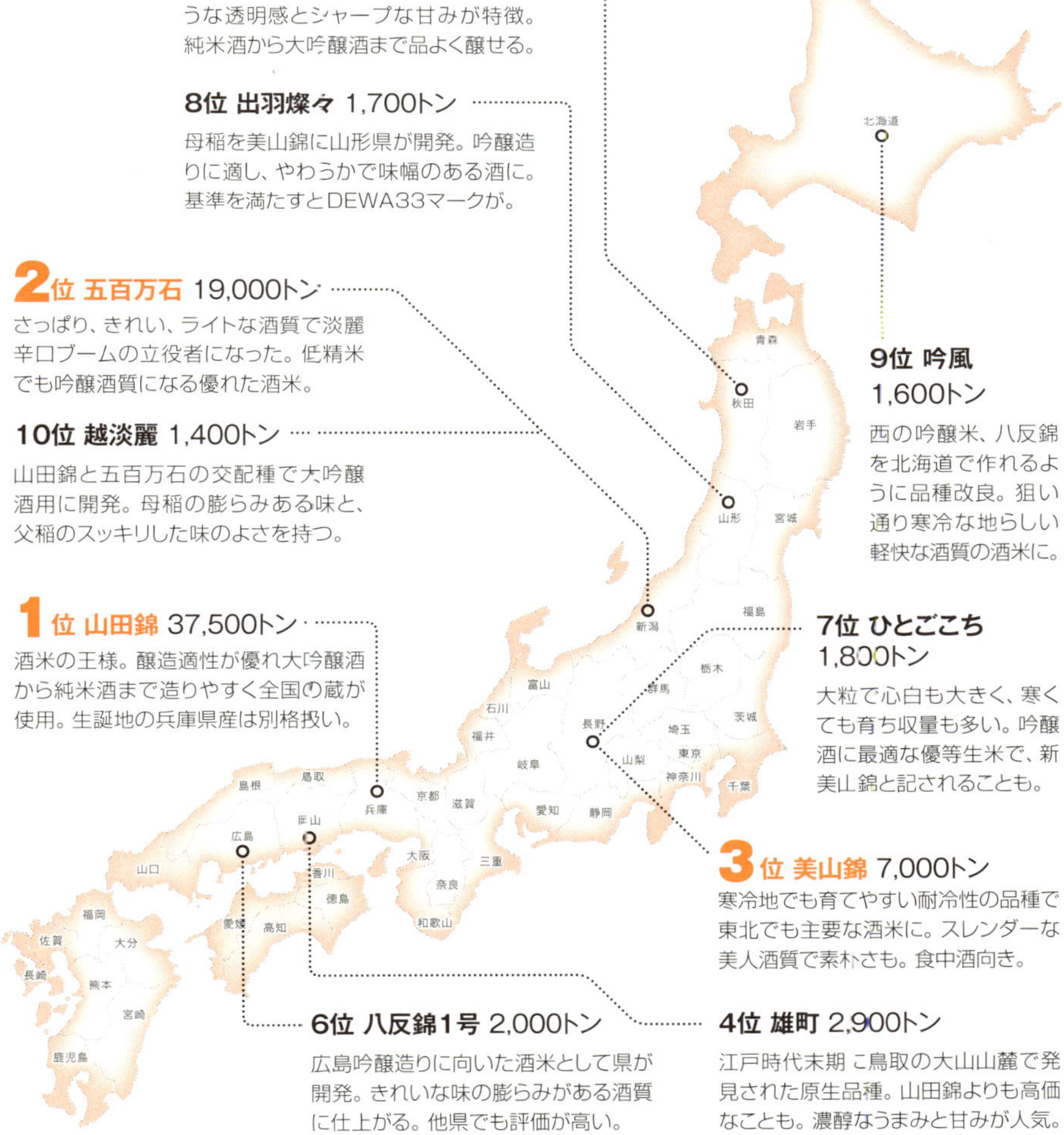

5位 秋田酒こまち 2,400トン
秋田県が開発した品種で雪解け水のような透明感とシャープな甘みが特徴。純米酒から大吟醸酒まで品よく醸せる。

8位 出羽燦々 1,700トン
母稲を美山錦に山形県が開発。吟醸造りに適し、やわらかで味幅のある酒に。基準を満たすとDEWA33マークが。

2位 五百万石 19,000トン
さっぱり、きれい、ライトな酒質で淡麗辛口ブームの立役者になった。低精米でも吟醸酒質になる優れた酒米。

10位 越淡麗 1,400トン
山田錦と五百万石の交配種で大吟醸酒用に開発。母稲の膨らみある味と、父稲のスッキリした味のよさを持つ。

1位 山田錦 37,500トン
酒米の王様。醸造適性が優れ大吟醸酒から純米酒まで造りやすく全国の蔵が使用。生誕地の兵庫県産は別格扱い。

9位 吟風 1,600トン
西の吟醸米、八反錦を北海道で作れるように品種改良。狙い通り寒冷な地らしい軽快な酒質の酒米に。

7位 ひとごこち 1,800トン
大粒で心白も大きく、寒くても育ち収量も多い。吟醸酒に最適な優等生米で、新美山錦と記されることも。

3位 美山錦 7,000トン
寒冷地でも育てやすい耐冷性の品種で東北でも主要な酒米に。スレンダーな美人酒質で素朴さも。食中酒向き。

6位 八反錦1号 2,000トン
広島吟醸造りに向いた酒米として県が開発。きれいな味の膨らみがある酒質に仕上がる。他県でも評価が高い。

4位 雄町 2,900トン
江戸時代末期に鳥取の大山山麓で発見された原生品種。山田錦よりも高価なことも。濃醇なうまみと甘みが人気。

参考／農林水産省平成29年産米の農産物検査結果

たくさんあります！　ご当地酒米

純　ご当地の酒米は、まだまだたくさんあるんです！

米　そんなにいろいろあるんですか？

純　「あ」からいきますね～、「愛山」、「秋田酒こまち」、「秋の精」、「石川門」、「伊勢錦」、「一本〆」、「いにしえの舞」、「祝」、「羽州誉」、「おくほまれ」、「雄町」ときまして、あとはぐぐっと省略して、最後は「渡船」と、ざっと**１００銘柄**あります。

米　そんなに！　まったく知りませんでした……。毎日1品種、飲んでも１００日かかっちゃいます。

純　まだまだ開発は続くよどこまでも、なんです。とはいえ、どの品種も少しずつ栽培しているのが現状です。全国で生産される酒米の総量は約9万トンですが、その内訳を見てみると山田錦が約３万４千トン、五百万石が約1万8千トンで、**2品種で半分以上**を占めています。

米　山田錦と五百万石って、2トップなんですね～！

酒造好適米の検査量　品種別ベスト3

生産量第1位の山田錦、第2位の五百万石、この2品種で総量の半分以上を占める。

	品種	主な産地	数量（トン）
1	山田錦	兵庫、岡山、山口、滋賀など	34,232
2	五百万石	新潟、富山、福井など	17,865
3	美山錦	長野、秋田、山形など	6,473

出典／農林水産省平成29年産米の農産物検査結果

純　それほど優秀な人気品種ということなのでしょう。ですが、「地元の米しか使わない」宣言をする蔵も増えています。全国新酒鑑評会などのコンクールでも、山田錦ではなく、ご当地酒米で出品する蔵が増えています。

米　**地酒は地元のコメでと考える蔵が増えている**のは楽しみです！　旅をした時には、その土地で育てたお米の酒が飲んでみたいです～。

純　ご当地酒米は、地域の環境や風土に合っているので、作り手にも無理がありません。中でも、中国地方のご当地米は、ハッキリした特徴を持っています。鳥取県は「強力《ごうりき》」が酒米の代表です。大正時代に大山で発見されました。種で、酒米の「心白」が線状になっているんです。その形は原生種では強力と雄町にしか見られない珍しいものなんですよ。

米　そんな違いが……。味に共通項があるのかないのか、う～ん気になります。

純　こういう話を聞くと面白いですよね。飲んでみたくなるでしょう。その2種類の飲み比べ！　中国地方では他に、島根県は「佐香錦」、広島県は「八反錦」、山口県は「西都の雫」と、どれもその土地で開発された地域品種があります。

知れば奥が深いご当地酒米の世界

どんな酒米で醸されているかをチェック。
各地域で独自に開発された酒米には
他にはないおいしさを追求した蔵人の思いが詰まっている。

全国各地で栽培されている酒米

県名	銘柄
北海道	吟風、彗星、きたしずく
青森	古城錦、華想い、華吹雪、豊盃、華さやか、蔵想い
岩手	ぎんおとめ、吟ぎんが、結の香
秋田	秋田酒こまち、秋の精、吟の精、美山錦、改良信交、華吹雪、星あかり、美郷錦
宮城	蔵の華、ひより、美山錦、山田錦
山形	羽州誉、改良信交、亀粋、京の華、五百万石、酒未来、龍の落とし子、出羽燦々、出羽の里、豊国、美山錦、山酒4号、山田錦、雪女神
福島	京の華1号、五百万石、華吹雪、美山錦、夢の香
新潟	五百万石、一本〆、菊水、越神楽、越淡麗、たかね錦、八反錦2号、北陸12号、山田錦
群馬	五百万石、舞風、若水、改良信交、山酒4号
栃木	五百万石、とちぎ酒14、ひとごこち、美山錦、山田錦
茨城	五百万石、ひたち錦、美山錦、山田錦、若水、渡船
埼玉	さけ武蔵、五百万石
千葉	五百万石、総の舞、雄町
神奈川	若水、山田錦
山梨	吟のさと、玉栄、ひとごこち、山田錦、夢山水
静岡	五百万石、誉富士、山田錦、若水
長野	ひとごこち、美山錦、金紋錦、しらかば錦、たかね錦
富山	雄町錦、五百万石、富の香、美山錦、山田錦
石川	五百万石、石川門、北陸12号、山田錦
福井	五百万石、おくほまれ、九頭竜、越の雫、神力、山田錦
岐阜	五百万石、ひだほまれ
愛知	夢山水、若水、夢吟香
滋賀	吟吹雪、玉栄、山田錦、滋賀渡船6号
京都	祝、五百万石、山田錦
兵庫	五百万石、山田錦、愛山、伊勢錦、いにしえの舞、白菊、新山田穂1号、神力、たかね錦、但馬強力、杜氏の夢、野条穂、白鶴錦、兵庫北錦、兵庫恋錦、兵庫錦、兵庫夢錦、フクノハナ、弁慶(辨慶)、山田穂、渡船2号
奈良	露葉風、山田錦
三重	伊勢錦、神の穂、五百万石、山田錦、弓形穂
和歌山	山田錦、五百万石、玉栄
大阪	雄町、五百万石、山田錦
岡山	雄町、山田錦、吟のさと
広島	雄町、こいおまち、千本錦、八反、八反錦1号、山田錦
鳥取	強力、五百万石、玉栄、山田錦
島根	改良雄町、改良八反流、神の舞、五百万石、佐香錦、山田錦
山口	五百万石、西都の雫、白鶴錦、山田錦
徳島	山田錦
香川	雄町、山田錦
高知	風鳴子、吟の夢、山田錦
愛媛	しずく媛、山田錦
福岡	山田錦、雄町、吟のさと、壽限無
佐賀	西海134号、さがの華、山田錦
長崎	山田錦
大分	雄町、五百万石、山田錦、若水、吟のさと
宮崎	はなかぐら、山田錦、ちほのまい
熊本	山田錦、吟のさと、神力、華錦
鹿児島	山田錦

参考／農林水産省平成29年産
産地品種銘柄一覧

酒米とご飯のお米は違うのです

純　日本酒は米の酒。原料は米・米麹・水だけですからね。米のよし悪しが酒の味を左右するんです。

米　原料は米だけ！　まさに米が命ですね。

純　食べる米にはコシヒカリ、ササニシキ、ひとめぼれ、つや姫、あきたこまちなどがありますね。

米　ブランド米は甘みもあって、粘りがあっておいしいです。

純　じつは**食べておいしい米は、大吟醸酒など高級酒の醸造には向きません。**

米　ええ～!?

純　酒造りには飯米もたくさん使われていますが、特定名称酒の高級酒には、酒米「山田錦」など、酒専用に開発された大粒で「心白」を持った米が使われるんです。

米　なるほど……大粒で、中心が白っぽいかたまりになって見えます。

純　この心白という白い部分が出るのが酒米の特徴です。白いかたまりに見えますが、じつは隙間が多い空洞の状態になっているんです、飯米では歓迎されません。

米　白い部分は空っぽなんですか？

純　食べておいしい米のことを「水晶米」と言いますね。デンプン質がしっかり詰まって水晶のように美しい半透明の米。それに対して、酒米の中心は白。水晶に対して「真珠米」とでも言いましょうかねえ。**心白はデンプン質に隙間ができたもの**で、光が屈折して白くもって見えるんです。この隙間こそが重要！　**麹菌の菌糸が中まで入りこみやすい**構造で、中に棲んで、内側からデンプン質の分解を進めます。

米　麹菌さんの棲みかは米粒の中心にあった！

純　中心に空洞がないと中まで入れず、麹菌は外側の表面に棲んで外側からデンプン質の分解を進めます。売っている麹米で表面がびっしりカマンベールチーズのようにフワフワ白く綿のようになっている麹がありますが、そういう感じですね。酒蔵で使う麹米は、白くパラパラ。これが酒にとってのよい麹米！　玄米の表層や胚芽部分は、タンパク質や脂質が多いので、酒の味が重たく、雑味も出やすくなるんです。酒米は、タンパク質や脂質が少なく、さらによく削るわけです。きれいな大吟醸酒を造るために、原材料の段階でコントロールをしているんです。

米　酒米は食べたらどんな味ですか？

純　タンパク質が少なく、デンプン質が多いのが特徴なので、**うまみが少なく、こざっぱり**としています。**そういうお米がきれいな味の酒になる**んですよ！

酒米と心白の大事な関係

米の中心が白いので、心白。デンプン質に微細な空気層があると、不透明になり白く見える。そこに麹菌が菌糸を伸ばしやすく、酒造りには好都合。

お酒をおいしくする酒米の特徴

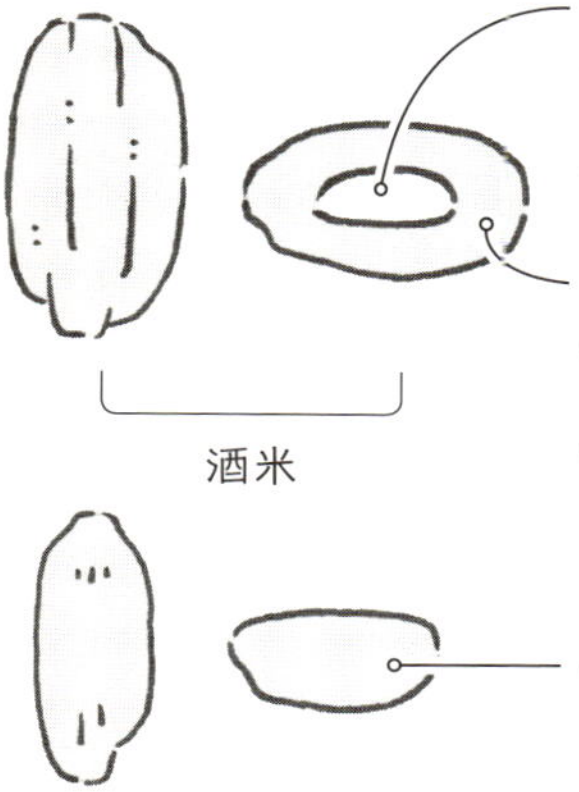

心白
- 中心部にある、白く不透明な部分
- 隙間が多く、麹菌が繁殖しやすい
- デンプン質が多く、酒造りに向いている

心白の外側
- タンパク質、脂質を含むため、苦みや雑味が出やすい
- そのため、高級な酒ほどこの部分を厚めに精米する（削る）

酒米

- 飯米には心白がほとんどない

飯米

飯米と酒米の違い

飯米	酒米	
粘りが強く光沢がある	大粒、タンパク質が少なく、デンプン質が多く、雑味が少ない	⇒ お酒にすると、上品なうまさ、軽快なあと味、品のある味が広がり、あとの切れがよい

酒米の稲の特徴
- 飯米に比べて、粒が大きい
- 穂も長く大きく、稲丈も高く育つ

栽培の大変さ
- 風で倒伏しやすい
- 病害虫に弱く、栽培に手間がかかる
- 単位面積あたりの収穫量が飯米より少ない

※ 最近は背丈の低い品種も作られている

栽培に気を遣い、価格も高くなる酒米をさらに削って贅沢に使うことで高級酒が生まれる

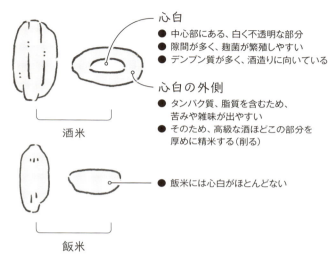

ラベルの見方2 アルコール度数

米 ラベルにあるこの数字はなんですか? 15.0度以上16.0度未満と幅を持たせて書いてありますが。

純 アルコール度数のことです。度はアルコール濃度を表して、15度というと15%。1割5分がアルコールってこと! つまり、15度というのは100mlの酒に15mlのアルコールが入っているということよ。日本酒と同じ醸造酒のビールは5度、ワインは12度くらいが平均です。でも蒸留酒になると、とたんに数字がはね上がって、焼酎は25度、ウイスキーは40度以上もあります。日本酒と焼酎は度で表すけど、ビールやワインは%表示。和酒と洋酒で表記が違うけど、意味は同じ。

米 蒸留酒はアルコール度数がなんとも高いですね。

純 いやもっと上には上があってね、世界には超危険な度数の酒がまだまだあるの。75度のラム酒や、なんと96度のウォッカ! 口から火を吹いちゃうわよ。誤飲したら大変だから、アルコール度数はどんな酒でも要チェック! 酒税にも関わるので、**表示が義務**づけられています。

米 それにしても、アルコール度数96度って……ファイヤーキターッですね。喉がヒリヒリ焼けてしまいそう……。その点、醸造酒は、ほっとしま~す。

純 基本、蒸留酒は割って飲むのが前提だから、単にアルコール度数だけで比較できませんね。**日本酒の平均値は15度前後**です。日本酒の原酒は17度以上になるので、15度というのは、できた酒に水を足して調整していると思ってください。飲みやすい度数を考えて割り水しています。最近、ごく少数の蔵で原酒で15度という日本酒も造られています。

米 日本酒のアルコール度数は、15度が平均、水で割るが、原酒もまれにある……とメモメモ。

純 日本語が読めない外国の方が日本酒の精米歩合の%表示を見て、アルコール度数と勘違いし「70%なんて、日本酒は度数が恐ろしく高い!」と言ったという話もあります。勘違いですが、そういう場面に出くわしたら、「ノットアルコール」と教えてあげてくださいね!

米 精米歩合もパーセントで表示ですもんね。数字だけを見て、本醸造酒よりも大吟醸酒の方がアルコール度数が低いのか~と思っちゃいますね。

純 初めて日本酒を飲む人には、15度以下のお酒をおすすめします。最近は8度とかアルコール度数が一桁台の低アルコール酒も出ているから、まずこの数字をチェック!

日本酒のアルコール度数は何度？

酒の種類によってアルコール度数はいろいろ
酔いすぎてしまわないためにもだいたいの目安を知っておけば安心。

酒別アルコール度数比較（平均）

	カテゴリ	アルコール度数
醸造酒	ビール	5度
	マッコリ	7度
	シャンパン	12度
	ワイン	12度
	日本酒	15度
	紹興酒	16度

	カテゴリ	アルコール度数
蒸留酒	焼酎	25度～
	泡盛（古酒）	35度～
	ウイスキー	40度～
	ブランデー	40度～
	ジン	40度～
	ラム	40度～
	ウォッカ	40度～
	テキーラ	40度～

	カテゴリ	アルコール度数
混成酒	みりん	13度
	リキュール	20度～

日本酒と他のお酒のアルコール量を比べると？

日本酒は口当たりがよく、すいすい飲めてしまうが、案外度数が強い。

含まれるアルコール量を他の酒類と比べると、日本酒一合はビール中瓶1本に相当する。

ワインは約2杯分に相当。となると、日本酒を三合飲めば、ワインボトル1本分!?

蒸留酒のウイスキーや焼酎は、アルコール度数は高いものの、
水やソーダで割って薄めて飲むので酔いづらい。

また、日本酒の中でも「原酒」になると17度以上もある。

すいすい飲めば早く酔うのは当たり前。飲む前に度数を確認。

※ワイン1本を6杯どりとして換算

種類	日本酒	ビール	ウイスキー	ワイン	焼酎
量	一合 180mℓ	中瓶 500mℓ	ダブル 60mℓ	グラス約2杯 250mℓ	100mℓ
アルコール度数（平均）	15度	5度	43度	12度	25度
純アルコール量	27mℓ	25mℓ	26mℓ	30mℓ	25mℓ

ラベルの見方③ 日本酒度、酸度、アミノ酸度、酵母

米　ラベルには蔵元が伝えたい、いろんなことが書いてあるんですね～。あれ？　この**「日本酒度」**って初めて見ました。日本酒の度っていったい？

純　**日本酒の比重を表す数値**なんですよ。専用の比重計で計ります。プラスになるほど糖分が少なく、マイナスになるほど糖分が多くなって、**甘口、辛口の判断の目安にされている**んです。

米　多いと辛い、少ないと甘い……メモメモ。

純　ちょ～っと待って！　甘い、辛いは他の要素も影響するので、一概には言えないの。比重の数値は糖分とアルコールのバランスで決まります。糖分が少なくてアルコールの多い酒は辛い酒。糖分が多くてアルコールの少ない酒は甘い酒という具合。数値が大きいほど「辛い」と言われていますが、糖分もアルコールも多い酒は辛口なのか？　という疑問も。目安のひとつだと思ってください。日本酒は「辛い」といっても、唐辛子の辛さではありませんからね。

米　日本酒の「辛い」はHOTではなく、DRYなんですよね。

純　ひとくちに辛いといっても、人によって受け取り方はじつに様々。例えば「すっきりして水のような味の辛口」「しっかり味はあるけど、あと口がキリッ、すぱっと切れる辛口」「酸味があってずっしり重い辛口」「醸造アルコールが多く蒸留酒に近い辛口」「濾過をかけすぎて味幅がない辛口」とまあ、**様々な辛い酒の味がある**んです！

米　辛いも千差万別、十人十色、百人百様なんですね～。

純　引き続きまして、こちらの数値は**「アミノ酸度」**です。**うまみ成分**を表します。酒の中には20種類以上ものアミノ酸が含まれて、量が多いほどコクのある太い味になると言われています。大吟醸クラスはアミノ酸度が低い傾向にあります。

米　あ～、まだ書いてあります。こちらの**「酸度」**ってなんですか？

純　日本酒に含まれる有機酸は乳酸、コハク酸、リンゴ酸が主です。うまみを含んだ酸味ですね。数字が大きいとフルボディ、小さいとライトボディの傾向に。最も大きな役割を持つのは**「酵母」**です。なにしろ、米をアルコールに変えるのが任務。日本醸造協会で純粋培養された酵母が酒蔵に配布されています。酵母の種類によってリンゴやバナナの香りを出すものや、香りをほとんど出さないものも。酸味があったりなかったり、**その個性はじつに様々**！　その酵母から酒の味が飲む前に想像できるところもあるので、「買う前に知ってほしいぜ！」「自慢だぜ！」という蔵はラベルに酵母名を入れるところも多いです。同じ米で同じ精米歩合で酵母違いを出す蔵もあります。

日本酒の"味わい"をイメージする

日本酒度と酸度が示す数値はおいしさの特徴を見える化したもの。酵母の違いにも注目してみたい。

日本酒度による味わいの違い

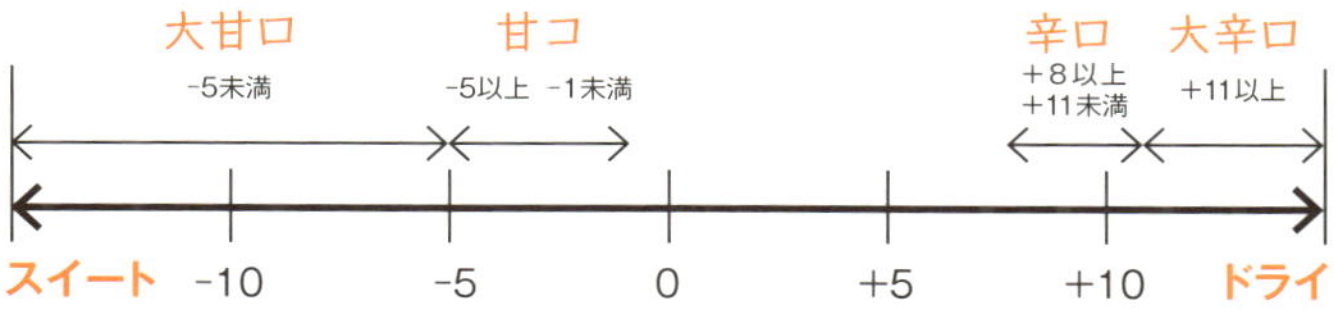

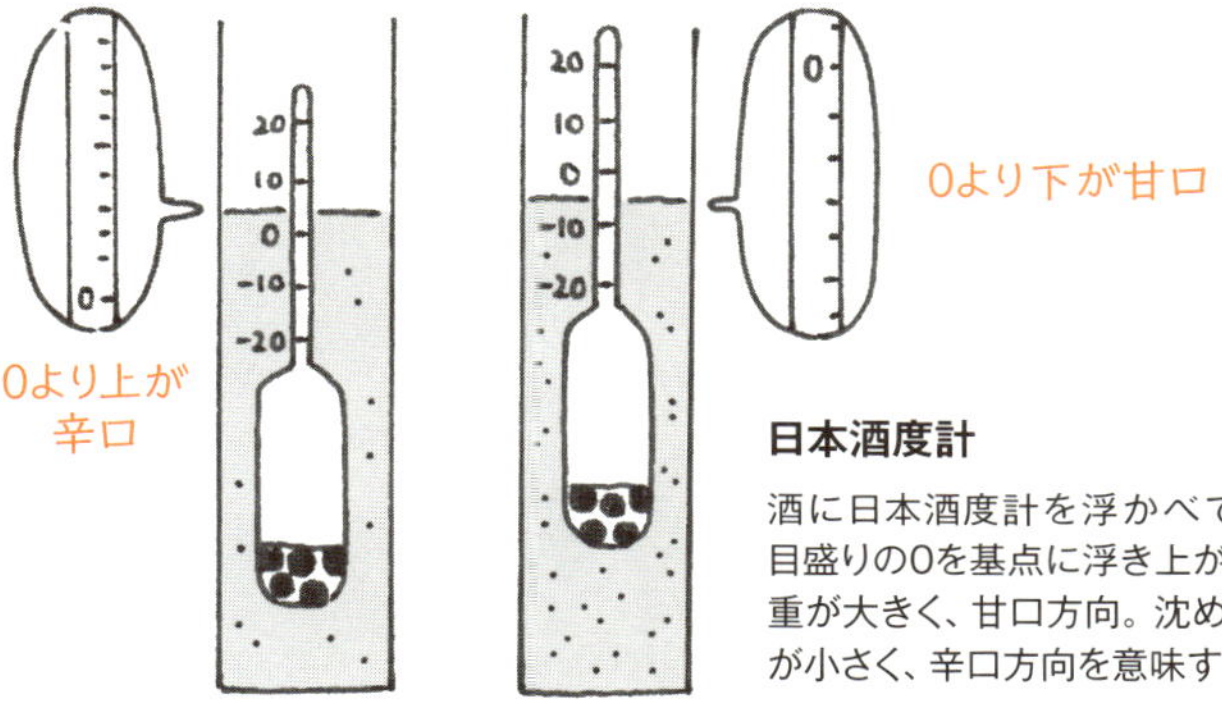

日本酒度計

酒に日本酒度計を浮かべて計測。目盛りの0を基点に浮き上がれば比重が大きく、甘口方向。沈めば比重が小さく、辛口方向を意味する。

酸度による味わいの違い

酸度の数字が高ければ、当然酸味は強くなる。酸度の数字が低ければ甘くライトな味わいだ。だが、酸度が高い酒は、酒の甘みが打ち消されるため、ドライで辛口に感じる。そこには「日本酒度」とのバランスも関係する。一概に酸度の数字だけでは推し量れないのも、日本酒の面白さ。数字はあくまで目安。

1.6未満	1.6~1.8	1.8~2.4	2.4以上
← ライトボディ	――――	――――	フルボディ →

酵母によって生まれる日本酒の香り

リンゴなどフルーティーな果実を思わせる香りは、酵母に由来する。昔の6、7、9号酵母は、日本醸造協会の「ひと桁」酵母と呼ばれ、香りが総じて控えめ。新しく開発された大きな数字になるほど、酵母は香り華やかなものが多い。

⬅ ラベルに使用酵母が書かれていることも

ラベルの見方④ 酒造年度と生酒・生詰め酒・生貯蔵酒

純 ラベルを見ると、**酒造年度にBY**と入っているものもありますね。

米 なんですか？「びーわい」？

純 BYは、「Brewery Year」とも言われ、**日本酒の酒造年度の略**です。日本酒の1年の始まりは元日ではなく、夏なんですよ。一番お酒を造らない時期の7月1日から翌年の6月30日が1年の区切りです。**日本酒のあけまして〜は7月1日始まり**と覚えてくださいね。２０１８年の６月30日までが29ＢＹ、7月1日からが30ＢＹ表記になります。

米 そして、製造年月が30・1とあるのはどういう意味ですか？お酒ができた時ですか？

純 平成30年1月に出荷したという意味です。西暦表記でもよいことになっています。

米 出荷ですか。それから、こちらのお酒には**「生酒」**と大きくあります。なまざけ？ なましゅ？ それとも、きざけですか？

純 「なまざけ」です。**一度も加熱処理（火入れ）せずに出荷した酒**のこと。ガスを含んだものもあり、フレッシュな味が人気ですね。酵母も酵素も残っているので、酒質が弱く、急激に劣化しやすいのが難です。そこでラベルに「生」と大きく入れ、保管や飲用上の注意事項を記載する必要があるのです。

米 そのへんに放置してはいけない日本酒があるんですね。

純 生鮮食品と同じ扱いでお願いします！ ビールの生は常温で保存し、飲む時に冷やせばよいのですが、日本酒の生は冷蔵管理が必須と覚悟してください。お店で買う時も、保冷剤と保冷バッグを勧められます。送る時もクール便ですね。

米 生酒をもし、常温に放置してしまうと？

純 味が劣化します。爽やかなフレッシュさが失われ、甘みがだれて、フルーティーな香りから、ナッツや醤油、糠の匂いになることも。爽やかに飲むには、冷蔵管理して早めに飲むことです！

米 他にも、生と書いてある酒が。「生酒」以外に**「生詰め酒」**と**「生貯蔵酒」**と、これもみんな「生」のお酒なんですか？

純 「生詰め酒」と「生貯蔵酒」は「生」の仲間ですが、**どちらも一度だけ加熱殺菌**しています。普通の日本酒は醸造後、貯蔵する前の1回と出荷前の1回の計2回加熱殺菌していますが、1回だけで酒質が弱いので、これらも保管は冷蔵で！

米 生と書いてあったら、冷蔵庫に入れておけば間違いないと。

純 飲む時は好みの温度でどうぞ！ 保管温度と飲用温度は違いますからね。何も書いてなければ、二度火入れということですね。二度火入れは表示義務はありません。

米 何も書いてなければ、基本は二度火入れで常温管理！

1年の区切りとしての「酒造年度」

酒造りの一年は7月から翌年6月まで。何年に製造した酒なのかを知るには年号＋ＢＹで記された酒造年度をチェック。

酒造年度

酒造元日（一年の始まり）

7月1日に搾ったものから新年度の酒となる。税法上、酒造年度をまたぐ造りを減らすため、年間で最も酒造りのない月に設定されている。

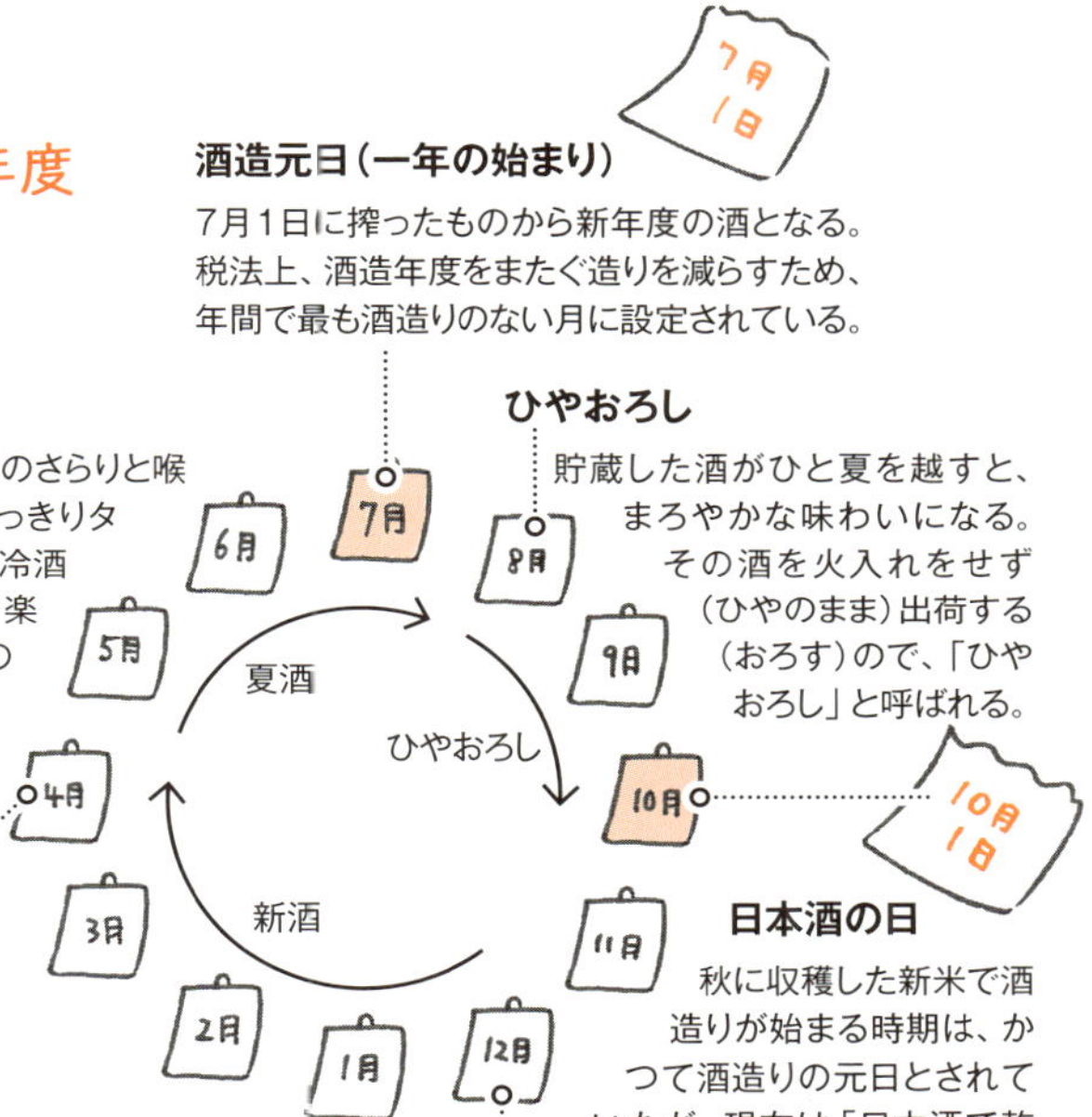

夏酒

夏の暑い日のさらりと喉を潤す、すっきりタイプの酒。冷酒やロックで楽しめるものが多い。

ひやおろし

貯蔵した酒がひと夏を越すと、まろやかな味わいになる。その酒を火入れをせず（ひやのまま）出荷する（おろす）ので、「ひやおろし」と呼ばれる。

日本酒の日

秋に収穫した新米で酒造りが始まる時期は、かつて酒造りの元日とされていたが、現在は「日本酒で乾杯」の日となっている。

寒造りで仕込む蔵は4月くらいまで酒造りが続く。

新酒

秋に仕込み始めた酒が新酒として出回り始めるのは12月くらいから。

生酒、生詰め、生貯蔵、何が違う？

生酒（一度も加熱していない酒）

生であることが目立つように、大きめのシールが瓶の正面に貼られている。

郷乃譽

須藤本家／茨城県

生詰め・生貯蔵酒（一度だけ加熱した酒）

生貯蔵酒は別名「生囲い」とも言う。

吉野杉の樽酒

長龍酒造／奈良県

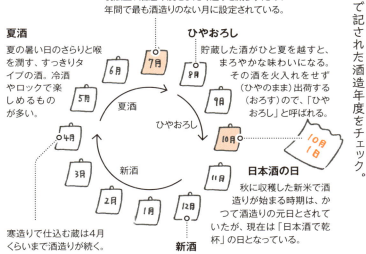

ラベルの見方5　生酛&山廃酛

純　それから、もうひとつ「生」と書いてある酒があります。**「生《き》酛《もと》」**でとす。これは製造方法のことで、「生酒」という意味ではありません。

米　「生」と書いてあるけど、生酒ではないんですか？　これは火入れ酒ということですか？

純　製造方法の名前なので、火入れも、生酒もどちらもあります。生の場合は「生酒」という文字が、「生酛」の他に別に入りますよ。生酛の酒しか造らない福島県の大七酒造の場合も、生酛の生酒を期間限定で出しています。生酒はとにかく劣化しやすいので、春先から夏前までに終売してしまうものが多いですね。

米　そもそも、「生酛」ってなんですか？

純　**「生酛」は、伝統的な酒母の造り方**です。酒母は文字通り、酒の母で「酛」とも言い、いわば酒のスターター。酒造りはまず、米、米麹、水を合わせて酵母を増殖させることからスタートします。じつは酵母は酸に強く、他の有害菌は酸に弱いの。そこで酸が多い環境を作って酵母を増やす必要があるのです。生酛造りは自然の乳酸菌が出す乳酸で、有害菌を抑え、酵母を増やしていきます。酵母が強健に育つと言われていますよ。

米　乳酸菌が生きて、乳酸発酵しているなんてヨーグルトみたいですね！

純　自然な酒造りだけど、時間がかかることと、水に浸した蒸し米を木の道具ですりつぶす「酛すり」が重労働。蔵人数人で息を合わせて行い、昔は酛すり歌を歌いながら作業していたそうです。

米　田植え歌などと同じ仕事歌ですね。酛すり歌、聞いてみたいです。

純　この米をすりつぶす「山おろし（酛すり）」作業は、手間暇がかかり大変なので「山おろし」をやめて合理化したのが**「山廃酛」で通称「山廃」**です。「山おろし」を廃止したということ、**「生酛」の省略版**ですね。

米　そうなんですか～。ときに「山廃」って「さんぱい」じゃないんですね。山おろしをや～めたで「ヤマハイ」!?

純　ハイ！　今の酒母の主流は**「速醸酛」**と言って、「山廃」と同時期に考案されました。仕込む時に市販の乳酸を直接加えます。「生酛」や「山廃」が乳酸菌に乳酸を作らせるのに対し、**乳酸を添加するわけですから、手間もかからずに速く醸せる**ので「速醸」と名づけられました。

生酛と山廃酛、どちらも乳酸菌が要

手間のかかる「山おろし」を廃止したとはいえ
「山廃」も「生酛」同様に
自然界の乳酸菌を生かし時間をかけた製法。

大七　純米生酛
ラベルに大きく書かれた「生酛」の文字が自信の証。1752年創業の大七酒造は、生酛造り一筋で酒造りを続けている。
大七酒造／福島県

菊姫　山廃純米
山廃で有名なロングセラーのお酒。酸味がしっかりきいた、濃醇で飲み応えのある個性的な味わいは、呑み手を選ぶ「男酒」と言われている。
菊姫／石川県

飛良泉
特別純米山廃純米酒
こちらも同様に山廃でロングセラーのお酒。山廃起因の酸とNo.12酵母の持つ「果実香」が はっきりと感じられる。
飛良泉本舗／秋田県

山おろしの作業風景

山おろし作業の撤廃

生酛造り

自然界に存在する乳酸菌を取り込むために、酒母を数人がかりですりつぶす作業が必要。櫂と呼ばれる棒を使って丹念にすりつぶす、この作業が「山おろし」、もしくは、「酛すり」とも呼ばれている。

山廃造り

重労働である「山おろし（酛すり）」の作業を省いたものをいう。「生酛」から「山おろし」を廃止するので「山おろし廃止酛」、略して「山廃」となる。

日本酒は「生き物」です

純　日本酒は生き物なんですよ〜っ。

米　へっ!?　生き物なんですか?　生ものくらいだったら、そうかなあって思いますけど……。

純　もちろん、動物のような生き物ではありませんよ。お酒の原料の玄米は、生きてます。土に蒔けば芽が出てくる、生きてる米が玄米です。白米は蒔いても芽が出ません。なにしろ胚芽がありませんからね。米に白と書いて「粕」という字も、よく言ったものだと思いますね。

米　じゃあ、お米をたくさん削って、白米で造る日本酒は、生き物じゃないですよね〜。

純　いえいえ、そうではなくて、**生き物みたいにデリケートに扱ってほしい**ってことなんですよ!　お酒は発酵してる時は、もろみが元気よく、それはにぎやかに動きます。最盛時は、もろみの表面に泡がブクブクと立ちあがり、「ボコッ」っと大きく弾けることを繰り返します。

米　そんなに活発に発酵するものなんですか。

純　渦を巻いて、対流しているのがもろみの表面から見て分かります。もろみは見ていて飽きませんよ!　それぞれの泡の状態に「水泡」「岩泡」「高泡」などと名前がついているくらいに、変化に富んでいます。そして発酵が進んで、アルコール度数が上がってくると、泡も小さくなりだんだん動きが落ち着いてくるのです。発酵がほぼ止まってきたら、もろみを搾って酒になる。まさに酒という生き物の一生ですね!

米　ということは、お酒はもろみが働いて盛んに動き続け、やがて仕事を終えて眠りにつくようなイメージでしょうか。あ!　だから、瓶に詰められてからは、冷蔵庫や冷暗所でそっとおやすみ〜の状態なんですね。

純　「お酒さんゆっくりしてくださいね〜」と、起こさないように、お酒の保管は暗く、揺らさず、寒いところで、そっとしておくのがいいんです。特に、生酒はお酒の中で酵母が生きています。麹の酵素も働いています。ゆっくりですが、瓶の中で発酵が進んでいるわけです。少しずつ徐々に変化をし続ける、繊細でデリケートなお酒、それが生酒なのです。生きているということ、分かってもらえたかしら。

米　**生酒は瓶の中で酵母がまだ生きている……麹の酵素も働いている**……と。

純　生きているお酒、文字通り「生」の字がつくのが生酒。デリケートな生の酒は管理が難しいのです。必ず冷蔵庫で保管してくださいね。

発酵により、もろみは元気に育つ

もろみをいかにベストな状態で発酵させるか。
酒造りの肝になるアルコール発酵でいい酒ができるか否かが決まる。

泡あり酵母の発酵

（※イメージ図）

泡の状態で分かる発酵の進み具合

杜氏は泡の立つ様子を見て、もろみの発酵状態を判断。状況に合わせて、もろみの温度の上げ下げを調整する。

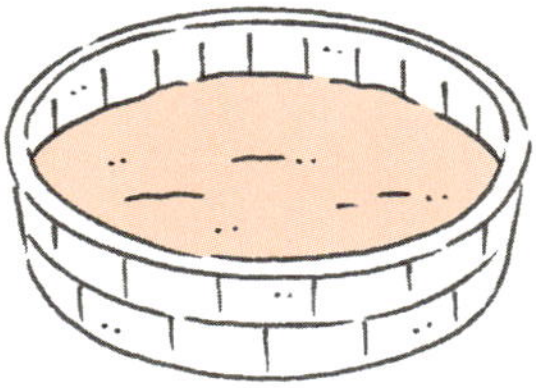

仕込時の状態

2日目くらい

発酵が始まり、プクプク泡が出始める。

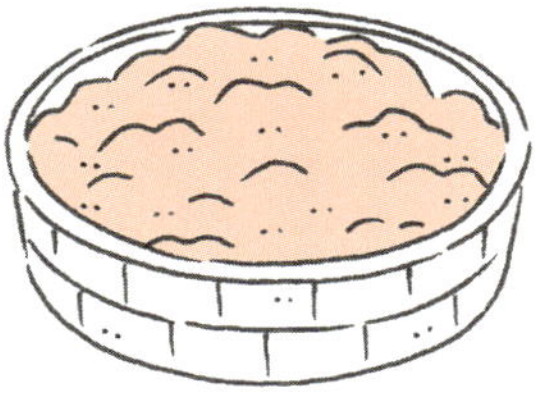

5〜7日目くらい

盛んに発酵し、泡が高く湧き上がる。

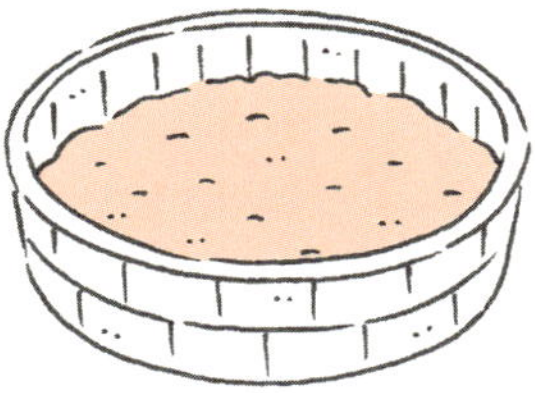

20〜25日目くらい

発酵が落ち着き、泡が静かになった状態。

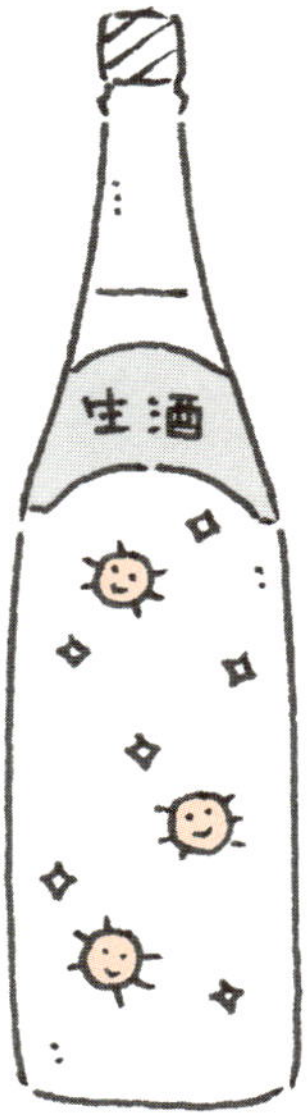

生酒は瓶の中でも酵母が生きている

酵母や麹の酵素を刺激しないように、冷蔵庫で静かに保管すること。

飲みきれなかった時の保管方法

米　お酒を家で保管するのは、どんな場所がいいですか？　おっと、その前に何がお酒の味をダメにするのでしょうか？

純　**日本酒が嫌うのは光**です。紫外線や蛍光灯に酒をさらすと劣化します。日当たりのよい場所に置いてあった酒は絶対に買わないでくださいね。酒販店が薄暗い照明なのは、劣化防止の意味もあります。乳白色の半透明のUVカット袋に酒瓶を入れ、劣化しないよう気を使う酒販店もありますよ。光といえば、瓶の色も関係します。光を通さない瓶の色は、黒→茶→緑→青→白（フロスト）→透明の順番。黒は最高ですが、お値段も高い。それから、酒は**激しい温度変化も苦手**です。保管でおすすめは冷蔵庫ですが、2回火入れした酒だったら光が当たらないように新聞紙を巻いて、冷暗所におけばOK。寝かせると熟成してまろやかになりますよ。何が入っているか外から分かるよう、新聞紙にペンで酒名と日付を書いておくとよいですね。長期熟成させたいお酒でお試しを。

米　その日の新聞紙に包んで……20歳のギフトにもいいですね！

純　**生酒系と飲み残しは絶対に冷蔵庫！**　酵母は、栓を開けるまでずっと空気のない環境で暮らしているので、開栓して空気に触れると味の変化に加速度がつきます。生酒は瓶詰め後も、酵母は少しずつ発酵を続け、炭酸ガスを生み続けます。開けたての生酒って、少しピリピリするでしょ。

米　ピリピリするのは酵母くんが作った炭酸ガスのせい……。

純　開栓したあとは、瓶の中に空気が入るので、それまでと一変！お酒にしてみれば栓が開く前の炭酸ガスいっぱいの世界から、空気でいっぱいの世界に放り出されたわけです。このあとは開栓前までとは、まったく違う方向に味が変わっていきます。バランスが悪くなっても不思議はありません。ですから生酒は栓を開けたら、できるだけ早く飲みきるのが鉄則！　飲みきれない時は冷蔵庫へ。温度が低ければ、酵母は働かなくなります。味の成分変化も、小さくてすみます。

米　保管も飲み残しも冷蔵庫。冷蔵庫が足りなくなりそう！

純　**もとの瓶から、小さい容器に移し替えるのがおすすめ**です。触れる空気の量が減るので、味の変化が抑えられます。しかも場所をとらない。密栓できる容器か、短い時間ならラップで蓋を。その点、2回火入れの酒は扱いが楽。とはいえ長い時間、光に当てたり高温にさらすと、味が崩れます。米の保管と同じように、光を遮る冷暗所でお願いしますね。

米　生酒はお刺身と同じで要冷蔵。2回火入れの酒は光を通さない冷暗所で野菜や穀物と同じで。肝に銘じます。

お酒の保管、気をつけるのは光と温度

いろいろな日本酒を試したくなると
飲み残しの保管も気になってくる。
おいしく楽しむためにも保管は念入りに。

新聞紙で包み保管

日本酒は光を嫌うので、太陽光はもちろん、照明の光もシャットアウトすることが大事。新聞紙で包み、冷暗所で保管すれば安心。
生酒は冷蔵庫。2回火入れの酒は冷暗所に。

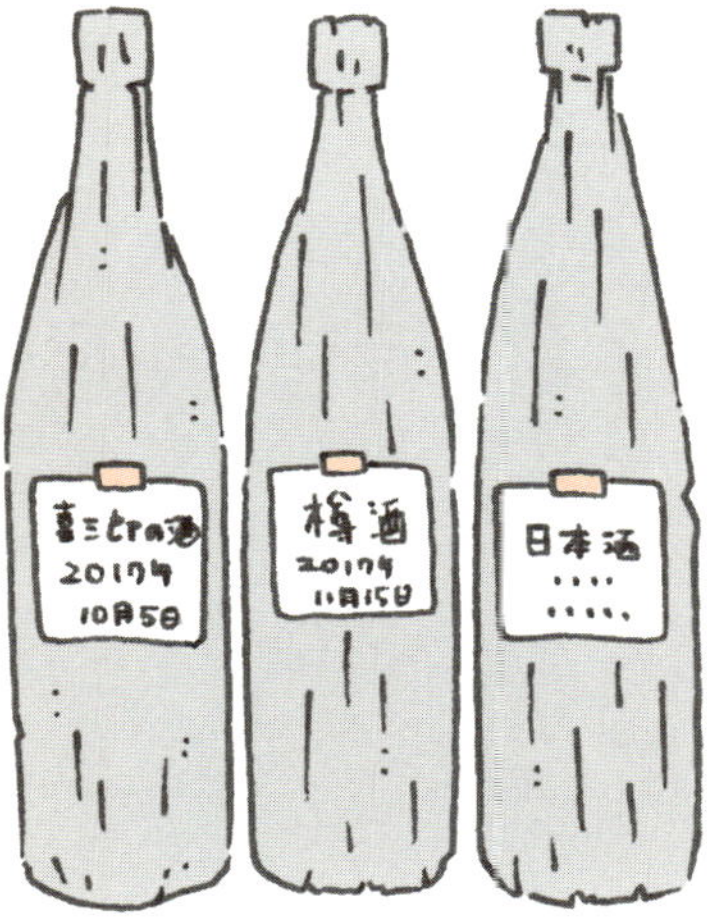

飲み残したら冷蔵庫で保管

開栓後、空気に触れると酸化して味が変化するので、少しでも変化を遅らせるために冷蔵保管は必至。生酒は必ず冷蔵庫へ。

⬅ 何の酒か分かるように、酒名を書いたラベルなどを貼っておくとよい。

家庭用冷蔵庫での日本酒の保管

栓がコルクではないのでワインのように寝かせる必要なし。立てて収納を。

お酒の賞味期限って？

米　海外の友だちに聞かれたのですが、日本酒の、ショウミキゲンと、ショウヒキゲンって、どうなっているのでしょうか？

純　賞味期限と消費期限のことね。日本酒には、両方ともないんですよ、法律的には。日本酒はアルコール度数が高いから、**傷んで飲めなくなる心配はありません。**ですから賞味・消費期限ともに必要ないんです。食品表示法で記載するのは、製造年月だけの表示と決まっています。一方でワインは製造年月も表示されていません。ちょっと変だと思いませんか？でも誰も不思議に思わない。古ければありがたいという刷り込みもされていますしね。

米　すごく高いワインとか、何十年っておいておくほどおいしくなるって聞きます。賞味期限がないのも、分かりますね。……ってことは、日本酒も、古ければ古いほどおいしくなるものなんですか？

純　う〜ん。お酒にもよりますが、時間が経つにつれて、独特の風味はつきます。ある大手酒造メーカーでは、賞味期限の目安として「火入れしたお酒は常温保存で1年。生酒は冷蔵保存で6ヶ月」と。でもね、これはちょっと長すぎると思います。生酒は、冷蔵保存でも1ヶ月以内に飲めば、蔵が意図した通りの味。長くても2ヶ月以内。**生酒は生きているので、早く飲むに限ります。**「1ヶ月以内に飲んでください」とラベルに表記しているお酒もありました。

米　生ビールなんて、鮮度にこだわって、工場出荷から3日以内に飲んでくださいって言ってるのに、日本酒は半年だなんてノンビリしてますね。

純　**二度火入れの酒も、**酒によりますが、**常温保存だったらもって長くて6ヶ月くらい。冷蔵保存なら3ヶ月以内をめど**に飲むのがベター。火入れは火入れでも、最近多くなってきた**瓶火入れの酒は、**繊細でデリケートなものが多いので、生酒と同様に考えた方がいいですね。**製造年月から1ヶ月以内がおすすめ**ですよ。もちろん冷蔵保存でね。

米　お酒を買うのも、商品の回転のいいお店を選ばないとダメですね。へたすると、製造年月から随分経ったようなお酒しかないお店もありそうです。

純　お酒の製造年月って、ちょっと分かりづらいんですよ。ほとんどは酒蔵から出荷した日か、酒を瓶詰めした日です。とにかく、その数字は酒を仕込んだ日や、酒を搾った日でもないということです。場合によっては、製造年月の新しい酒の方が、仕込みが古い酒ってこともあるんですよ。あ〜っ、分かりにくくて、ややこしいですね！

日本酒の製造年月日の仕組み

12月31日に搾った酒を1月に瓶詰めすると製造年月は1月と表記される。同じ酒をタンクで寝かせ、10月に瓶詰めして出荷すると、製造年月は10月になる。どちらも同じ時期に造った酒。

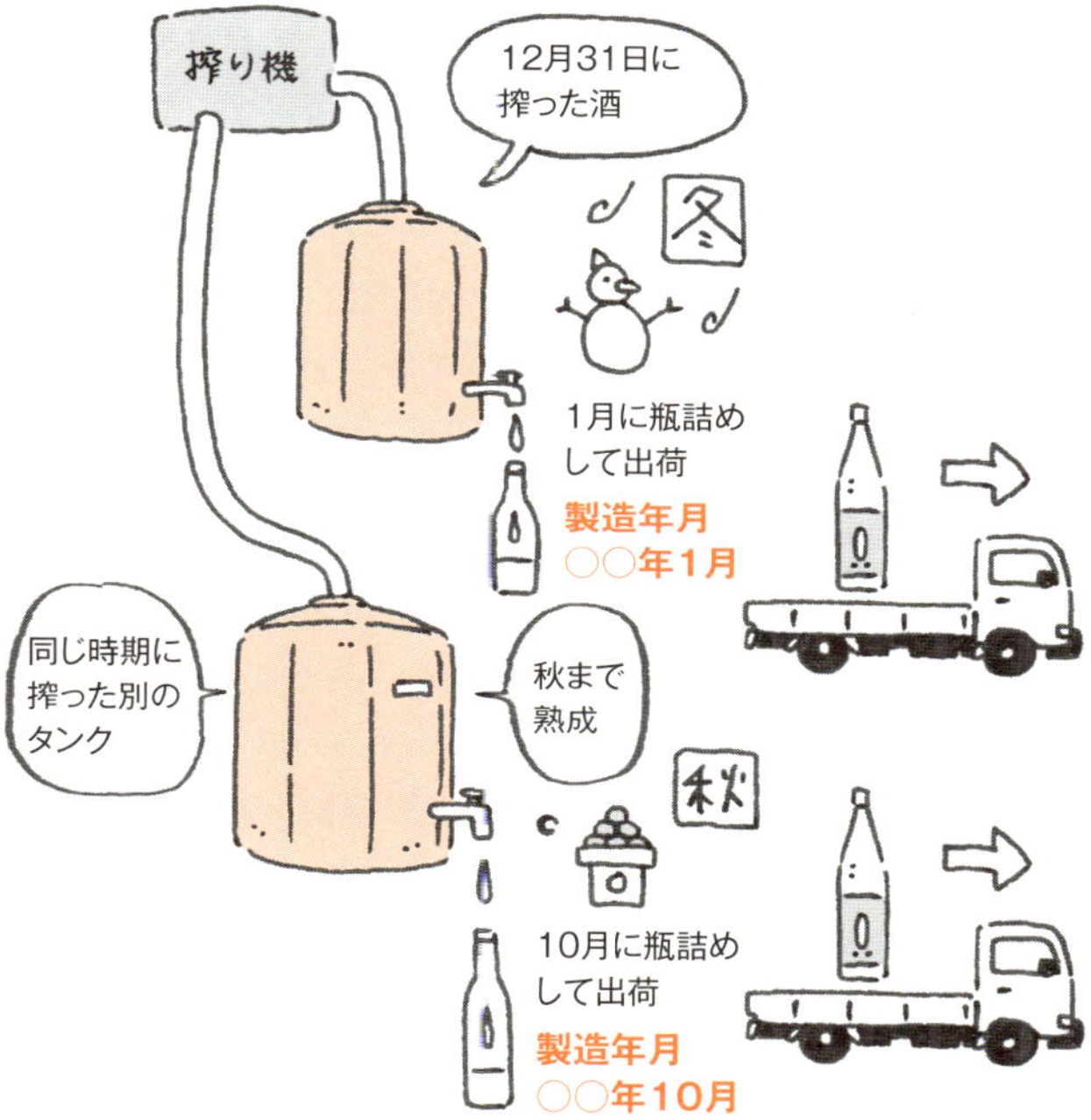

製造年月は出荷日、または瓶詰め日

1月、10月と製造年月が違っても、実は同じ時期に造った酒であることもある。

初夏に仕込み、7月に瓶詰めして出荷されれば
製造年月○○年7月

製造年月が1月、7月、10月の酒が店頭で並んでいても、10月が新しいとは限らない。どの酒がいつ造られたものか分からないのが日本酒。

一升瓶と四合瓶

純　海外の人と日本酒を飲んだ時、最後に「お酒のことなんでも聞いて！」って言ったら、「日本酒の瓶はなぜあんなに大きいの？」と予想外な質問が。「日本人は、そんなに大酒飲みなの？」と言われてねえ（笑）。返事に困りました。

米　確かに、一升瓶は１・８ℓ。デカくて重いですもんね。テーブルにドンと置いてあると「おーっ、飲むぞー！」感ありあり。ワインは７５０㎖、大きいのがマグナムボトルの１・５ℓ、でも大きいワインは一般的じゃないですもんね。

純　**一升瓶入りの日本酒は、明治末に初めて登場**したの。その頃は、手吹きガラスで高価。でも、珍しくてすぐに人気に。当時の酒は、酒蔵から杉樽に入って酒屋さんに届き、酒屋さんは通い徳利という容器に詰めて販売。徳利と違って一升瓶は中の量も見えるし、軽くて持ち運びも楽。

米　どうして一升瓶になっちゃったんでしょう？

純　もとになった通い徳利が、一升だったという話ですよ。その頃の酒屋さんは、いろんな蔵の酒をブレンドして、水で薄めて調整していたとか。飲みやすく、おいしい酒にするのが腕の見せどころ。でも、たちの悪い酒屋も多くて、偽物ブランドや質の悪い酒も随分出回って、金魚が泳げるくらい薄～い「金魚酒」もあったそうよ。

米　は～っ、金魚がスイミングできる酒ですか。

純　偽物が出回って困ったのはメーカーさん。評判が悪くなるのは勘弁してよの世界。灘の大手メーカーさんが、ガラス瓶を真っ先に採用。品質の維持と、偽物対策ができるので、自社で一升瓶に詰め始めたの。それから間もなく、瓶吹きも機械化されて大量生産ができて、一般に広く流通するようになったそうよ。

米　ふ～ん、では四合瓶が出たのは、もっとあとなんですね。一升と四合なら、どっちを買うのがおすすめですか？

純　**家飲みするなら四合瓶がおすすめ。**軽くて、冷蔵庫に入れやすく場所をとらない。飲みきるまでに時間がかからない。ワイン同様、テーブルにおいても違和感なし。瓶に直接印刷されたプリント瓶なら濡れてもラベルが剥がれる心配がなくて、泡の酒向きです。でも、飲食店は一升瓶が嬉しいの。

米　どうしてですか？　買いにいく手間が少なくてすむとか？

純　四合の価格は、一升の半分という値づけが多いの。だから**一升瓶は二合分お得！**　割安なのね。そして**環境にやさしいのは一升瓶。**リサイクルされてエコ！　歴史が長いおかげで、社会的にリサイクルシステムができていて、再利用率は70％。回収率はなんと80％。環境にやさしい容器の優等生ですね。そんなこともあって、お酒の他にもいろいろ使われてますよ。醤油、酢、ソース、ごま油も。

米　そういえば、茨城の道の駅で、一升瓶に干し納豆が入ってるのを見てたまげました！

純　秋田ではじゅんさいが一升瓶に入っているわよ。じつは、**お酒によっても四合瓶向きのタイプと、一升瓶向きがある**の。フレッシュさを売りにする繊細なお酒は、絶対、四合瓶！　生酒や、火入れが1回のお酒ね。蔵元の中には、四合瓶は瓶の中の空気の量が少ないから、酒が酸化しにくいって言う人も。繊細な酒造りを突き詰め、四合瓶だけにした蔵もあるわ。

米　できるだけ空気に触れないよう、開けたら、すぐに飲みきれる。それが四合瓶のよさですね。

純　タンク貯蔵して2回火入れの酒や、お燗向きの酒、古酒などは、一升瓶でもOK。赤ワインに似て、抜栓して空気に触れることで香りや味が開きます。まろやかで複雑な味になることも。1日で飲みきってしまうと、その変化が分からず、ある意味もったいないとも言えますね。**開栓後、何日かに分けて飲むと、味が変化していくのが楽しめます**よ。

米　なるほど。一升瓶に向く酒、四合瓶に向く酒とあるわけですね。リユースされるたびに、いろんなお酒が入る一升瓶の一生。対して四合瓶は飲みきりサイズで冷蔵庫に収納しやすく生酒やスパークリング向き。それに、手を出しやすい価格なのでいろいろな種類が試せると。中身のお酒次第ですね！

酒瓶の大きさ比較

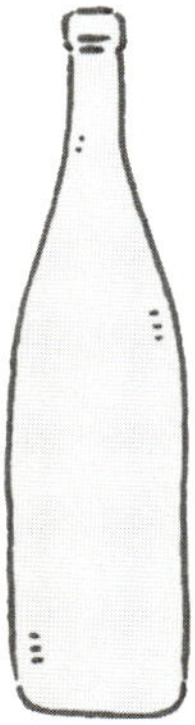

ワイン（750mℓ）

ワインボトルの基本の大きさ。日本ワインは720mℓのものが多い。

マグナムボトル（1.5ℓ）

パーティー用などに使われるビッグサイズのワインボトル。ダブルマグナムという倍のサイズもある。

通い徳利（1.8ℓ）

昭和初期までは、お酒を瓶ごと買うのではなく、中身だけを量り、徳利に入れてもらうのが一般的だった。

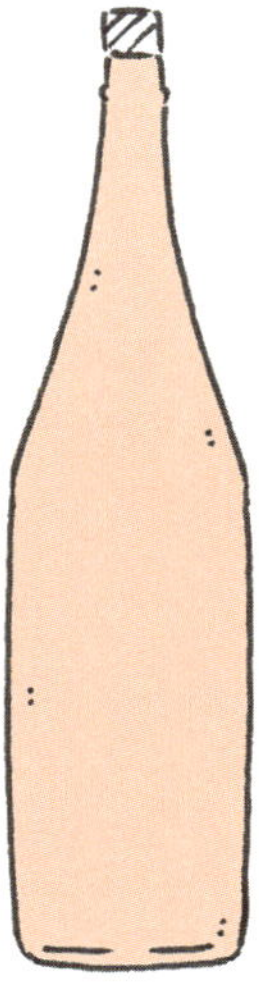

一升瓶（1.8ℓ）

明治時代に手吹きガラスで作られたの始まり。大正時代に機械吹きができ、日本酒の瓶として定着。

紙パック入りのお酒も見てみよう

米　紙パックに入ったお酒も、いろんな種類がありますね〜。

純　昔は品質があまりよくないイメージでしたが、最近は紙パック入りの純米酒というのもあるんですよ。

米　こっちの酒には**「合成清酒」**と書いてありますが、清酒（日本酒）と何がどう違うんですか？

純　「合成清酒」は戦前の米不足の時に考案され、清酒に醸造アルコールや糖類、アミノ酸、酸味料などを入れて調整したもの。米と米麹だけのお酒と中身があまりにも違うので、1940年の酒税法制定で「合成清酒」と命名されました。**特徴はなんといっても安いこと！** 1.8ℓで600円という激安酒もあります。安い理由は、原料代が安い、製造期間が短い、大量生産が可能なこと。さらに酒税も安いとあって低価格の製品ができるわけ。料理酒にする人も多いみたいね。

米　これは「米だけの酒」と書いてある……ということは純米酒？

純　う〜ん。「米だけの酒」と書いてあれば、そう思いますよね。ところが純米酒じゃないんです。表示をしっかり見てください。

米　あっ！　小さな文字で「純米酒ではありません」って。これは？

純　純米酒の場合、ほとんどが「純米酒」と表記してあります。「純米酒」という特定名称を名乗るには精米歩合を記載しなきゃダメでしたね。この酒のパッケージには「純米酒」や「精米歩合○％」の表示がないので「普通酒」です。「合成清酒」は表示義務があるけど、普通酒にはないんです。何にも書いてない酒は普通酒です。

米　え〜、**米と米麹だけなのに「純米酒」を名乗れない？**

純　純米酒の定義は①原材料は米と米麹だけ②米は農産物検査法で3等以上③麹米の使用割合が15％以上であること……なんです。いくら原料が「米だけ」でも、等外の米だったり、米を溶かして液状にして仕込んだり、米麹の使用割合が規定より少ない酒は純米酒と名乗れません。そこで、消費者が誤認しないよう「純米酒に該当しない」という表示が義務づけられているんです。でも、「米だけの酒」という本来の規格を満たした、ちゃんとした純米酒もあります。

米　なんともややこしい！

純　ホントに〜。こうなった理由は、2004年に表示基準が変わったからなんです。昔は、純米酒を名乗るには精米歩合70％という規定がありましたが、撤廃され、精米しない100％の玄米で仕込んでも純米酒と名乗れるようになりました。かわりに、麹米の使用割合が規定に追加され、精米歩合の表示も必須になったんです。というわけで、紙パックの酒も、瓶の酒と同様、原材料等を確認しましょうね！

紙パック酒でも、まずは原材料の表示を見る

最近は紙パック入りの純米酒も見られますがやはり多いのは合成清酒。買う時は、必ず確認を。

合成清酒

価格が安いお酒は合成清酒であることが多い。合成清酒は表示義務があるので、パッケージのどこかに必ず書いてある。

米だけの酒

同じ「米だけの酒」でも、規格を満たした「純米酒」と、規格外の「普通酒」がある。「純米酒」でない場合は、パッケージに「純米酒ではない」という内容の表記がある。

どんな酒なのか知るためにラベルを確認

カテゴリーをチェック　大吟醸、吟醸、純米、本醸造は「特定名称酒」、表記がないものは「普通酒」。

原材料をチェック　米、米麹だけか、醸造アルコールが含まれているか。

自家製梅酒の知らない話

梅酒ブームで、様々なお酒に漬けた商品が発売されています。甲類焼酎のホワイトリカーの他、ブランデー、みりん、日本酒と、それぞれ風味が変わります。中でも醸造酒の日本酒で漬けると、米の酒ならではの甘さが加わってまろやかに。アルコール分が低いので割らずに飲め、梅のエキス分がストレートに味わえます。家でもマネして作りたいものですが、酒類製造免許を持たない一般人が、日本酒で梅酒を作る時は注意が必要です。

酒税法でご法度の作り方もある

酒税法ではアルコール分20度以上の酒以外、自家醸造はご法度。ですが梅酒はもともと日本酒に漬けて作るものでした。梅酒が初めて文献に登場するのは、江戸時代の食と医の書物『本朝食鑑』。漬ける酒は日本酒で、梅を稲藁の灰汁に一晩つけたあと、砂糖とともに古酒に漬けたとあります。東海道中膝栗毛で有名な十返舎一九の『手造酒法』でも、同じような紹介あり。蒸留酒で梅酒を作るようになったのは、じつに最近なのです。

自家醸造について、国税庁のＨＰには以下のように書かれています。

Ⓠ 消費者が自宅で梅酒を作ることに問題はありますか。

Ⓐ 焼酎等に梅等を漬けて梅酒等を作る行為は、（中略）消費者が自分で飲むために酒類（アルコール分20度以上のもので、かつ、酒税が課税済みのものに限ります。）に次の物品（米など穀類やブドウなど）以外のものを混和する場合には、例外的に製造行為としないこととしています。

アルコール分が20度を超えないとダメなんです。なぜかというとアルコール分が20度を超すと、酵母が活動できなくなり、発酵しないためアルコールがそれ以上に上がらないのです。自家製梅酒でもとの酒の度数が低いと、アルコール発酵して度数が上がる恐れが……。酒税はアルコール度数に比例します。梅酒でもとの酒より度数が上がると、その分の酒税が節税されてしまうのです。悪用を避ける法律です。

今でこそ、酒税の割合は全税収の2％くらいですが、明治時代、最も高かった時は国税の4割。密造酒の取締りは厳しく、身代わりにお婆さんたちで留置場があふれたという地域も。宮沢賢治の『税務署長の冒険』にも、密造酒を造る村人と、署長の丁々発止のやり取りが描かれています。

家庭で梅酒を日本酒で漬けるには、20度以上の日本酒が必要！※ でもご安心ください。堂々と果実が漬けられる純米酒も商品化されていますよ！

※「梅ちゃん」（梅津酒造／鳥取県）、「竹泉 超辛口 山田錦 純米原酒」（田治米／兵庫県）など。

第4章

日本酒、素朴なギモン

特撰・上撰・佳撰って？

米　お酒売り場を見ていたら、特撰と上撰と佳撰と書いてあるお酒がありました。これって特定名称酒の仲間ですか？

純　ちょいと分かりにくいですよね。特撰なんて、いい階級のようですが、**特定名称酒ではありません**。大吟醸酒の次のクラスが吟醸酒で、その次が本醸造酒ですよね。その本醸造酒と同じクラスが特撰、その次が上撰、その次のクラスが佳撰という位置づけをする蔵があるのです。昔の名残です。

米　つまり、佳撰が最も安いクラス、上撰がその上。特撰はそのまた上で、本醸造酒と同じってことですね。どうして本醸造酒だけじゃ、ダメなんですか？

純　本醸造酒は、法律で細かいルールが定まっています。なのですが、特撰はメーカーの自主基準。酒蔵によっては本醸造酒の下のクラスが、特撰のこともあるのです。

米　ええ～！　分かりにくいですっ。

純　ほとんどの場合、特撰などはアルコールなどを添加した酒ですね。定義がないので、「◯◯撰」とついた「なんとか撰」は、クラスの根拠が明確ではないのであまりおすすめしまセン。

米　「◯◯撰」は、全部アルコール添加したお酒なんですか？

純　「超特撰」という純米酒を出している酒蔵もあります。その場合、純米酒を蔵で超特撰と自主基準にしているのです。

米　そもそも、どうして「なんとか撰」が、あるんですか？

純　よくぞ聞いてくれました！　今を遡る**1990年に、特定名称酒の制度が始まった**んです。つまり、純米酒とか純米大吟醸酒、吟醸酒が、法律に則って名乗れるようになったわけです。

米　つまり、それまでは、酒蔵が勝手に純米酒とか吟醸酒とか、名乗ってたんですね。

純　特定名称酒の制度ができる前に「日本酒級別制度」がありました。特級酒、一級酒、二級酒の3つのクラスに日本酒を分けていたのです。

米　もちろん、一番おいしいのが特級酒ってことですよね？

純　当時、味は関係なくて、自己申告だけだったのです。「この酒は特級酒でお願いします」と、メーカーが言えば、その酒は特級酒になったのです。

米　では、酒蔵はどこも特級酒と自己申告しますよね！

純　それが、どっこい。特級酒は一升瓶あたり１０２７円も税金がかかりました。二級酒だと、１９４円。税金だけで、８００円以上も値段が違ったのです。つまり税金を取るため、味に関係なく、特級酒というお墨付きを国税庁が与えていたわけです。おいしいお酒を安く売ろうと思った酒蔵は、みんな二級酒として売ったわけです。

米　なんですって！

純　2017年のIWC（インターナショナルワインチャレンジ）の本醸造酒部門で最高賞を受賞したお酒が「無鑑査」という酒銘でした。それは、級別制度があった時代にいい酒だけど「特級」を名乗るための監査を受けず、二級酒として売りました、という矜持を、未だに誇りにしている酒銘なのです。

米　「鶏頭となるも、牛後となるなかれ」じゃなくて……。「首位に立つを得ずといえども、二級酒に甘んずるを肯《がえ》んぜず」でもない。でも、なんか分かんないけど、カッコよすぎです！

純　結局、まったく消費者のためにならないから、1992年に**級別制度は廃止**になりました。ですが、特級酒として売っていたメーカーは困っちゃったわけですよ。それで特級、一級、二級の代わりに特撰、上撰、佳撰とランク分けをする蔵が。

米　なんと適当な！　やり方が杜撰すぎます。あれっ？　特撰の「撰」は、杜撰の「撰」ですね。

純　「撰」の字は、手偏つまり五本指がある手と、二人が並んでステップする象形から成り、手で整える・まとめるという意味の漢字。本来は、「勅撰和歌集」のように、吟味して選び集めて、新しいものを編纂する時に使う、偉い字なのです。

米　単なる「選ぶ」という字と、違うんですね。

純　戦後しばらく、五本指のうち指二本だけを使う動作が、酒場で流行ったんですって。店の主人に、そっと指を二本立てて見せると、黙って二級酒が出てきたそうよ。安い酒を注文する小恥ずかしさを、隠してもらってたのね。

米　じゃ、一級酒を頼む時は、人差し指一本、さぞかし高く上げて見せたんでしょうね。

純　まさか。一級酒を注文する時には、周りによーく聞こえるよう、わざと大声張り上げ「一級酒！」って、注文したのよ！

昔の級別ラベル

特級酒

一級酒

二級酒

特級酒・一級酒のアルコール度数16度以上に対して、二級酒は、アルコール度数15度以上という区別があった。

仕込み水ってなんですか？

純 日本酒を造る時に使う水は、「仕込み水」と言います。お酒を造るのに、原料の米と麹は他所から運んで来られますが、仕込み水だけは無理。大量に使うので、その土地の水を使うしかないんです。だから、酒蔵によっては、水を探して、酒造りに向く水が出る土地に引っ越したところもあるほど。

米 名水百選で、仕込んだお酒とか、おいしいでしょうねえ。

純 もちろん、有名な灘の「宮水」のように、仕込み水に向いた名水百選もあるんだけど、必ずしも、酒造りにいい水ばかりでもないのよ。**仕込み水としてまず大事なのは、鉄分やマンガンが少ないこと。**なぜなら、麹の作るペプチドの一種と結合して、お酒を変色させたり、劣化させる原因になるの。名水よりも、鉄分の少ない水がいいということ。

米 飲んでおいしければ、よい酒の水ってわけでは、ないんですね。

純 飲んでおいしいのは、当たり前。**灘の「宮水」**は、鉄分が少ない上、カルシウムやリンなど、**酵母が好きなミネラルが多い**ので酵母が活発になる、つまり発酵が旺盛に！　それで、味の輪郭がしっかりして、切れのいい酒になるんです。**灘の「男酒」**って、昔から呼ばれているのはそういうわけ。それに対して、水がやわらかい**伏見の酒は**、やさしい味わい。**「女酒」**って、並び称されたのです。

米 昔の人たちは、どうやって、酒造りによい水を区別していたんでしょうね。

純 味もあるけど、お酒を造って比べたのよ。さっきは、水だけは運べないって言ったけど、手間をかければ運べないことはないのです。江戸時代に「宮水」を発見した蔵元は、灘で2つの酒蔵を持っていたの。でも何故か、片方の酒蔵だけお酒のできがよかったのね。それで木桶などの道具や、杜氏や蔵人たち造り手を代えてみたんだけど、やっぱり変わらない。それならと、互いの酒蔵で使っている仕込み水を代えてみたら、どんぴしゃり。でき上がる酒の質が、入れ代わったそうよ。

米 試行錯誤の成果なんですね！

純 「宮水」は、間違いなくよい仕込み水だけど、硬水の「宮水」から「男酒」が、伏見の軟水から「女酒」が生まれるように、よい仕込み水は、ひとつではないということ。**水の数だけお酒がある！**　あと、忘れてはいけないのは、酒造りは米作りから、夏の田んぼから始まっているってことなの。米を遠くから運ばずに、その土地の米で酒造りする酒蔵にとっては、米作りに向いた水が、いい仕込み水になります。夏に田んぼで稲を育て、冬に酒蔵で酒造りをする杜氏さんの台詞が「夏に、田んぼで出会った水が、冬に、蔵でまた出会って、酒になる」。

仕込み水によって酒の味が変わる

酒造りと水は切っても切れない関係。
いい水の出る所に酒蔵があり
それぞれに個性豊かな味わいが生まれる。

仕込み水の硬度による味わいの特徴

硬水 → 男酒

芯のある辛口の酒

山形正宗

仕込み水は山形の山寺近くを流れる立谷川の伏流水で、湧水「長命水」などを源流とする日本でも珍しい硬水を使用。硬度は約120㎎/ℓ。シャープで切れのある酒の味わいは「銘刀、山形正宗」と評される。芯が強くしなやかな酒質。男酒といっても、口当たりは優しい。

水戸部酒造／山形県

軟水 → 女酒

口当たりまろやかな酒

開運

徳川と武田の攻防戦で有名な高天神城に湧く「長命水」が仕込み水。超軟水のやわらかな水で、酒の味もまたしかり。洗練されたなめらかさと清らかな香り、上品な甘みとうまみを併せ持つ。吟醸王国と呼ばれた静岡の酒造技術と酵母は、この蔵で生まれた。名実ともに、静岡を代表する吟醸蔵。

土井酒造場／静岡県

仕込み水は酒造りのいろいろなシーンで利用される

日本酒は米と米麹と水で造られ、その約8割を水分が占めている。

酒米を洗うことから始まり、水が必要なところは多岐に渡っている。

仕込み水

- もろみ造り
- 酒母造り
- 蒸し米
- 浸漬
- 洗米

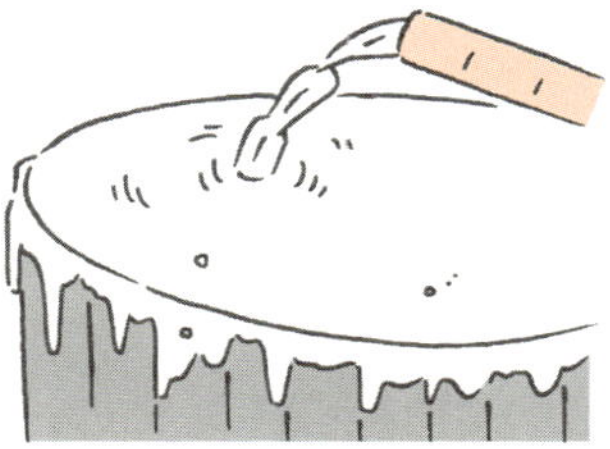

麹ってなんですか？　その役割は？

純　純米酒のラベルを見てください。原材料に「米、米麹」って書いてありますね。お酒を造る時の原材料のひとつが、米麹です。

米　単に麹とも言います。最近は「塩麹」で有名になりましたね。

純　白くて、表面がフワフワっと見える、お米の粒ですよね。スーパーの漬け物売り場に並んでました。「甘酒を作るのに使う」とお母さんが言ってました。

米　そうです！　その米麹。麹をそのまま食べたことはある？

純　み、未体験です。そのまま食べられるんですか？

米　口に入れて噛むと、香ばしくて、甘みがじわっとあるんですよ。じつは麹は、素材をおいしくする力を持っているんです。ご飯を甘くしたり、魚や肉をやわらかくして、うまみをアップさせたりね。麹の白いフワフワは、麹菌の働きによるものです。麹菌が食べ物をぐっとおいしくする**「酵素」を作ります！**

純　酵素！　それって、「酵素パワーの……」ですか？　洗濯洗剤にも入っている酵素が、料理やお酒にもパワーを発揮するなんてっ(驚)！

米　酵素には、ものを分解する力があるの。洗濯は汚れの分解ね。料理では、デンプンやタンパク質の分解です！　デンプンが分解すると糖分になるんです。タンパク質が分解するとアミノ酸になるんですよ！　糖分は甘みだし、アミノ酸はうまみ。

純　だから、ご飯や魚がおいしくなるというわけです～！

米　塩麹を魚に塗ると、やわらかく、おいしくなったのは、酵素パワーのおかげだったんですね。

純　昔の人は、蒸したお米が、白くフワフワに変わると、「麹」って呼んだそうです。明治時代になって、初めて顕微鏡で麹が観察できるようになり、「麹は菌が生えたものだ！」と分かったとか。そこで、菌に「麹菌」と名づけたそうですよ！

米　えっ!?　てことは、昔の人は、見えないものを見た？

純　麹菌はあまりにも小さいので、肉眼では見えません。昔の人は、麹になるのが、さぞ、不思議だったことでしょうね。

米　スゴイ生き物なんですね。

純　ときに、よく間違える人がいますが、**麹菌は生き物ですが、酵素は生き物ではありません。**

米　酵素は生き物じゃない、は～っ、私も間違えてました……。

純　お酒を造るのに、昔から今も、大事に言われている言葉があります！　それが**「一麹、二酛、三造り」**です。酒造りで一番重要なのは、麹を造ること。日本酒の原料、米はデンプンなので、そのままでは甘くありません。だから、麹の酵素力を借りて、デンプンを甘くするというわけなんです！

麹は酒の味を決める

「麹」は、蒸し米に「麹菌」の生えたもの。麹菌が生み出す酵素はタンパク質やデンプン質を分解してうまみや甘みを作り出す。

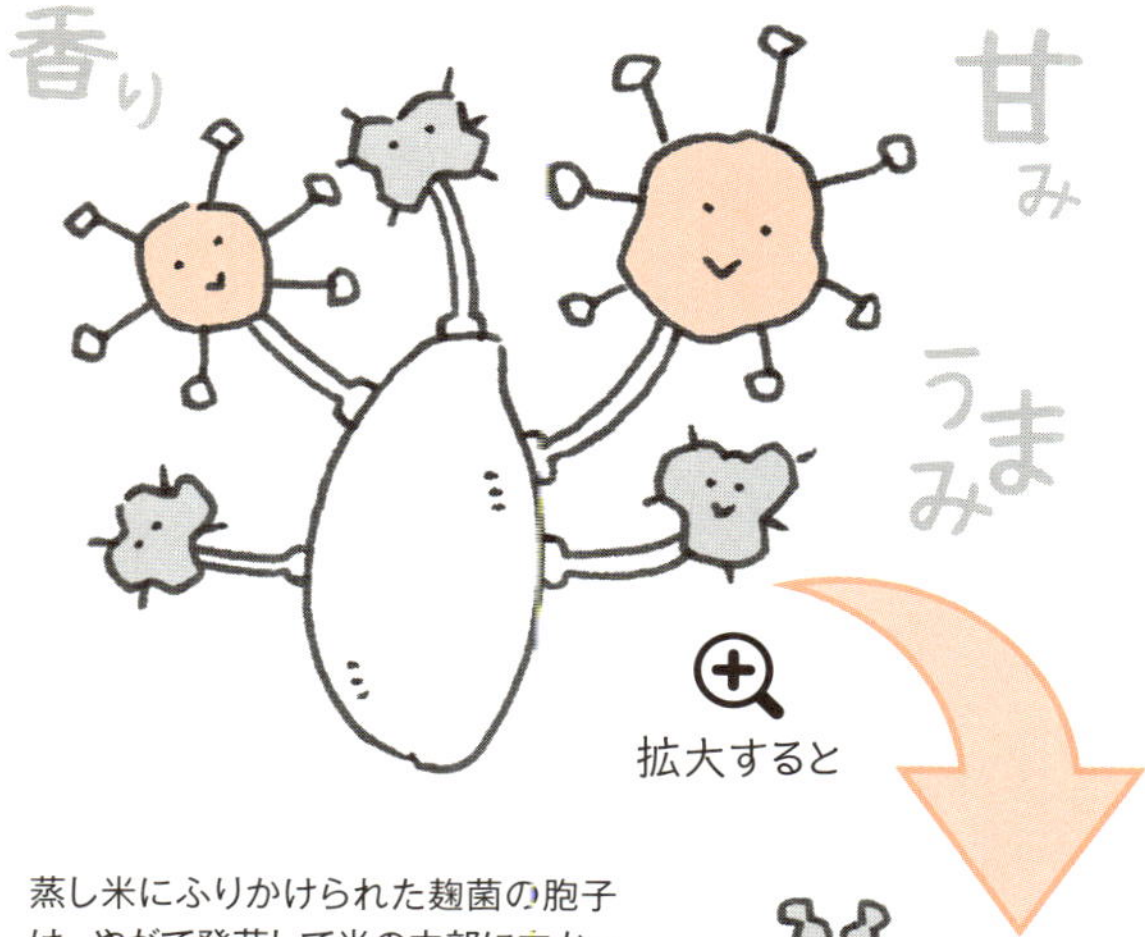

蒸し米にふりかけられた麹菌の胞子は、やがて発芽して米の内部に向かって菌糸を伸ばしていく。そして菌糸の先端から酵素が出て発酵が始まる。

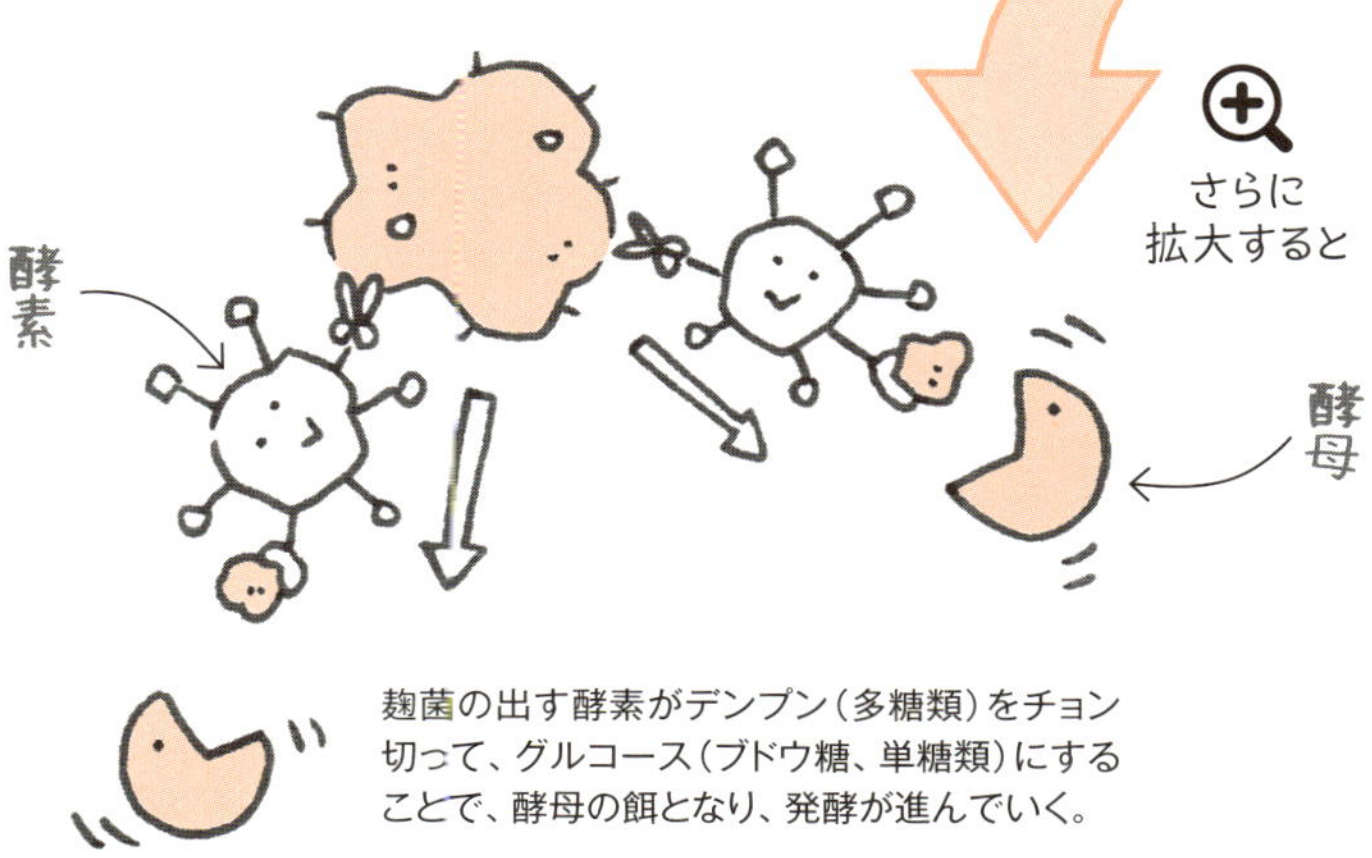

麹菌の出す酵素がデンプン（多糖類）をチョン切って、グルコース（ブドウ糖、単糖類）にすることで、酵母の餌となり、発酵が進んでいく。

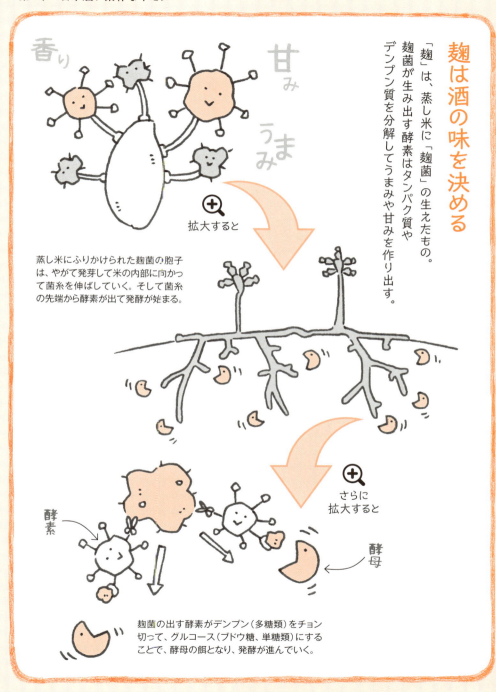

酵母ってなんですか？　その役割は？

純　酵母は、英語では**「イースト」**って言うんですよ。酵母が糖分を食べて、アルコールと炭酸ガスを出すのがアルコール発酵です。そうしてできたアルコールを売るのが酒蔵で、炭酸ガスでパンを膨らませるのがパン屋さん。酒蔵もパン屋さんも、酵母を使って食べ物作りをするのは、一緒なんですよ！

米　そういえば！　食パンを鼻にくっつけて匂いをかいだら、アルコールの匂いがしましたっけ。

純　発酵で生地が膨らむ時に出てくるのがアルコール。匂いがして当然です！　イーストの語源は「泡」の古い言葉からで、ギリシャ語の「泡」の語源も同じと言われています。発酵すると泡がブクブク出ることから、イーストとついたらしいですよ！ときに、ワインができるまでの工程をご存知？　ブドウの搾り汁を樽に入れて、時間が経つと、あ〜ら不思議。自然に泡が出てきて、お酒になるというわけです。

米　樽にただ入れとけば、ワインってできるんですか？

純　ブドウの皮についてる天然酵母のおかげです。ブドウはそのままで甘いでしょ、だから酵母がくっつけば、すぐに発酵が始まるんです。そんなワインは、単純な発酵でできる！　だから**「単発酵」**と呼ばれています。なぜ、泡が出てワインになるのか、不思議に思った人が、目に見えない菌であるイーストを研究したそうです。昔は顕微鏡がなかったから、泡がブクブク出てくるのは、さぞや不思議だったでしょうね！

米　まさにミラクル！　ドライイーストはスーパーで売っているのを見たことがありますし、干しブドウから作る天然酵母など、パンのイーストは身近ですが、日本酒もイーストが肝心要だったとは、まったく知りませんでした（恥）。

純　日本では麹という目に見えるものが酒造りに関わっていたから、目に見えない菌の研究が、遅れたのかもしれないですね。昔から続く古い醤油屋さんが、今も「酵母は麹から生まれる」って言っていましたから……。

米　そう思っても不思議じゃないわけだったのですね。

純　**麹菌が「国菌」って言うくらい人気**なのに比べて、**酵母は知られていなかったん**ですよ。お酒造りは、２０００年も昔から続いているというのに、です。

米　かわいそーなお酒の酵母さん！

純　明治時代にビールの醸造学が入ってきてからですよ、初めて日本酒造りの主役もイーストだっていうことが分かったのは。その時、イーストの和訳が求められ、いろいろ案が出たものの「酵母」という名前になったそうです。その名に落ち着くまでに、酒母菌とか、醸母菌という呼び方も候補にあったらしいですよ。

米　へ～っ、「母」ですか？　酒蔵は昔、女人禁制だったと聞いてますが……。女性がいない酒蔵に棲む菌なのに、「母」の字がつくってのは面白いですね。やっぱり、**アルコールを「産む」から、「お酒のお母さん」**なんでしょうかねえ。

純　役割としてはまさにお母さんですね！　酵母がいなかったら、地球上にお酒は存在してなかったとも言われています。

米　酵母さまさま。お酒のお母さん！

純　日本酒ができるまでを手短に言いますと、麹が米のデンプンをコツコツと解体して甘くします。その傍らで、「お酒のお母さん」が、分解された糖分から、アルコールと炭酸ガスを生み出すんです。デンプンを解体する麹の仕事が、早すぎてもダメ。「お酒のお母さん」が、急ぎすぎてもおいしいお酒にはなりません。麹と酵母が呼吸を合わせて、同時進行させないとうまくいかない。それは難しい同時作業なわけです！　この発酵のことを**「並行複発酵」**って言うんですよ。ワインの単発酵に対して、同時に進むので「並行複発酵」です。日本酒がおいしいのは、この並行複発酵という技術が構築されたおかげです。昔の日本の人は凄かった！　世界広しといえど、米だけの単一材料でこんな造り方をする酒は、日本酒だけ！　さあ、覚えて！　「へいこーふくはっこー」！　リピートアフターミー！

日本酒は並行複発酵

日本酒の原料、蒸し米にはデンプンはあるが糖分はない。そこで、麹の酵素で糖化する。同じ複発酵のビールとの大きな違いは、デンプンを全部いっぺんに糖化させず、少しずつ小分けにするところ。酵素がデンプンを糖化するのと同時に、酵母が発酵。糖化と発酵が同時に進むので、並行複発酵という。

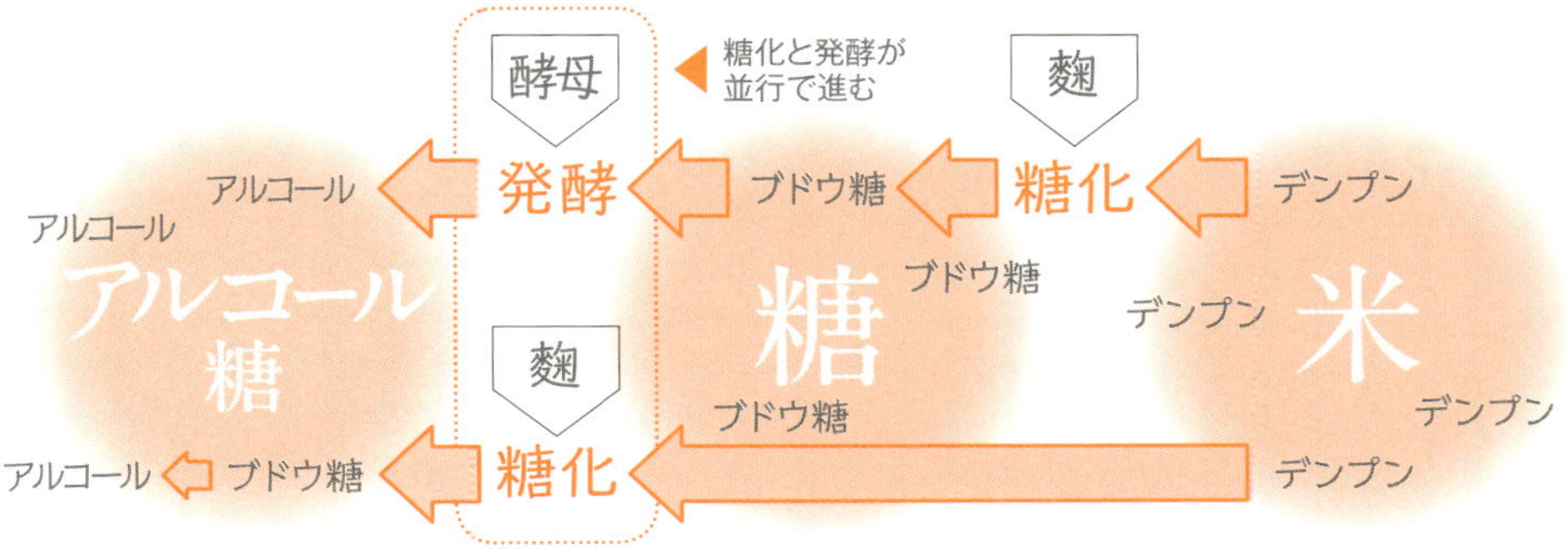

ワインは単発酵　ブドウのブドウ糖が酵母の発酵でアルコールに変わる。単純に1回なので単発酵と呼ばれる。

ビールは単行複発酵　ビールの原料は麦芽。デンプンはあるが糖分はない。そこで、麦芽自身が持つ糖化酵素の働きで全部のデンプンをいっぺんに糖化して、ブドウ糖にする。次に、そのブドウ糖を酵母で発酵。糖化と発酵、2つの工程なので、複発酵。

どんな種類の酵母があるの？

純　お酒のもろみの中に、酵母はどれくらいいると思いますか？　**1㎖に1億以上の莫大な酵母**が棲んでいるのですよ。細胞のひとつの大きさは、髪の毛の太さの1／10と小さく、顕微鏡で見ても同じようにしか見えませんが、それぞれに少しずつ個性があります。顕微鏡で見て分かるのは、集団の違いだけですが、民族みたいなグループに分けられるんですよ。

米　酵母は、とんでもない数が働いているんですねえ。

純　最も多い時は、2億とも3億とも言われています。**日本酒専用に純粋培養したのが「きょうかい酵母」**です。6号酵母から、7号、9号、1801号酵母などがあり、日本醸造協会が酒蔵だけに有料で分けています。1号酵母は明治時代に兵庫県の「櫻正宗」で採取され、その後、次々と日本酒造りに適した酵母が見つけられ、培養されているんです。最も古い現役の酵母は、秋田県の「新政」で1930年に採取された6号酵母です。寒冷地生まれだけあって、旺盛な発酵力が特徴。6号が登場してから、1から5号までは、人気がなく、使われなくなり永久欠番になってしまいました。

米　1801号だなんて、1000以上もの酵母が採取されたんですか？

純　いえいえ、**酵母の最後の「01」は「泡なし」酵母**として改良されたものという意味なんです。酵母は、発酵する時に泡を出しますが、もこもこと山高になり、扱いづらいのが難。そこで泡が出ないよう改良したのが「泡なし酵母」です。数字のあとに「01」をつけて区別していますよ。6号酵母の泡なしは「601号」酵母になります。

米　イーストの語源は「泡」なのに、わざわざ泡のない酵母を作るなんて……。

純　きょうかい酵母は改良がどんどん進んで、香りや味、発酵力など特徴が様々に開発されています。香りが華やかで酸度を少なくしたものや、リンゴ酸が主成分のものなどがあります。それらはもうちょっと日本酒に詳しくなってからでも十分。初めて飲むなら、昔の酵母を使ったものから味わってみることをおすすめします！

米　まずは、**6、7、9、10……の順**ですね！　試してみます。

純　最近は、県単位で酵母の開発が進んでいます。先駆けになったのが「静岡酵母」。「開運」で採取された酵母です。吟醸酒向きの爽やかな風味は今も人気！　静岡県の蔵で愛用されています。また、山形県や宮城県の酵母もいいですよ。変わったところでは、酒の色が桃色になる酵母というのもあります。

米　ピンクですか！　花見酒にピッタリですね。

酵母にはいろいろな種類と個性がある

どんな酵母を選ぶかで大吟醸や純米酒、スパークリングなど酒質が変わり、味わいも違ってくる。

きょうかい酵母のアンプル

日本醸造協会が全国の酒蔵に提供しているアンプル入り「きょうかい酵母」。

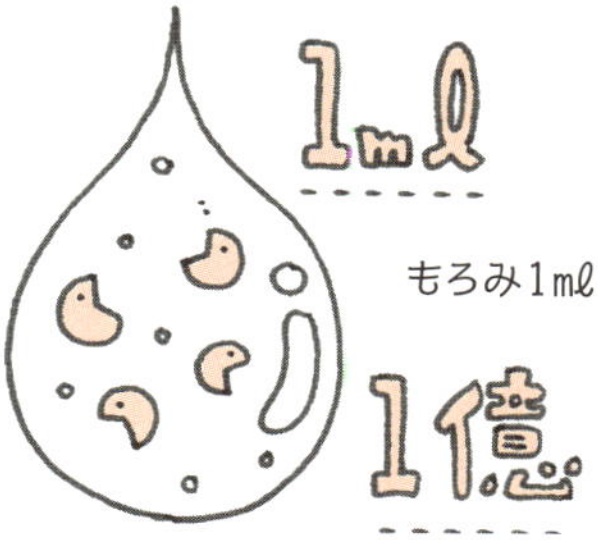

もろみ1mℓに1億以上の酵母がいる

「きょうかい酵母」の種類

泡あり酵母

番号	特徴
6号	発酵力が強く、香りは低くまろやか、淡麗な酒質に最適（新政酵母）
7号	華やかな香りで広く吟醸用および普通醸造用に適す（真澄酵母）
9号	短期もろみで華やかな香りと吟醸香が高い（熊本酵母）
10号	低温長期もろみで酸が少なく吟醸香が高い（明利・小川酵母）
11号	もろみが長期になっても切れがよく、アミノ酸が少ない
14号	酸が少なく低温中期型もろみの経過をとり特定名称清酒に適す（金沢酵母）

泡なし酵母

番号	特徴
601号	性質はそれぞれ6号、7号、9号、10号、14号酵母と同じであるが、もろみで高泡を作らない酵母
701号	
901号	
1001号	
1401号	
1501号	低温長期型もろみ経過をとり、酸が少なく、吟醸香の高い特定名称清酒に適す（秋田流・花酵母AK-1）

出典／日本醸造協会

日本酒の造り方0　全工程

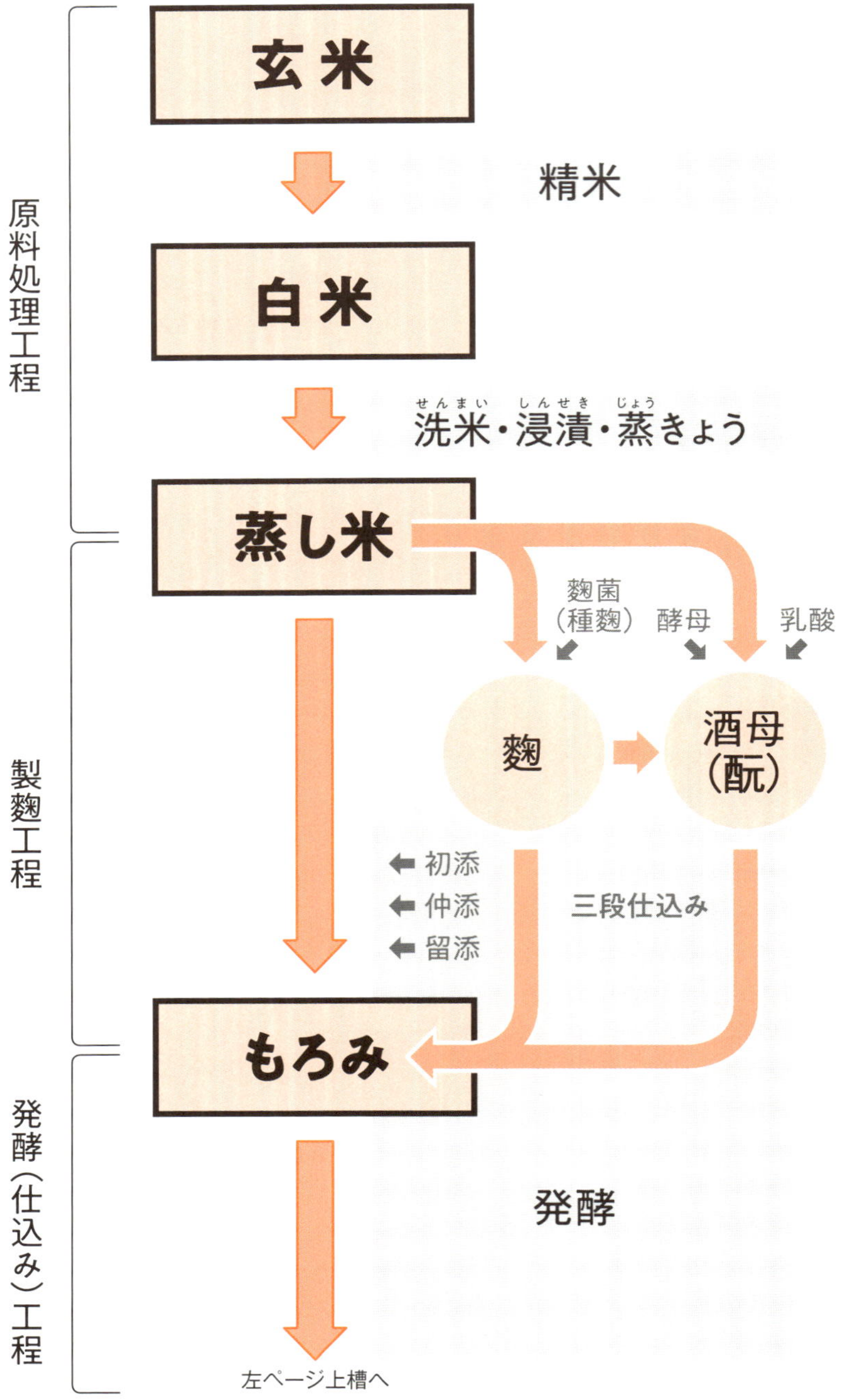

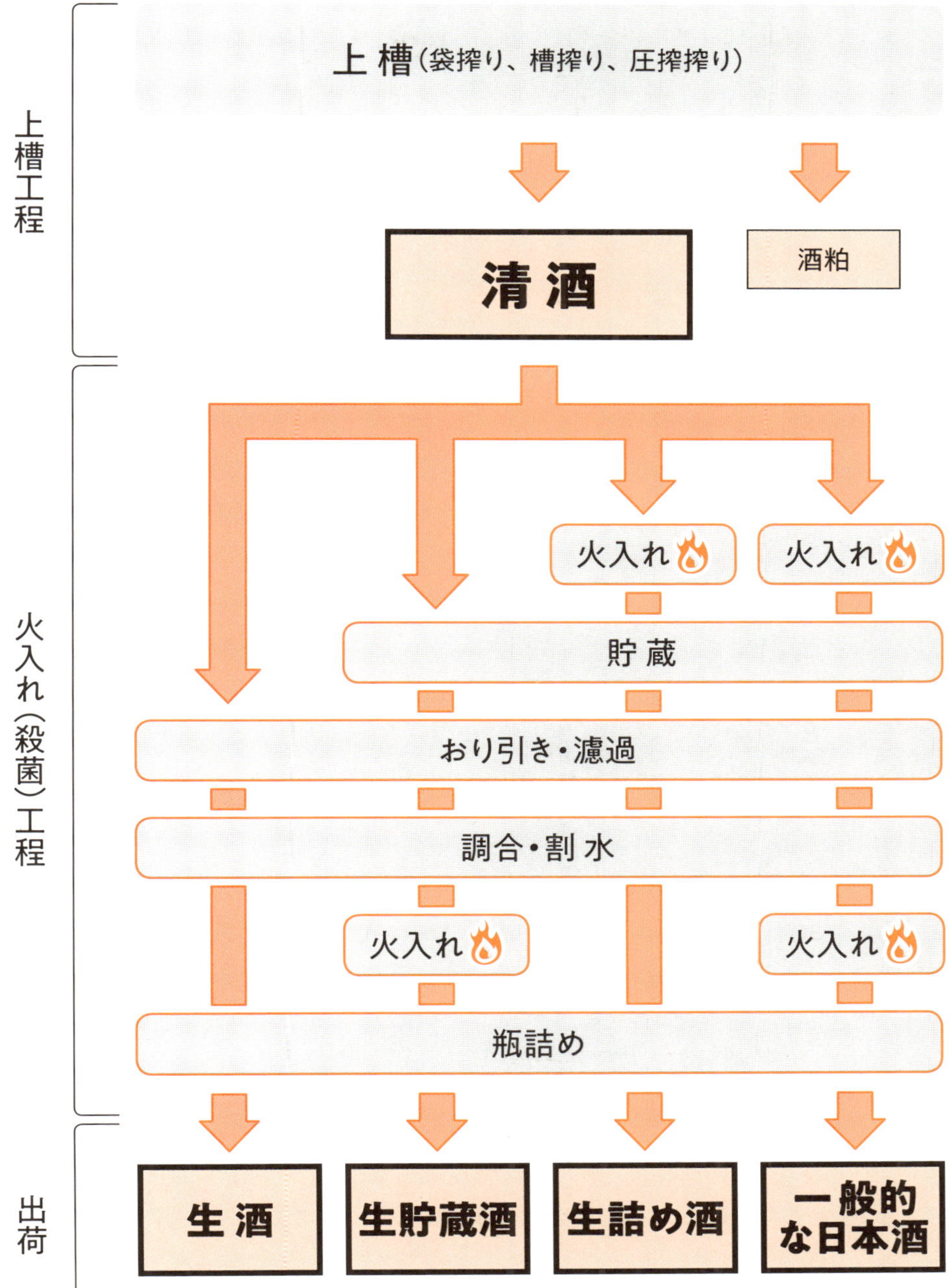

※近年、酒質にこだわる蔵では、瓶詰めしてから、火入れを行う「瓶火入れ酒」が増えている。

日本酒の造り方1 精米～洗米～蒸し米

純　ご飯を炊く時、その都度、玄米を精米して食べるのがおいしいですね。精米した瞬間から、酸化が始まるので、炊く直前に精米するのが一番！　酒造りに使うお米も基本は一緒です。玄米で保管して、酒造りの前に精米するんです。

米　ご飯用の玄米を精米する時、スーパーマーケットにある精米機を利用するのですが、意外と時間がかかり、待ち時間が長いのが玉にキズ。ずっとついてなきゃならないし。日本酒の場合は、もっと効率がいいのでしょうね。

純　日本酒に使う米はよく削るのが特徴です。一気に削ると割れやすくなり、また摩擦熱で米が乾燥しやすくなって、割れの原因や味の劣化につながります。そこで徐々に精米スピードを落とし、**丁寧に時間をかけて削るのです。**

米　そんなに丁寧に精米するとは（驚）！　いい酒造りは、米を削るところから緊張感の連続なんですね。

純　自社で精米機を持っている酒蔵もあれば、技術の高い搗精《とうせい》工場に依頼している蔵もあります。1回に精米するお米の量が何百キロという単位なので、精米機も家庭用に比べたら巨大なんです。見上げるような高さで、3階建てくらいの高さがある機械もあります。精米機には大きく2種類あって、玄米と玄米を擦り合わせて、糠を削るやり方と、研磨石に玄米を擦りつける方法があります。玄米同士を擦り合わせる方法は、米の表面は綺麗になりますが、精米する時、時間が長くかかりすぎることと、温度が上がりすぎるのが欠点です。精米を終えたら、次は洗米の作業です。

米　酒蔵では、米を研ぐことを「洗米」とか「米洗い」って言うんですね。

純　いい酒を醸したいという丁寧な酒造りを心がける酒蔵では、5キロや10キロの**少量単位で米洗い**します。昔は冷たい水の中で、ざるを使い素手で洗っていましたが、最近は強い水流を利用して、米をやさしく丁寧に洗う最新の洗米機を使う酒蔵が増えています。洗米したあとは、仕込み水につけて水を吸わせます。吸水前の重さとあとの重さを計って、1％単位で吸水率をコントロールしています。そして酒の米は、炊くのではなく蒸すのが特徴。蒸し米は、炊いたご飯とはでき上がりの水分量が違います。**蒸し米の水分量は30～40％**、炊飯だと60～70％。お酒造りでとても大事な麹を造るのに、**麹菌が生えやすい水分が30％**くらいで、蒸し米くらいの水分量がちょうどいい。水分量が多すぎると、もろみの中で米が溶けすぎてしまい、発酵がコントロールしづらくなるんです。お米を蒸すのには、甑《こしき》という古くから伝わる大型の蒸し器を使います。

酒造りは玄米を精米することから始まる

精米機にかけて玄米を丁寧に磨くのは
酒造りに不都合な部分を除くため。
米を蒸すまで気の抜けない作業が続く。

精米

酒米は時間をかけて丁寧に精米される。精米歩合によって、精米時間は異なる。

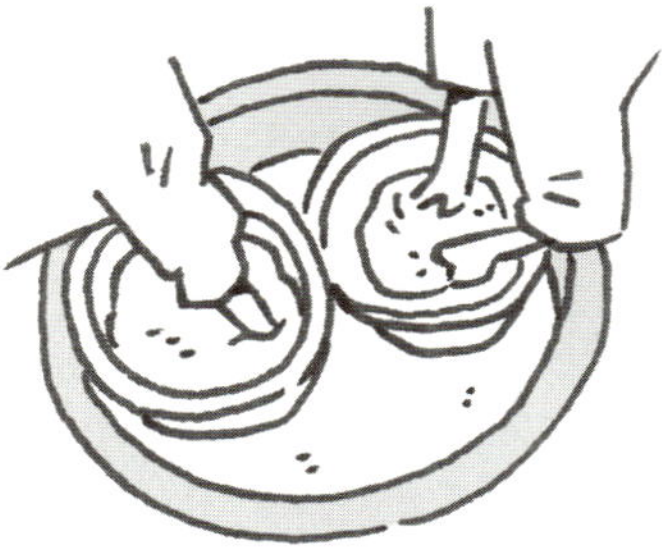

洗米

精米したあとの米についている糠や、米くずなどをきれいに洗い流す。

浸漬

精米歩合が低くなるほど水分の吸収が速くなるため、ストップウォッチで計りながら秒単位で作業する。

蒸し米

蒸すことで麹の酵素が糖化作用を受けやすくなる。蒸し上がった米は、麹米と掛米、それぞれ酒母用と仕込み用に使われる。

日本酒の造り方 2 麹造り

純 お酒造りは「寒造り」というくらい、寒い冬に造るのが基本。気温が低いと雑菌が繁殖せず、清潔な環境でクリアできれいな酒になるからです。最近は九州地方の酒蔵でも、東北のような寒冷地の環境を求めて、空調を整え冷蔵庫の中のような部屋で、酒造りをする蔵もあります。

米 寒い方がお酒にはいいのですね。冬は水が冷たいし、作業場が寒くて酒造りは大変ですね。

純 なのですが、酒蔵の中にひとつだけ、暖か～い天国のような部屋での作業があるんです。

米 社長の部屋ですか。それとも賄い作りのキッチン？

純 「麹室」での麹造りです。暖かいというより、暑いくらい。**麹菌が繁殖しやすいよう、高温多湿の環境**が必要。作業すると汗をかくので、昔は上半身裸で作業したそうです。

米 まあ、裸で！

純 昔は着替えがたくさんなかったので裸だったとも。今も裸で作業する蔵はありますが、逆に汗が米に落ちないよう、清潔な白衣や帽子を着用する蔵も増えています。

米 麹室は、密室なんですか？

純 温度管理がしやすいよう、天井は低く、窓がありません。扉は重たい木の分厚い断熱扉で、中の温度が外の影響を受けないよう、しっかり仕切られています。

米 麹室は蔵人しか入れない特別な部屋なんですね。

純 昔から「一麹、二酛、三造り」と言って、**麹造りは酒造りの中でも最も大事な工程**です。麹室はお金をかけた特別の部屋。この部屋に蒸した米を運び、種麹と呼ばれる「麹菌」をふりかけます。麹菌を扱う種麹屋さんは、今は全国でも数軒しか残っていません。**種麹は別名「もやし」**と呼ばれています。

米 もやしっ子とは逆に、頼もしいカビの一種が「もやし」ですね！ 蒸し米に生えると、白くて甘～い米麹になるんですよね。

純 そうです。麹菌は、一見すると煙のように空中に舞うんですよ。麹菌は目に見えないくらい小さいけれど、名杜氏になると自由自在にコントロールできるそうです。あの小さな米粒ひとつに、麹菌がひとつ植えつけられるなんて、まさに神業！ 蒸した米に、麹菌がついて、菌糸を食い込ませる、それが**「突き破精」という理想的な麹**になります。

米 ツキハゼ・コージ。人の名前みたいですね。

純 その後、切り返しの作業を経て、2日半くらいで完成し、麹室から運び出します。この間、3～4時間おきに、夜中でも起きて麹の様子を見回る蔵も。温度を見て積み替えたり、手間のかかる赤ちゃんのように面倒をみるんですよ。

麹造りは酒造りの核心

麹を健やかに繁殖させるため温度を一定に保った暖かい麹室で丁寧な手作業が進められていく。温度がコントロールできる自動製麹機も多く使われる。

❶ 種切り

麹菌を蒸し米にふりかける。

❷ 保温静置

蒸し米を布で包んで保湿し、
高温多湿を保って麹菌を発芽させる。

❸ 切り返し

包みを開いて麹米を広げ、
温度を均一にするため混ぜる。

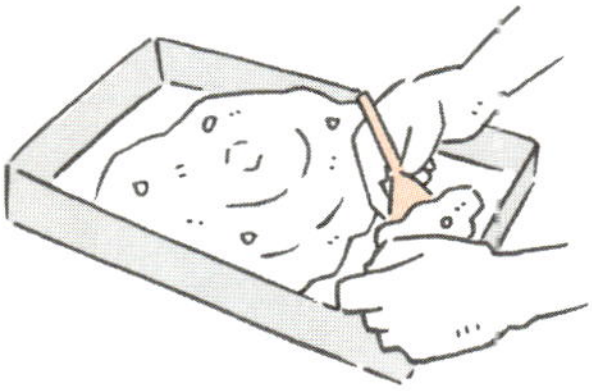

❹ 盛り

麹の温度が上がりすぎないように、
箱に移して小分けにする。

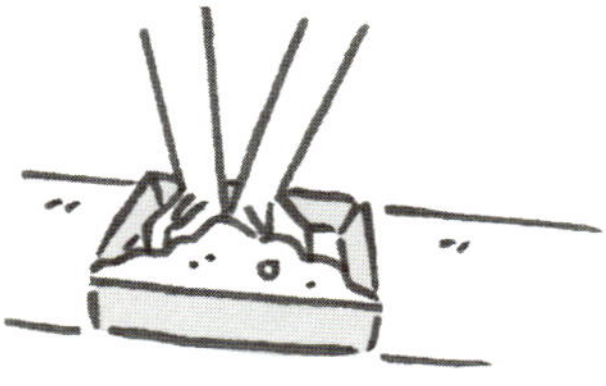

❺ 仲仕事・仕舞仕事

温度と湿度の調整のため、
広げ方を変える。

❻ 積み替え

麹の入った箱の上下を入れ替えて、
それぞれの温度を一定にする。

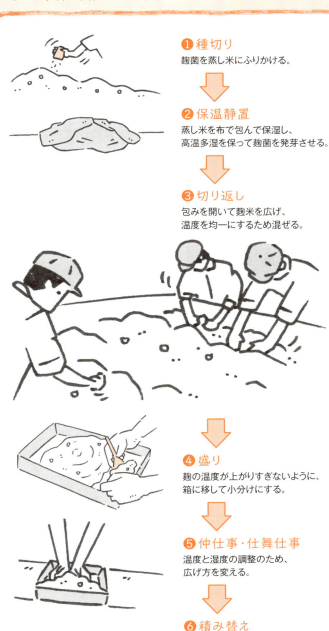

日本酒の造り方③　酒母造り

純　実質的な酒造りの最初の工程が、**酒母造り**。酒造りの準備段階です。日本酒のスターターと呼ばれ、またの名を酛と言います。なめてみると、すごく甘くて、酸っぱくて、濃い味です！　お粥みたいにドロドロしています。酒母ができたら、それを3段階にのばしていったものが、日本酒です。酒母造りと、そのあとの酒造りで必須なのは、1に**酵母**！　2に酵母以外の微生物を殺菌するための**乳酸**！　3に酵母を育てるのに必要な**糖分**！　この3つが重要なんです。この3つを揃えるために、**酒母の造り方は、大きく分けて3通り**あります。**生酛**、**山廃酛**、**速醸酛**です。江戸時代生まれの造り方で、生きた乳酸菌を使う、いわば、乳酸飲料みたいなものが生酛。明治生まれで、生酛の手間を一部省いた山廃酛。明治時代後半にできた簡便で、乳酸菌を使わない速醸酛。近年、市販の日本酒の9割以上は、速醸酛の酒造りです。

米　酒造りといってもひとつじゃないことは理解できました。

純　**酒母の材料は、米麹と蒸し米と仕込み水。1対4対6くらいの割合**でタンクに入れて、混ぜ合わせます。生酛や山廃酛では、自然に棲んでる乳酸菌がタンクに入ってきて乳酸発酵し、乳酸ができます。速醸酛の場合は、タンクに市販の「合成乳酸」を入れるんです。早く酒母ができます。

米　加えるということは、食品添加物ですか？

純　添加するので、添加物ですね。この乳酸は入れても、原料として表示義務はありません。酵素剤とか、ミネラル類とか、記載しなくてもよい食品添加物は、日本酒には、いろいろあります。ごく稀に、「何も添加物を使用していない」と、瓶に表記している新政酒造のようなお酒もありますよ。

米　添加物がないってことは、生酛か山廃酛の酒ですね。

純　もちろん、速醸酛でもおいしいお酒はいっぱいあります。造り方の違いが3通りあると思ってください。さて、乳酸の濃度が濃くなって、十分に殺菌できたら、いよいよ酵母の登場です！　アンプルに入ってる「きょうかい酵母」を加えたり、蔵によっては自社で培養した酵母を入れることもあります。酵母が繁殖を始めると、イーストの語源にもなった、泡がブクブク立ち始めますよ！

米　いよいよアルコール発酵の始まりですね。ところで、ともに乳酸発酵する生酛と山廃酛は、味の違いもあるんですか？

純　「山おろし」という蒸し米をすりつぶす重労働がなくなり、造りやすくなった山廃酛ですが、生酛と比べると、ちょっと荒々しさがある言う人もいます。

酒母とは酵母を大量に培養したもの

生酛、山廃酛、速醸酛の3通りの造り方がある。酵母がたくさん増殖して酒母ができ上がるまで、速醸酛なら10日前後、生酛と山廃酛はその倍以上！酵母は生きているので目が離せない。

酒母の材料は3つ

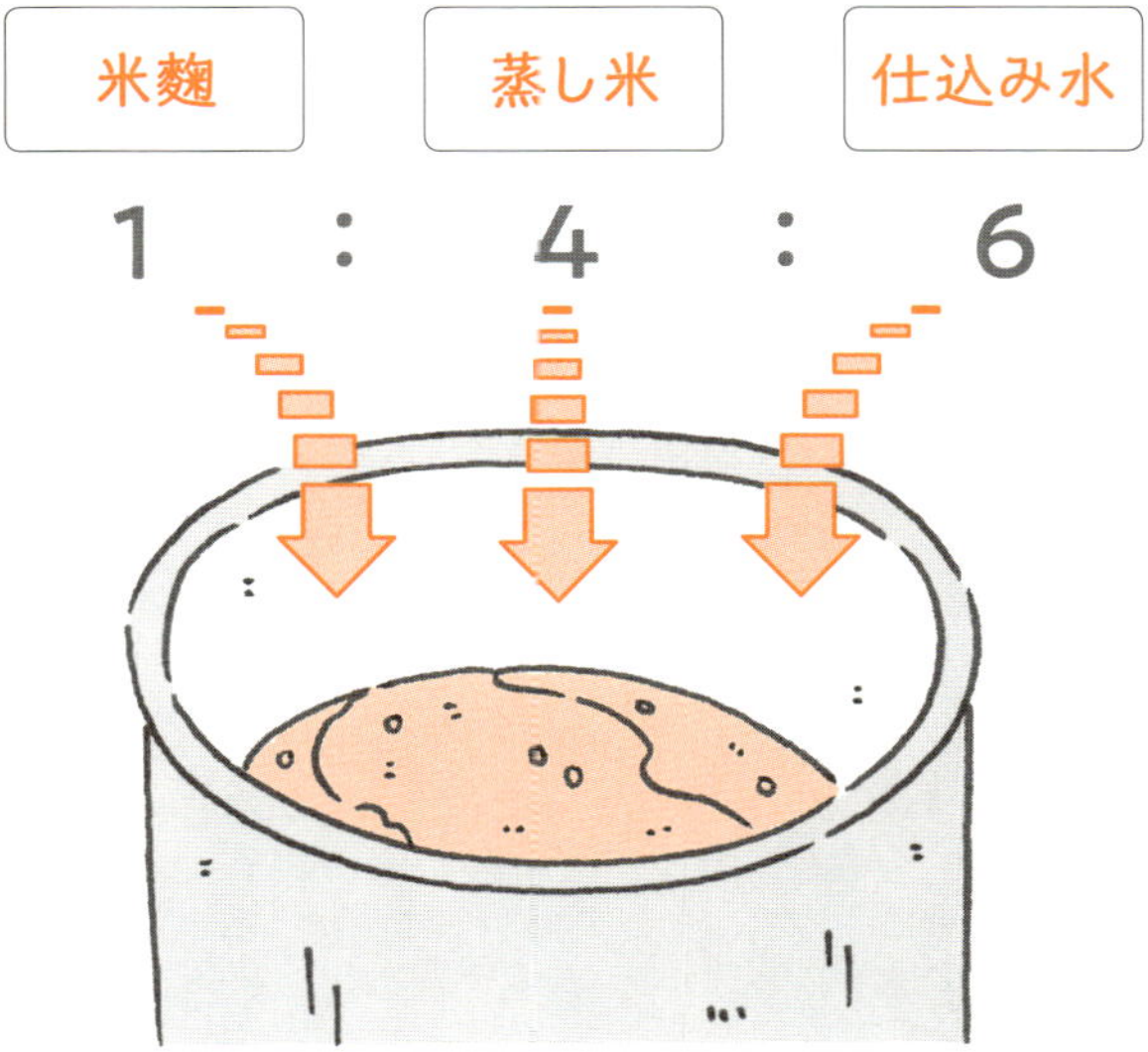

酒母の様子を見る

酒母は酒母室の小さなタンクで造られる。
酒母の状態や香りや温度、酵母の数を常にチェック。

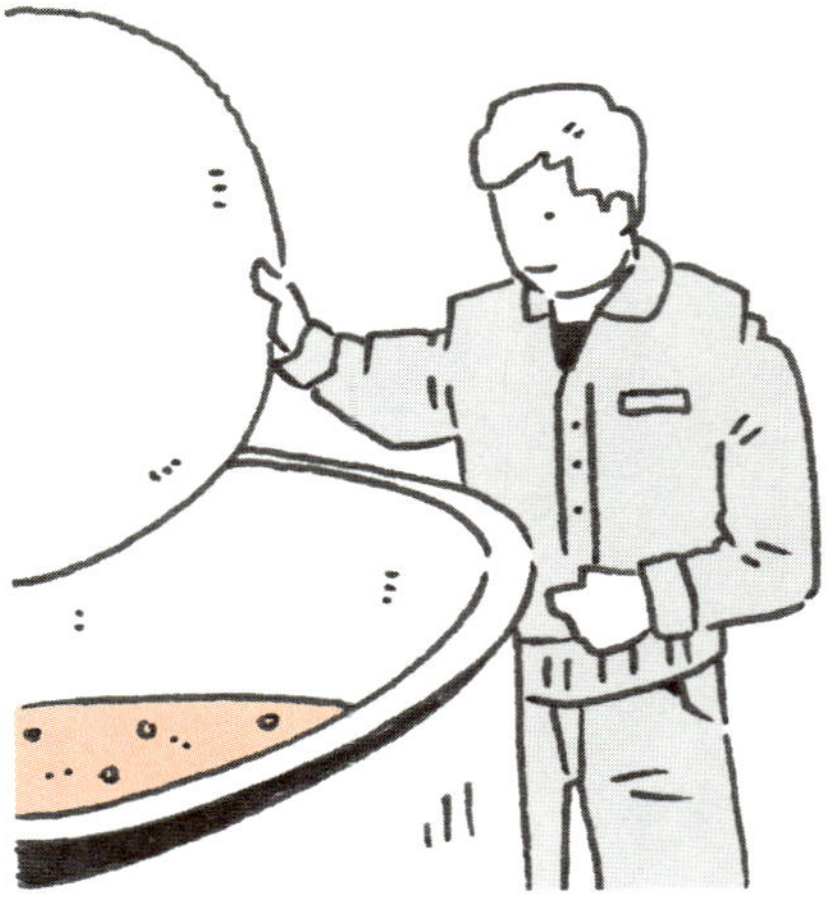

日本酒の造り方4 三段仕込み・もろみ造り

純　アポロ11号を、月面まで飛ばした三段ロケットや、日本人初のオリンピック金メダルの三段跳びみたいに、ホップ、ステップ、ジャンプの三段階で、より高いレベルに達する技術は、じつは日本酒の酒造りにもあったのです！

米　待ってました！　三段仕込みのことですね。

純　**酒母を倍々ゲームで増やすのが、三段仕込み**です。室町時代からある日本が誇る伝統技術なんですよ！

米　倍々ゲームって、濡れ手で粟みたいな、楽して稼ごうっていう感じで、あまりいい響きじゃない感じがしますが……。

純　昔「きょうかい酵母」のアンプルも、合成乳酸もなかった時代は、酵母をいかに増やすかが大問題でした。乳酸発酵で乳酸濃度をどう上げるかが、何より重要！　そこが大変だったわけですよ。生酛造りの酒母は、それ自体にアルコールが含まれるから、すでにお酒でした。今、酒母そのものを商品化している蔵もあります。酛すりが重労働だから、酒母だけ造って売っていたのでは、値段が高くなりすぎてしまいます。それを解決したのが、三段仕込みだったのです！　酒母を、倍々ゲームで増やすことで、**多量の酒を造るのを省力化した、画期的な技術**です。そしてそれは、一度にたくさん造ろうと仕込み量を増やすと、酵母が弱ってしまうため、酵母の力を活かす技術でもあるのです。

米　顕微鏡もなくて、見えない酵母の存在すら知らなかった時代に、そんな高い技術が生まれただなんて。日本人って、スゴイ！

純　三段仕込みは、その名の通り、3回に分けて酒母の量を増やすことです。まず初日は、酒母に、2倍分の量の米麹と蒸し米と仕込み水を加える。これを「初添《はつぞえ》」と呼びます。次の日は、1日休んで、酵母が落ち着くのを待つ。これが「踊り」。階段の踊り場のように、一息つくという意味のようです。そして、3日目に、酒母の4倍の量の「仲添《なかぞえ》」、4日目には8倍の量の「留添《とめぞえ》」、それぞれ米麹と蒸し米、仕込み水を加えて、酒母の量を**10倍以上にまで増やす**のです。これがもろみ。それぞれ「添」「仲」「留」と略して呼ばれています。

米　トータル量が増えた分、酵母の割合や、乳酸やアルコール濃度は減っちゃいますよね。

純　いえいえ、仕込んだあと、もろみをじっくり発酵させると、酵母が徐々に増えて、アルコール濃度も上がるんです。乳酸はちょうどよく薄まって、飲みやすくなるというわけ。醸造酒なのに、アルコール度数が20％近くまで上がるという、世界中どこにもない！　**日本だけの優れたオンリーワンの酒造り技術**なんです！

三段仕込みは酵母の力を活かす技

酒母を倍々に増やしていくのはおよそ５００年前から伝わる日本酒独自の伝統技術。

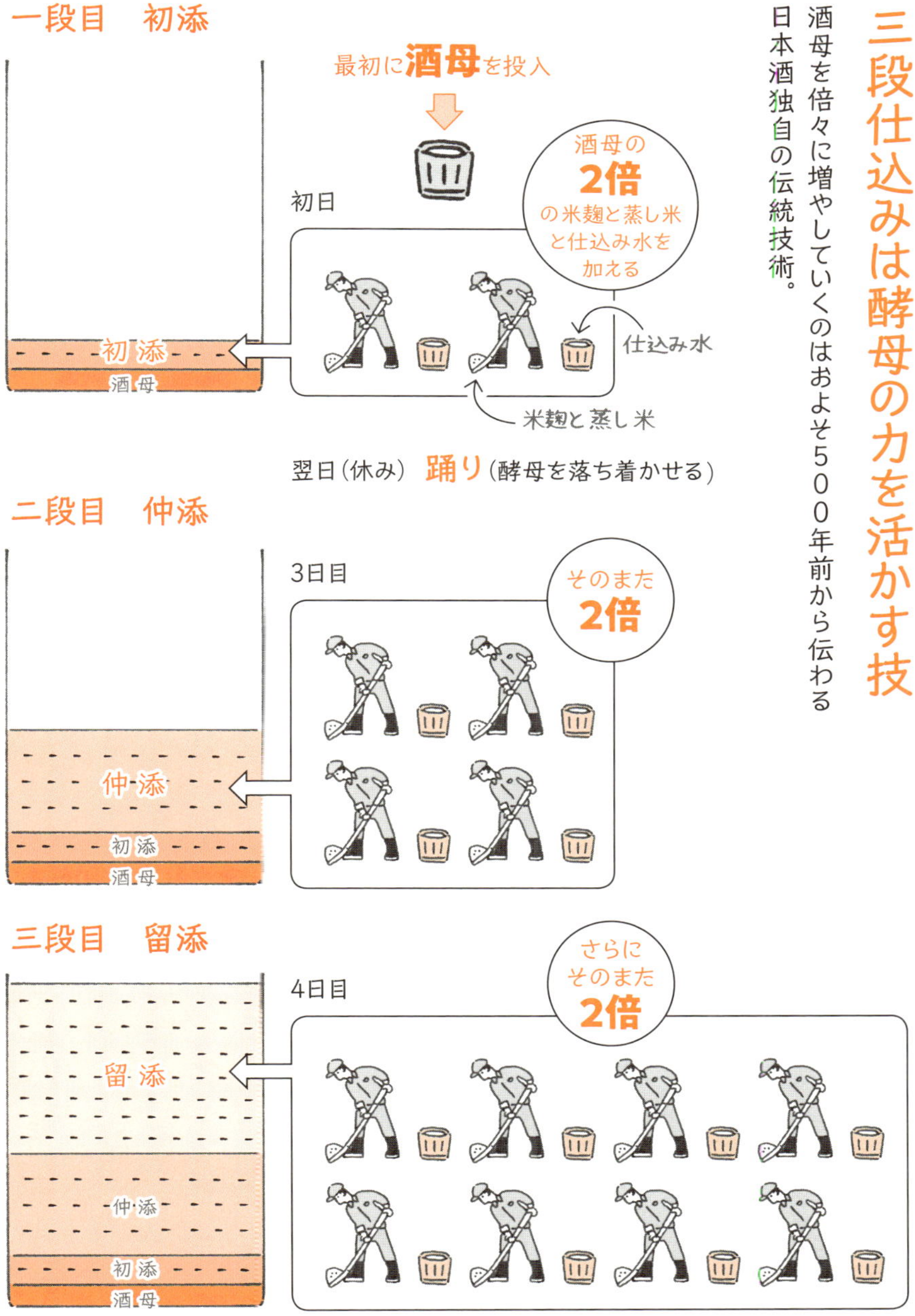

日本酒の造り方 5 上槽 その①

純　日本酒は「清酒」とも呼びますが、なぜだと思いますか？

米　セイシュは、清い酒、味が清らかだからですか？

純　昔の酒は、白くにごった濁酒《だくしゅ》が主流でした。にごった酒に対して、「もろみ」を布などで濾して澄んだ酒が清酒なのです。もろみを濾さず、そのまま飲むのは「どぶろく」です。昔はどこの家庭でも、どぶろくを造っていましたが、酒税法でご法度になりました。どぶろくを造るには専用の酒造免許が必要です。全国に千何百社ある酒蔵の中で、どぶろくの製造免許を持っているところは、数少ないのです。酒蔵は、もろみは造ってもいいけれど、濾さずに売ると「どぶろく」扱いになって法律違反で捕まってしまいます。

米　法律違反ですか？　でも、白くにごっている酒も普通に売られていますよね。

純　それは、粗く濾過してあるのです。一度でも濾せばＯＫ。さて、もろみを搾った液体が酒ですね。残った固体は？

米　固体、え〜っと、あ！　酒粕です。

純　その通り！　**液体と固体に分ける搾りの作業のこと**を、蔵では「上槽《じょうそう》」と呼びます。

米　液体と固体。残ったものが酒粕。搾ることは「じょうそう」と。ホントに酒蔵言葉は独特ですね。

純　その上槽、すなわち**搾り方は、大きく分けて3つの方法があります。袋、槽《ふね》、圧搾機**です！　まず、一番分かりやすいのは「袋搾り」です。もろみを袋に入れて吊るし、ぽたぽたと垂らします。「袋吊り」または「雫搾り」、見た目から「首吊り」とも呼ばれています。**「袋搾り」は手作業**のため、蔵人一丸となっての人海戦術が必須。手間と時間がかかるうえ、少量ずつしか搾れないので、鑑評会の出品酒など特別な高級酒のみに採用されています。

米　どうやって搾るんですか？

純　小さなタンクに棒を渡し、そこに、もろみを詰めた袋を紐で吊るしていきます。重力でぽたぽた滴り落ちる雫だけを集めるのが「袋搾り」です。**圧力をまったくかけないので、最も丁寧な搾り方**です。雑味のないクリアで繊細な酒ができますが、手間がかかるし、量もとれないので、ほとんど市販されず、あっても高価。袋搾りで搾った酒粕は、もろみに戻して搾り直すので、酒粕は市販されません。空気に触れたり、時間が長くかかりすぎると酸化して味にダメージが出ることもあります。また、気温が高いと酒の劣化につながるので、厳寒の時期の早朝、未明に行われます。冷蔵庫の中で作業する蔵もありますよ。

日本酒における「濾過」とは

どろどろの状態のもろみを濾過することで、飲みやすい日本酒が誕生する。
その濾し方には伝統的なものから、近代的なものまでいろいろな手法が存在している。

清酒と濁酒の違い

もろみを濾さずにそのまま飲むか、濾すことで澄んだ清酒にするか。
酒は搾り方で味わいが変わる。

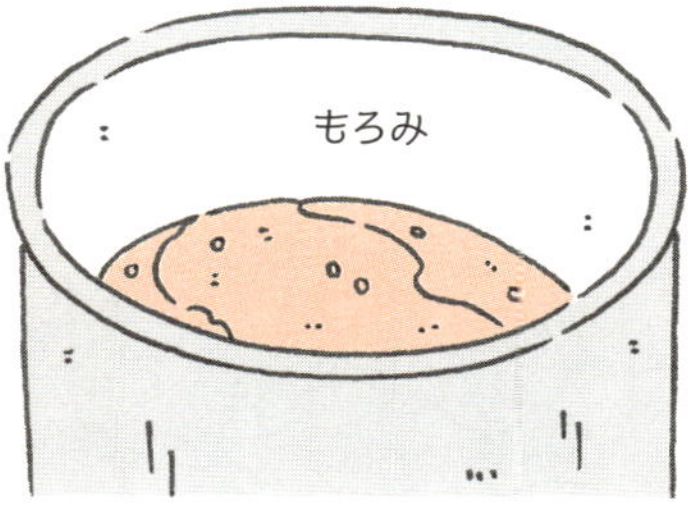

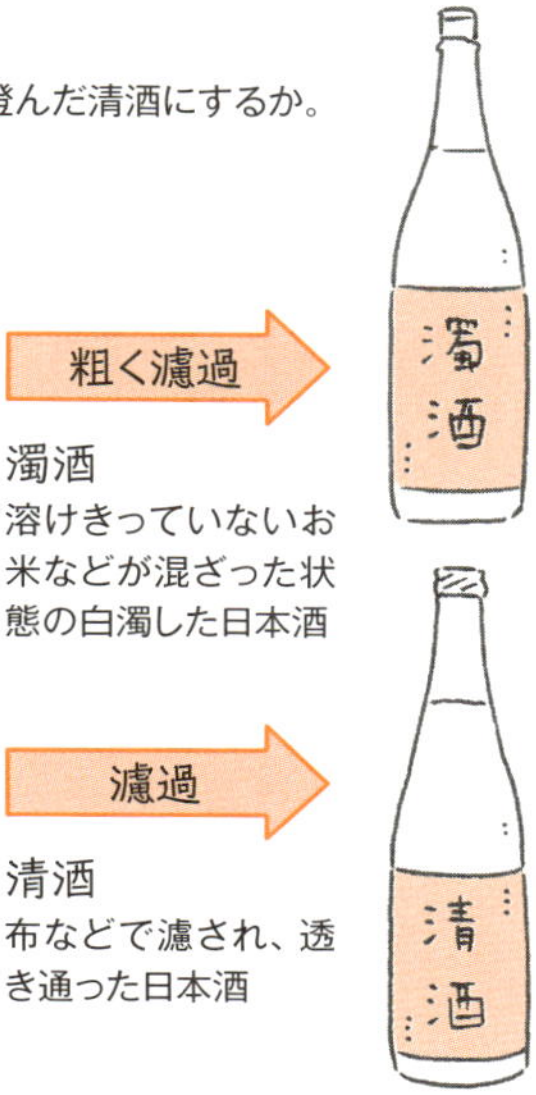

搾り方①「袋搾り」

もろみは空気に触れると酸化するので袋に入れる。

袋を吊るして圧力をかけずに
自然に滴り落ちる酒の雫を集める。

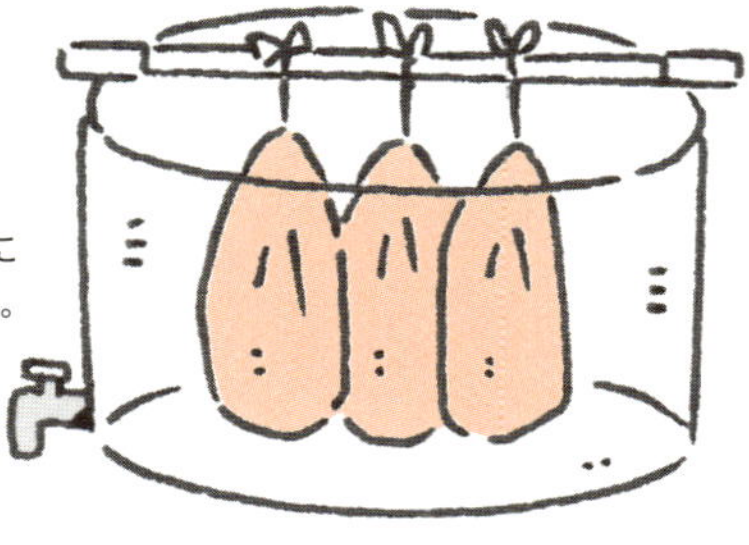

日本酒の造り方5 上槽 その②

純　次は**「槽搾り《ふなしぼ》」**です！　槽搾りの「槽」とは、その名の通り、舟のような形をしています。長さは3メートルくらい。搾り方は、**もろみを布袋に詰め、袋の口を折り返し、整えて並べていきます。**1段並べたら、その上にまた並べます。

米　根気のいる作業ですね。

純　いろんな人の手を経て酒ができ上がります。ありがたいですね。お酒は搾って出てくるタイミングによって、名前がついています。最初に出てくるお酒は、もろみの袋を積んだだけで自然に流れ出てくる酒で**「荒走り」**と言います。文字通りちょっと荒々しく、ガスを強く含み、フレッシュさが特徴です。

米　酒の雫が荒々しく走り出てくる感じなんですね。

純　次に、上から軽い圧力をかけて、搾り出てくる部分で**「中取り」**または**「中汲み」**と言います。搾りの中で、最もなめらかで、バランスがとれたおいしい部分です。最後に強く圧力をかけて、搾り出すのが**「責め」**です。雑味が出て、味幅がなく、単体で売られることはあまりなく、ブレンドされることが多いです。最後は**「圧搾搾り」**。多くの酒蔵が使っています。見た目は大型のアコーディオンのような横型の大きな搾り機で、高い圧力がかけられ、自動でスピーディーに搾ることができます。メーカー名をとって**通称「ヤブタ」**と呼ばれています。

米　アコーディオンの中はどうなっているんですか？

純　蛇腹状の装置ですが、その蛇腹の中に、プレートが何十枚も横向きに重なってます。蛇腹の中に、ホースでもろみを注入すると、プレートの隙間に充填されます。それを、空気圧をかけて、横向きに搾ります。槽搾りよりも高い圧力で搾ることができるので、同じ量のもろみから、**たくさん酒が取れ効率もいい**のです。加えて、**短時間で搾れるから**、酒が酸化しにくいとも言われていますよ。これで搾った酒粕は「板粕」と言って、スーパーに並んでいる、板状の酒粕です。

米　高圧で酒を搾り出すから、酒粕は薄く、かたくなるんですね。

純　最も高値の搾り機は、全国でもわずかしかない「遠心分離搾り」。原理はもろみを入れて、グルグル回して搾り、遠心力で酒粕が外側に圧縮され、内側に澄んだ酒が残るのです。ただし、数千万円と超高価ですが、布を使わず搾るのできれいな味のお酒になる、画期的な分離方法です。ちなみに、酒蔵の蔵人は「麹屋」とか「酛屋」など、役割に応じて役名があるのですが、上槽担当は「槽屋」ではなく「船頭」と呼ばれているんです。槽だから船に通じるのでしょうか。面白いですよね。

圧力をかけて搾る「槽搾り」と「圧搾搾り」

やさしく搾るため雑味の出ない槽搾り、短時間で搾れ、酸化の心配がない圧搾搾り。搾り方で味わいは変わってくる。

搾り方②「槽搾り」

もろみを袋に入れて、口を折り返してきれいに並べる。並べ終えたら板を渡し、重石をかけてじっくり搾っていく。最初に滲み出てくるのが「荒走り」、次に軽く圧力をかけて搾られるのは「中取り」と呼ばれる。最後は「責め」。

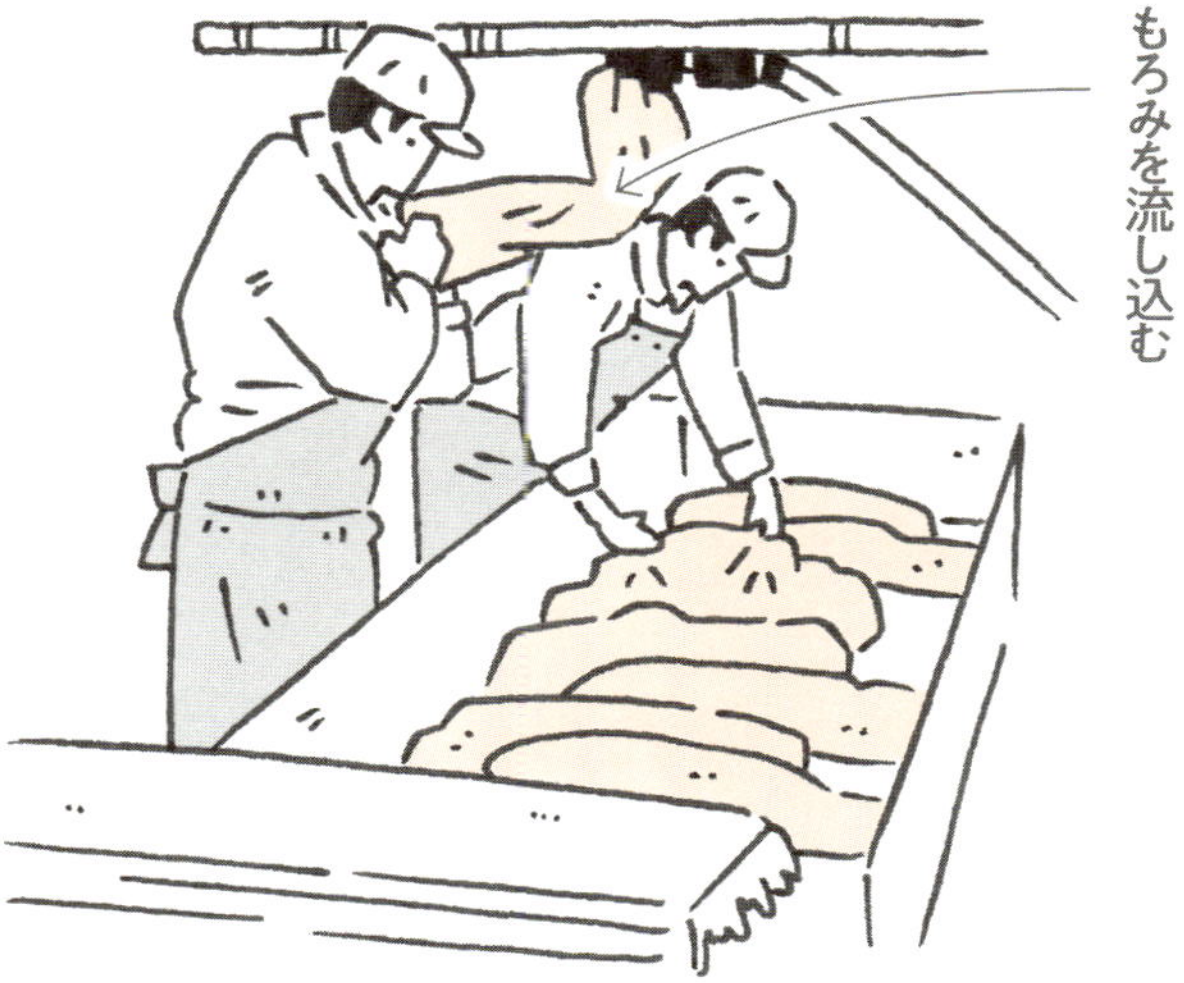

搾り方③「圧搾搾り」

ヤブタ式と呼ばれる圧搾機を使い、空気圧を加えて搾る方法。
短時間でしっかり搾ることができる。現在ほとんどの酒はこの方法で搾られている。

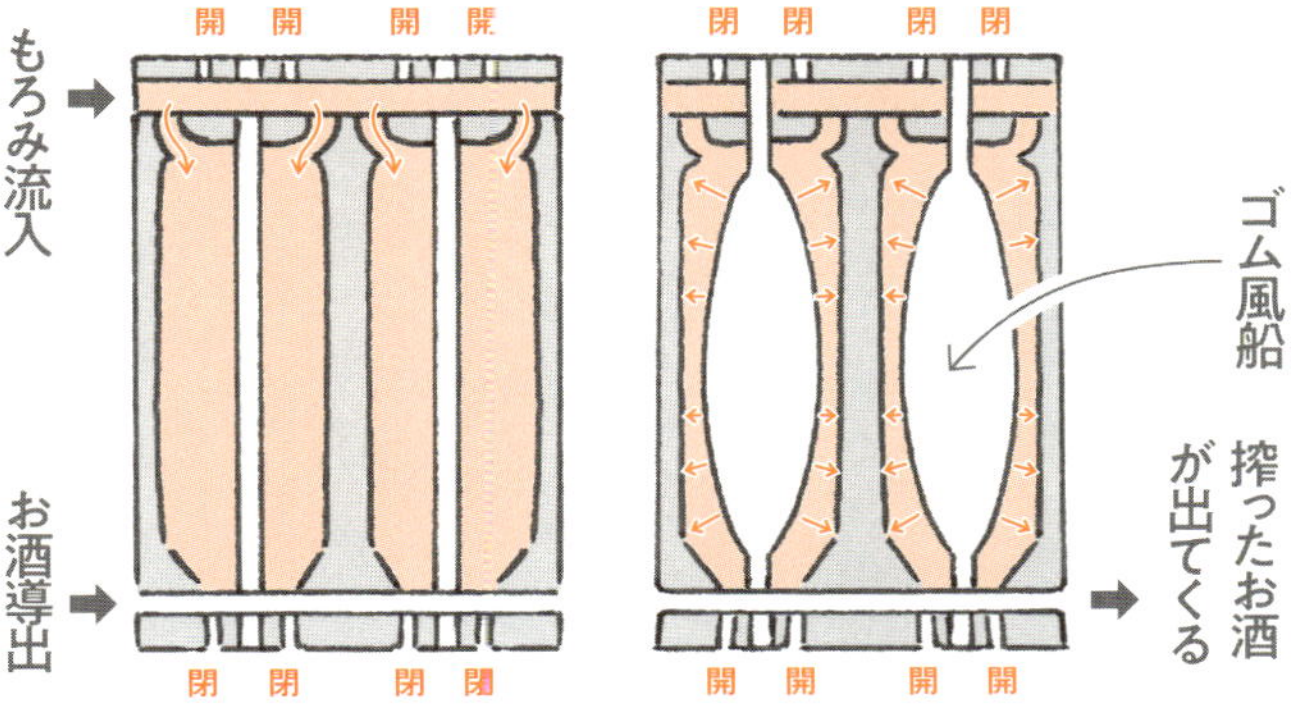

パネルとパネルの間にもろみを流し込む。下の弁が閉じる。

パネルの中のゴム風船を空気で膨らませて搾る。下の弁が開く。

このパネルが100枚ほどアコーディオン状に並び、両側から油圧で圧力をかけてしっかり搾り出す。

日本酒の造り方6 火入れ その①

純　低温殺菌の牛乳って飲んだことありますか？　一般の牛乳は１２０～１３０℃で2～3秒間、高温殺菌処理するのに対し、62～65℃の低温で30分くらいかけて殺菌する牛乳のこと（72～75℃で15秒間加熱もあり）です。パスチャライズド牛乳とも言います。タンパク質の変性が少なく、風味がよくておいしい、ちょっと高い牛乳。

米　自然食品店で売ってます！　コクがあっておいしいですよね。

純　この低温殺菌の技術は、今から１５０年前にフランスの化学者パスツールさんが、ワインのために発明しました。なのですが、日本酒は「火入れ」といって牛乳と同じような**低温殺菌**をしているのです。しかも、室町時代からですよ。当時の文献『御酒之《ごしゅの》日記』に出てきます。パスツールさんより５００年も前に発明し、酒造りに実用化していたんですよ。

米　そんな昔から近代フランスに先駆けた技術を確立していたなんて！　その当時の日本には温度計がすでにあったんですか？

純　中指が温度計代わりだったそうですよ。温まったお酒に、中指を第一関節まで入れて「の」の字を書くの。熱さに耐えて、ギリギリ書き終えることができるくらいが、62～65℃だったとか。

米　職人の経験値とはいえ驚きの方法ですね。

純　**62～65℃**は、絶妙な温度！　お酒造りに働いた酵母が殺菌され、麹の酵素が「失活」といって働かなくなる温度なのです。それ以上、発酵が進まなくなるこの温度をよく見つけたものだと感心します。酒の味が変わることなく、品質が安定し保存に向くわけです。酒造りの天敵である、酒を腐造させる「火落ち菌」という悪い菌も殺菌されるので一石三鳥。それ以上加熱すると、風味が悪くなるし、何よりアルコールが飛んで目減りしてしまうの。

米　パスツールさんが、顕微鏡とか使って発明するより、５００年以上も前から低温殺菌の効果に気づいていたなんて！　日本の蔵人って凄いです！　酒造りに心血を注ぎ、向上心を持って常にチャレンジしていた結果なのでしょうね。

純　**火入れは、2通りの方法があります。「蛇管火入れ」と「瓶火入れ」**です。蛇管火入れは「タンク貯蔵用火入れ」とも言います。蛇管火入れは、春と秋の2回、瓶火入れは、瓶に詰める時に1回加熱します。熟成したまろやかさを重視する酒は、蛇管火入れで、フレッシュさを重視する酒は、瓶火入れが多くなっています。いくら65℃で低温殺菌と言っても、あまりに長時間殺菌していては風味が飛んでしまいます。瓶火入れの場合、蛇管火入れより早く急冷できるのも利点なのです。

低温殺菌は室町時代に生まれた技術

絶妙な低温度帯で殺菌することで、酒を変質させることなく酵母の働きを抑えて発酵を止める技術は室町時代から脈々と受け継がれた手法。

低温殺菌

牛乳でおなじみの低温殺菌の手法は、日本酒の世界では650年も前からごく当たり前に行われていた殺菌法。

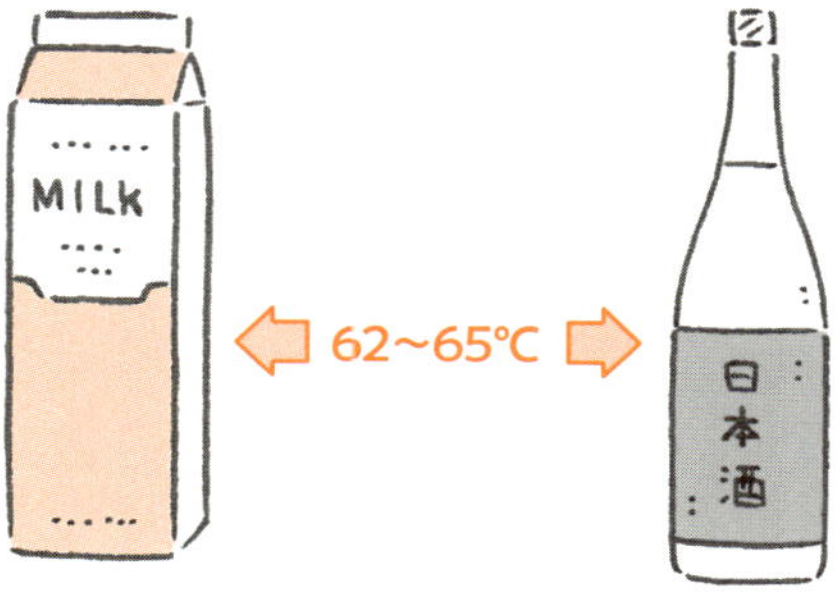

蛇管火入れ

円筒形の容器内に、蛇管と呼ばれる螺旋状の配管が設置されているのが特徴。円筒容器内で湯を沸かし、配管内に生酒を流して62~65℃に温める。最近は、プレートヒーター+熱交換器による火入れ方法も増えている。

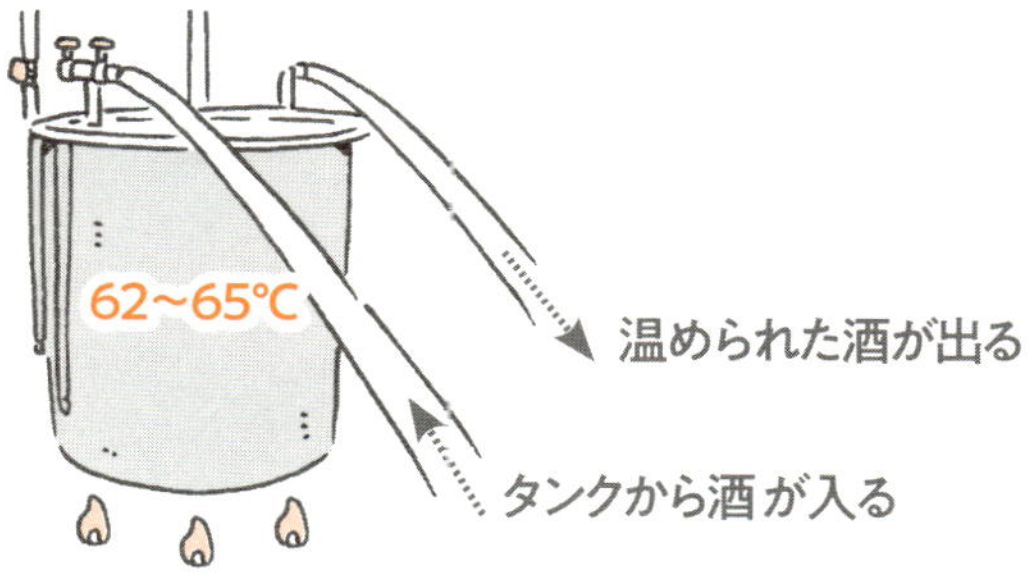

瓶火入れ

瓶の栓を軽く緩めてから湯につけ、内部が62~65℃になるように温める。その後、栓を締め直してぬるま湯、冷水、氷水で段階的に冷やしていく。最新の機械パストライザーは、栓をしたあと、温冷シャワーで急速に火入れと冷却を行う。

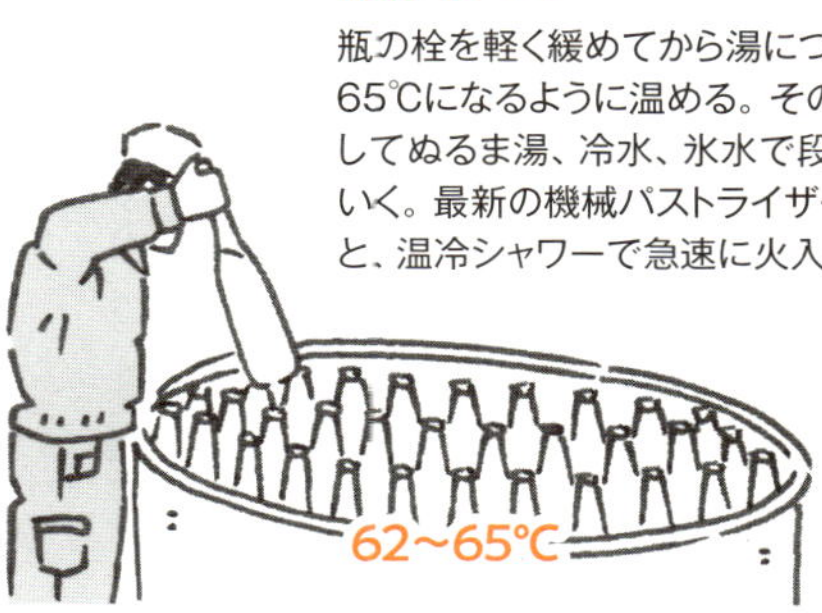

日本酒の造り方❻ 火入れ その②

米「生酒」っていうのは、搾ったままのまったく火入れをしない酒ということでしょうか？

純 フレッシュな生のままです！「生々《なまなま》」とも言いますよ。加熱殺菌をまったくしていないので、酵母や他の菌が生きており、麹の酵素も活性のままだから、味が劣化しやすく、品質が変わりやすいのが弱点です。造ったら、すぐに瓶詰めして、冷蔵管理して、移動も冷蔵流通。店頭でも家でも冷蔵管理が必須です。冷蔵の宅配便がない時代は、生酒の市販なんて考えられず、厳寒期の蔵内でしか味わえなかった味なのです。最近は1年中「生」酒がありますが。

米 生酒以外はすべて火入れをした酒ということでしょうか。

純 一般的な日本酒は、できてすぐに、それ以上発酵が進まないよう、一度、加熱殺菌してタンクに貯蔵させています。ひと夏越して、熟成が進み、まろやかになったところで、もう一度火入れし、瓶詰めして出荷。時間が経つことで、まろやかでしっかりした骨格のお酒に。こうして、**二度しっかり火入れをすれば、時間が経っても味が変わりづらく、いい熟成に**なって、お燗にも向きます。

米 二度も火入れされておいしくなるなんて、日本酒は健気すぎです！

純 2回火入れが基本ですが、1回だけ火入れするお酒もあります。「ひやおろし」と「生詰め」です。どちらも、お酒ができてから火入れして貯蔵。出荷時は、二度目の火入れをしないで、冷やのまま出すから「ひやおろし」と言います。夏を越した酒は、特に「秋上がり」といって、熟成してまろやかな味になるのが特徴。秋にならないと味わえない季節限定の味ですね。火入れしないで詰めるので、別名が「生詰め」。最近、増えつつあるのが**一度瓶火入れ酒。フレッシュな風味を残して品質も安定します。**

米 日本酒がますます、愛おしくなりました。

純「生」がつく酒でもうひとつ「生貯《なまちょ》」があります。生のまま貯蔵するから「生貯」ですが、そのまま火入れしないで出荷すれば「生酒」になります。生で貯蔵して、火入れしてから出荷する酒が、業界では「生貯」なの。生って書いてあるけど、火入れは1回しているという、あ〜ややこしいですね。生貯は、艶めかしいぬるんとした風味が特徴と言われます。日本酒は四季折々で楽しんでほしいの。春は「生酒」、夏は「生貯」、秋は「ひやおろし」、冬は「2回火入れの酒の燗」！

米「春は生酒、夏なら生貯、秋ひやおろし、冬は燗」。季節の味を覚えて、試してみます！

日本酒の〝生〟と〝火入れ〟の関係

生酒はフレッシュな味わいを楽しめる一方で、品質が劣化してしまうのが難点。生のおいしさを追求する〝火入れ〟の方法にも酒蔵のこだわりが見える。

火入れのタイミングで酒の名称が変わる

貯蔵タンクに入れる前に火入れをするか、瓶詰め前に火入れをするかで日本酒は繊細に味わいが変わる

一般的な日本酒（貯蔵前と出荷前に、2回火入れした酒）

生酒（まったく火入れをしない生の酒（本生、生々ともいう））
生原酒（火入れしない生の酒に水を加えず、アルコール度数を調整しない原酒。17〜19度とアルコール度数が高い。最近は15度台の低い生原酒もある。）

生貯蔵酒（生のまま貯蔵し、出荷前に1回火入れした酒）

生詰め酒（貯蔵前に1回火入れをして、出荷時は火入れしない酒。「ひやおろし」と同じ。）

火入れは火落ち菌の殺菌と残存酵素の失活を目的に行う。火入れのタイミングを誤ると生老香（なまひねか）や、雑味等が発生し品質低下の原因になる。火入れはデリケートな吟醸酒で5～7°Cの室温で上槽後1週間以内に行う。純米酒は上槽後2週間以内に行う。その他の酒は上槽後3週間以内に行うことが大事。早い方がベスト。参考／広島県食品工業技術センターホームページ

トレンドは瓶火入れ？

生酒を瓶詰めし、瓶ごと火を入れる丁寧な酒。フレッシュなおいしさに落ち着いた味わいを併せ持つ。人気の蔵はこの瓶火入れを採用。

酒粕ってなんですか？

純　ここでひとつ落語の噺を。与太郎さんていう、の〜んびりした人がいたの。ある日、酒粕を食べて顔が真っ赤になり、そうだ！　自分を大人っぽくみせようと、お酒を飲んだことにしたの。でも、「何杯飲んだの？」と聞かれて、つい「2枚」と。「燗なの？　冷やなの？」と聞かれて「焼いて食った」って。「な〜んだ、あんた酒粕食べたんだろ〜」ってバレてしまうという。『酒の粕』っていう話よ。

米　酒は2枚と数えないし、焼かない（笑）！　昔、おばあちゃんが「酒粕を焼いて砂糖をのせて食べるとおいしいよ」って。

純　**酒粕は、酒を搾ったあとの固形分**。「手握り酒」とも呼ばれたの。与太郎さんが食べたのは**板粕**ね。**カチカチになるまでお酒を搾った**、正に粕状態。**酒粕にもいくつか種類があるの**。もちろん、どれも酒のもろみを搾ったものですが。

米　もしかして、そうだ！　搾り方の違いですか？

純　槽で丁寧に搾った酒粕は、**バラ粕**と言いますよ。**少しお酒が残ってしっとり**してます。食べやすく料理にも使いやすい。真四角なのは圧搾機で搾った板粕。両方とも、もろみを搾ってすぐは、色も白く味も淡泊。

米　スーパーで、よく売ってる酒粕ですね。

純　蔵では、その搾りたての酒粕をタンクに入れて、空気を抜くように上から踏み込みます。それから1年くらい熟成させると、茶色くなり、**どろっとした状態の「ふみ粕」**になります。甘くて、うまみもたっぷり。漬け床や、料理に使いますよ。

米　ああ〜っ、奈良漬けが漬かってる、どろっというか、ぺちゃっというか茶色いぶわぶわですね！

純　そうよ、滋養があるので食べてくださいね。酒粕がかたくて使いにくいという声を聞いて、今は料理にすぐ使える便利なペースト状の酒粕が出ています。「とろける酒粕・純米大吟醸」（大七酒造／福島県）などね。料理にも飲み物にも使いやすくておすすめです。

米　おいしい酒粕選びのコツは何ですか？

純　おいしい酒を醸す蔵を選ぶこと！　おいしくない酒からおいしい酒粕ができることは絶対にあり得ません！

米　まずは、おいしい蔵を探すこと！

純　じつは、お酒は、もろみを搾る時の**粕歩合も重要**。杜氏さんは神経使って搾るんですよ。どれくらい酒粕を出すかの比率ですが、もろみをぎゅうぎゅう搾らず、酒粕をたくさん出した方が、お酒はおいしい。それに比例して、酒粕もおいしい（笑）。

米　粕は、おいしくなる。でも、コストも上がる。ですね！

純　贅沢に搾る方が美味。美酒蔵は粕歩合にもこだわります。

酒の搾り方により酒粕もいろいろ

ひとくちに酒粕と言っても姿形は様々
それぞれの特徴に合わせて選べば酒粕のおいしさがさらに広がる。

板粕

圧搾機を使うと、酒の液体分をしっかり搾りきった、かたい板状の酒粕となる。

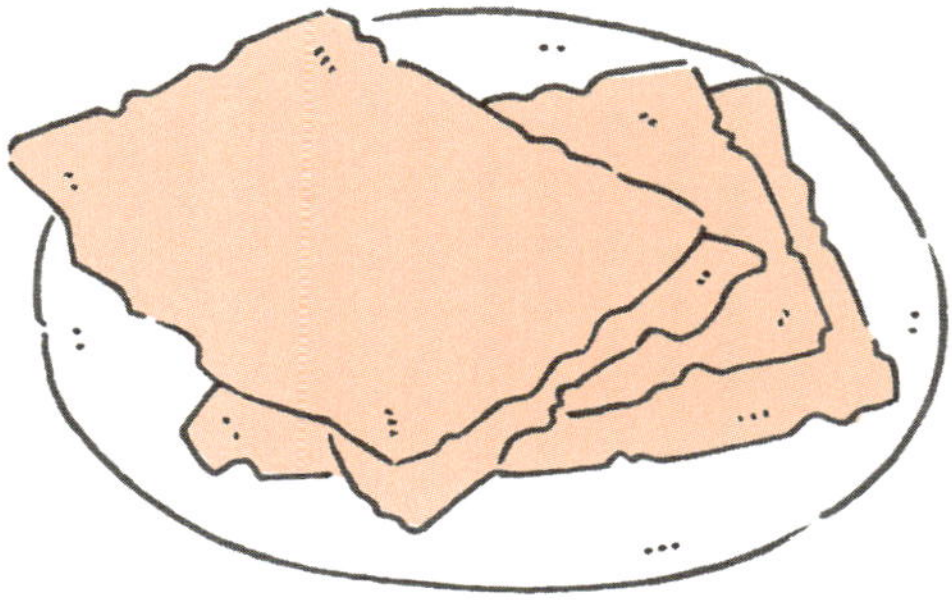

バラ粕

槽搾りによってできた酒粕は、滓分が少し残った状態。
板粕よりもやわらかく溶けやすい。

ふみ粕

搾りたての酒粕をタンクに入れて足で踏み込み、空気を抜いて1年くらい熟成させたもの。

やわらかくなり、風味とうまみが増して漬け物の漬け床などに利用される。

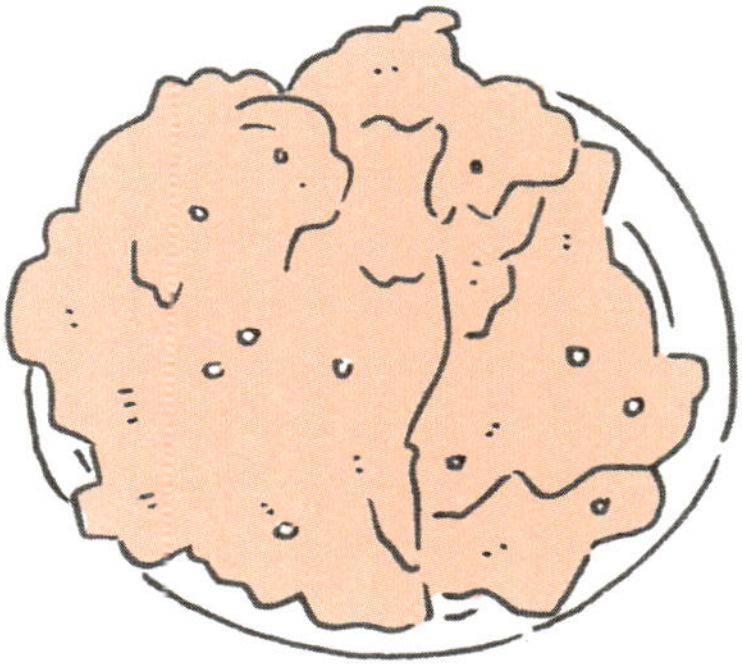

酒粕と甘酒の違いは?

純 **「一夜酒」**というお酒があるんですよ。

米 いちやざけ? 初耳です。

純 じつは、**麹で作った甘酒のこと。**仕込めば一晩でできるから「一夜酒」と。甘酒の歴史はじつに古くて、昔から飲まれてるんです。『万葉集』、山上憶良の歌にも出てきますよ!

米 7世紀の昔から甘酒を飲んでいたとは〜。

純 奈良時代、甘酒は冬の季語。酒糟(酒粕)を湯で割ったものを飲んで、暖をとったと。それが、時代が下って江戸時代になると、甘酒は夏の季語に変わったの。『守貞謾稿《もりさだまんこう》』という江戸の様々な風物を書いた本に、甘酒売りの話が出てきます。真鍮釜を筥《はこ》の上に置いて、夏に甘酒を売りに来たと。

米 おしゃれな甘酒売りですねぇ。でも、突然、夏に甘酒が流行ったのは、なにか理由が?

純 江戸時代は、夏場の死亡率が一年中で一番高かったそうです。暑さで体力が下がったことと、食中毒、感染症が流行ったとか。そこで甘酒の出番! 高濃度のブドウ糖と、必須アミノ酸、ビタミンB群などが含まれる栄養ドリンクですから。甘酒は「飲む点滴」と言われますが、実際、成分は点滴の中身にそっくり。江戸時代の人たちも、経験的に甘酒が身体によいと、分かっていたのでしょう。滋養強壮、夏バテ防止、暑気払いには甘酒と。というわけで夏に大流行して、季語にまでなってしまったというわけ。

米「どぶろく」も甘酒の別名ですか? 白くどろどろして、よく似てますよね。

純 一般的に甘酒はノンアルコールドリンクで、どぶろくはお酒。甘酒は、麹の酵素で米のデンプンを甘みに変えたもの。江戸時代によく飲まれていた甘酒はこのタイプです。どぶろくは、その甘酒の甘みが、酵母のアルコール発酵によってお酒になったもの。見かけは似てるけれど、お酒対ノンアルコール。酵母くんが働いたのがどぶろくです。れっきとした酒ですよ、酒!

米 甘酒は子供が飲んでもいいけど、どぶろくはダメ。

純 ややこしいのは、**甘酒には作り方が2通り**あること。**「麹甘酒」と「酒粕甘酒」**です。「麹甘酒」は、まったくのノンアルコールです。「酒粕甘酒」は、酒粕を湯に溶いて作るので、酒粕のアルコール分が入ります。1%未満だったらノンアルコールドリンクになるんですが……。

米 子供用には麹の甘酒ですね。

純 最近、酒蔵さんが麹甘酒を発売しています。酒造りで麹造りの技術が高いので、蔵が作る麹甘酒は、どれも美味!

甘酒といっても2種類ある

酒粕で作る「酒粕甘酒」はアルコール分を含み
麹で米を発酵させた「麹甘酒」は子供でも飲めるノンアルコールドリンク。

麹甘酒と酒粕甘酒の違い

麹で作る甘酒

アルコール発酵はしない。

米 ＋ 米麹
（米麹だけのことも）

↓ 糖化

麹甘酒

○ノンアルコール
○自然の甘さ

酒粕で作る甘酒

日本酒の製造工程で生まれる酒粕を使用。

米 ＋ 米麹 ＋ 酵母

↓ 並行複発酵

もろみ

↓ 搾る

液体：酒
固体：酒粕

水と砂糖を加える ➡ ↓

酒粕甘酒

○アルコールを含む
○砂糖の甘さ

一夜酒

江戸時代に人気があった甘酒。
町内に甘酒売りも登場。
米麹の甘酒は一晩でできるので
「一夜酒」とも呼ばれた。

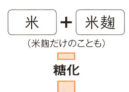

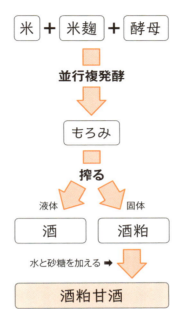

酒粕ってどう使えばいいの？

特別対談
「天の戸」森谷康市杜氏から伝授してもらう酒粕レシピ！

純　酒粕料理の師匠、「天の戸」（浅舞酒造／秋田県）森谷杜氏の登場です。酒蔵に行って一番驚いたのが、杜氏の酒粕活用術！　森谷杜氏にお聞きします。酒粕のよさとはズバリ？

森谷　アミノ酸も豊富でビタミンB群に食物繊維まで、**栄養とうまみの宝庫！　もっと料理に使ってほしい**だナ。カスなんて言ったらもったいねーがら、蔵では「酒香寿」という字を当ててるんだ。うまい酒を搾って分けた固形分、しかも昔の「槽」という搾り機だから、搾り切れないでうまみが残ってるんだな。酒粕はなんでも同じだと思っている人がいるけど、じつはそうじゃないな。蔵では搾りたてよりも熟成させて、さらにうまみを増やして、やわらかくなったものを販売してるス。

純　酒粕は熟成させると、うまみと甘みが増え、やわらかく使いやすくなるんですね。使い方で甘酒、粕汁、西京漬けは思いつきますが、森谷杜氏は調味料のように使っていて、それがびっくりするほど美味。特に漬け豆腐！　チーズが真っ青になるコク。作り方を教えてください！

森谷　**漬け床**がいいんだす。この漬け床があれば万能で、そのまま酒のつまみにも（笑）。わさびや和辛子を入れると、ピリッときいて、またおつ。ゆでた青菜やしめじを、これであえてもいんすな。酒粕のまろやかなコクにピリッと辛みがきいて、いやもう、お酒が……。

純　とまらなくなりますね～。漬け床に和辛子を入れて、いぶりがっこの細切りをあえたものも独特のまろやかさで、お燗酒がクイクイ（笑）。

森谷　酒粕の甘みとうまみ、なめらかさが加わって何でもうまくなるんすね。それから、酒粕でもうひとつ技があるんだす。**酒粕味噌**！　かけたり添えたり、もう万能。煮物に使ってもうまいんですよ。春は根曲がり竹を煮て、鍋に残った酒粕味噌を熱々のうちにご飯にかけたら、もうハフハフウマウマ！

純　酒のつまみによし、ご飯によしと、万能ですね。

森谷　焼き魚、豆腐やこんにゃく田楽、ふろふき大根に、お湯でとけば粕汁！

純　いやもう便利！　漬け床も味噌も常備しとくといいですね。

森谷　酒粕はちょっとチーズ風味があるのが面白いんですな。汁ものに炒めものになにかと重宝。最近のヒット作は、酒粕に筋子を混ぜてはんぺんにのせたら、なぜかウニ風味（笑）。

森谷杜氏直伝！　お酒がすすむ酒粕活用術

こんなにおいしい世界があったとは！
本邦初公開の酒粕を上手に使いこなす秘伝の技。
酒が一層おいしくなることうけあい。

何でもおいしく漬けられる！　酒粕漬け床

●レシピ
熟成酒粕 ……………… 100g
味噌 ………………… 大さじ4
みりん………………… 大さじ2
砂糖 ………………… 大さじ2
全部を混ぜるだけ

●用途
・豆腐を漬ける
・鶏肉を漬ける
・ゆで卵を漬ける

かける添えるの万能酒粕味噌

●レシピ
熟成酒粕 ……………… 200g
味噌 ………………… 100g
みりん………………… 25mℓ
砂糖 ………………… 30g
好みで柚子胡椒
全部を混ぜるだけ

●用途
・煮物に
・焼き魚に
・豆腐に
・こんにゃく田楽に
・ふろふき大根に
・お湯で溶けば粕汁

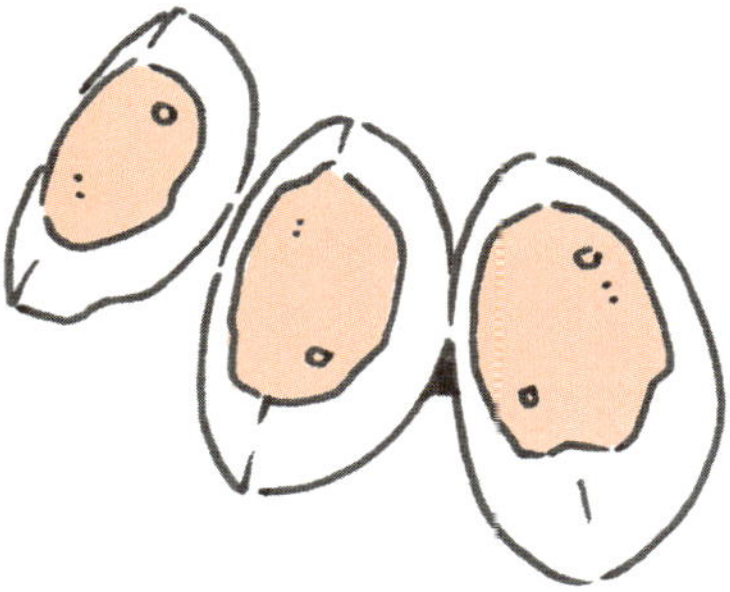

ゆで卵の酒粕味噌漬け

黄身がとろとろの半熟卵を酒粕漬け床に5～7日漬ける。黄身が赤くかたまり、もう絶品！

鶏の酒粕味噌漬け

鶏の胸肉を酒粕漬け床に3～7日漬ける。電子レンジで少し加熱後、グリルで片面に焼き目がつくまで焼く。焼きすぎに注意。粕をぬぐって焼いてもよいが、少し残してちょっと焦げてもまたうまい。

はんぺん粕筋子

酒粕漬け床に筋子を混ぜ入れ、はんぺんにのせる。ウニ風味に。

醸造酒と蒸留酒の違いは？

純　お米から造られるアルコール飲料って、いろいろあるのよ。日本酒と米焼酎や泡盛、粕取り焼酎、それにみりんなど。このうち**日本酒は醸造酒。米焼酎や泡盛は蒸留酒。みりんは蒸留酒から醸造するので混成酒**と呼ばれます。

米　ジョーゾー酒と、ジョーリュー酒って、似てるけど違うもの？

純　糖質を発酵して造ったお酒が醸造酒。醸造酒を蒸留して、アルコール度数を上げたお酒が蒸留酒なの。同じ米から造るお酒でも、日本酒は醸造酒。米焼酎は蒸留酒ね。ブドウから造る**ワインは醸造酒**で、**ブランデーは蒸留酒**よ。

米　蒸留酒も、いったん、醸造酒を造ってから、造られるんですね。

純　蒸留酒もアルコールを造るところは醸造。それを濃縮する技術が蒸留なのよ。

米　昔の飲んべえが、薄いお酒を飲むうち、物足りなくなっちゃったんですね。それで、段々と濃い酒へ、濃い酒へと。深みにはまって、蒸留に手を染めちゃったんですね、きっと。

純　お酒を蒸留すると、濃くなることに気づいた飲んべえは、嬉しかったに違いない！

米　お酒を加熱して、出てきた湯気を冷やすとまたお酒になる。それが蒸留ですね。なんで、アルコール度数が上がるんですか？

純　日本酒の８割以上は水でしょ。ご存知のように、水は１００℃で沸騰するの。沸点と言うんだけど、アルコールの沸点は約78℃。水より低いの。だから、日本酒を温めると、まずアルコールが沸騰し始めるの。最初にアルコールが蒸発するわけ。だから、そのアルコールの湯気を冷やせば、もとの日本酒よりアルコールが濃くなる。それが焼酎！

米　78℃以上の熱燗は、飲みたくても、飲めないってこと？

純　日本酒を飛び切り燗以上に温めて、湯気を集めたのが米焼酎。日本酒は、アルコール度数が高くても20度までだけど、米焼酎は25度以上にも。粕取り焼酎は、日本酒の酒粕を蒸留して、含まれているアルコール分を焼酎にしたものよ。

米　「モッタイナイ」の心から生まれた焼酎ですね。

純　酒粕モッタイナイですからね。それから、昔ながらの本物のみりんは、米焼酎と米麹、もち米だけから造るの。そのまま飲んでも、とてもおいしい。江戸時代は、甘口の高級酒だったそうよ。調味料にしか使わないのは、それこそ、もったいない！

米　口にしておいしいものが、本物の調味料なんですね。

純　本来、本物の醸造が「本醸造」のはずなんだけど、日本酒はそうでもないのが残念。本醸造酒には「醸造アルコール」が原材料に入っています。醸造アルコールは、蒸留酒のこと。

米　ようやく、ジョーゾー酒とジョーリュー酒が少し分かりかけてきたのに、ここでまた、ジョーゾーアルコールは、ジョーリュー酒だなんて、困ります。

純　醸造アルコールは、廃糖蜜などを発酵させて蒸留した純度90％以上の高濃度蒸留酒。甲類焼酎といって、酎ハイのベースになったり、梅酒など果実酒を漬けるのにも使うわ。廃糖蜜っていうのは、サトウキビから砂糖を取ったかすのこと。ラム酒の原料にもなります。生産国は、ほぼブラジル。

米　「国酒」なんて言いながら、ブラジルのサトウキビの搾りかすが入っているなんて、ブツブツ……。

純　ごく稀に、米焼酎を添加している酒蔵もあります。そもそも戦前は純米酒しかなく、戦争中から戦後にかけて、必要に迫られてアルコール添加がスタート。満州の寒さで凍らないようにとか、食糧不足とか、それなりの理由があったの。それが、今でも続いているのよ。

米　米余りとか言われてるのに。きっと、サトウキビのかすから造る蒸留酒が安いからとか？

純　大吟醸酒などには、香りを引き出すために、アルコールを添加するっていう造り手もいるわね。

米　日本酒は、醸造酒って聞きましたけど。醸造酒オンリーなのは、純米酒だけなんですね。

蒸留装置のしくみ

釜で蒸留する原液を加熱し、気化した蒸気を集めて冷却することで、もとの酒よりアルコール度数の高い酒ができる。

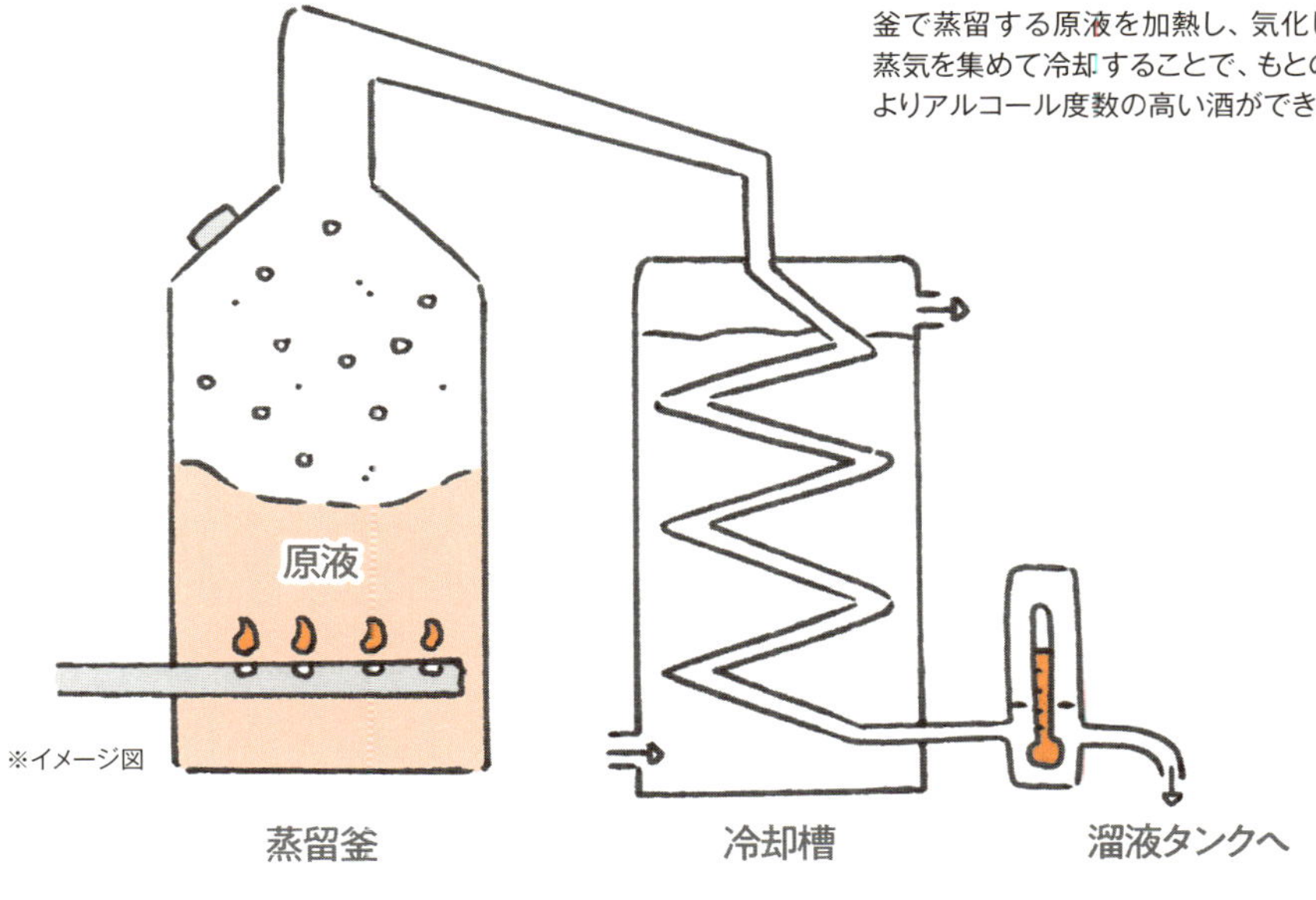

蔵にはどんな人たちがいるの？

純　杜氏は蔵元から醸造を請け負った職人集団のトップ。どんな精鋭集団を組むか人事も担当し、製造責任者として現場で指揮をとる、まさに総監督！　夏場はスカウトの目を光らせて、地元でこれぞ！　という若者を酒造りチームに入団させていたそうです。志願者も多かったそうですからね。

米　仕事の内容は、どう分けていたのでしょう？

純　チームは10人くらいで組み、杜氏の補佐に副杜氏にあたる**頭**《かしら》がいます。文字通り現場のヘッド！　麹を造る責任者は**麹屋**《こうじや》（またの名は**代師**《だいし》）。そして酒母を育てる担当が**酛屋**《もとや》です。酒造りの工程は大事な順に**「一麹、二酛、三造り」**と言われます。麹造りと酒母を育てる酛だては、お酒の命になる重要な作業、頭と合わせて、麹屋、酛屋は**「三役」**と呼ばれたの。杜氏以下のトップ3ね！

米　トップ3！　相撲で言うところの小結、関脇、大関というところでしょうかね。

純　相撲でいえば前頭に当たるのが、米を洗って蒸すまでを担当する**釜屋**《かまや》、もろみを搾る係の**船頭**《せんどう》がいます。

米　槽を使って搾るから、船頭なんですよね！

純　十両にあたるのが、なんでも頼まれ役、下働きの雑用係が**追**《おい》**廻**《まわ》**し**ね。その他に、食事担当が**飯屋**、新人はまず飯屋から始まり、徐々にステップアップし、すべてのポジションを経験した上で、杜氏に辿り着くと。ただし、杜氏によっては食事作り専門の賄い女性を地元から連れてくることや、蔵が食事の面倒をみる場合もあって「飯屋」がない蔵もあります。地域や流派で様々です。とはいえ最近の酒蔵は全員が、すべての工程を担当し、早く仕事を覚えさせる方向です。夜の泊まりをなくし、通いにする蔵が増え、定期的な休みを設ける蔵も。

米　蔵人はなんでも分かってこそ、いいお酒もできるし代わりもできるようになるということですね。

純　そう、全員ですべての工程を共有できるスペシャリストを育てる酒造りが、主流になりつつあります。また、酒造りが行われる冬の雇用だけでなく、年間雇用の社員にして1年を通じて酒造りを行う四季醸造をする蔵も出てきています。一方、四季醸造しない蔵では、酒造りをする冬以外の仕事を作るため、梅酒などの果実酒や奈良漬け、塩麹など食品を手がける蔵もあり、農業法人化して田んぼで酒米作りする蔵もありますよ。酒造りの現場は、確実に変化しているのです。

力士の格付けと蔵人の序列

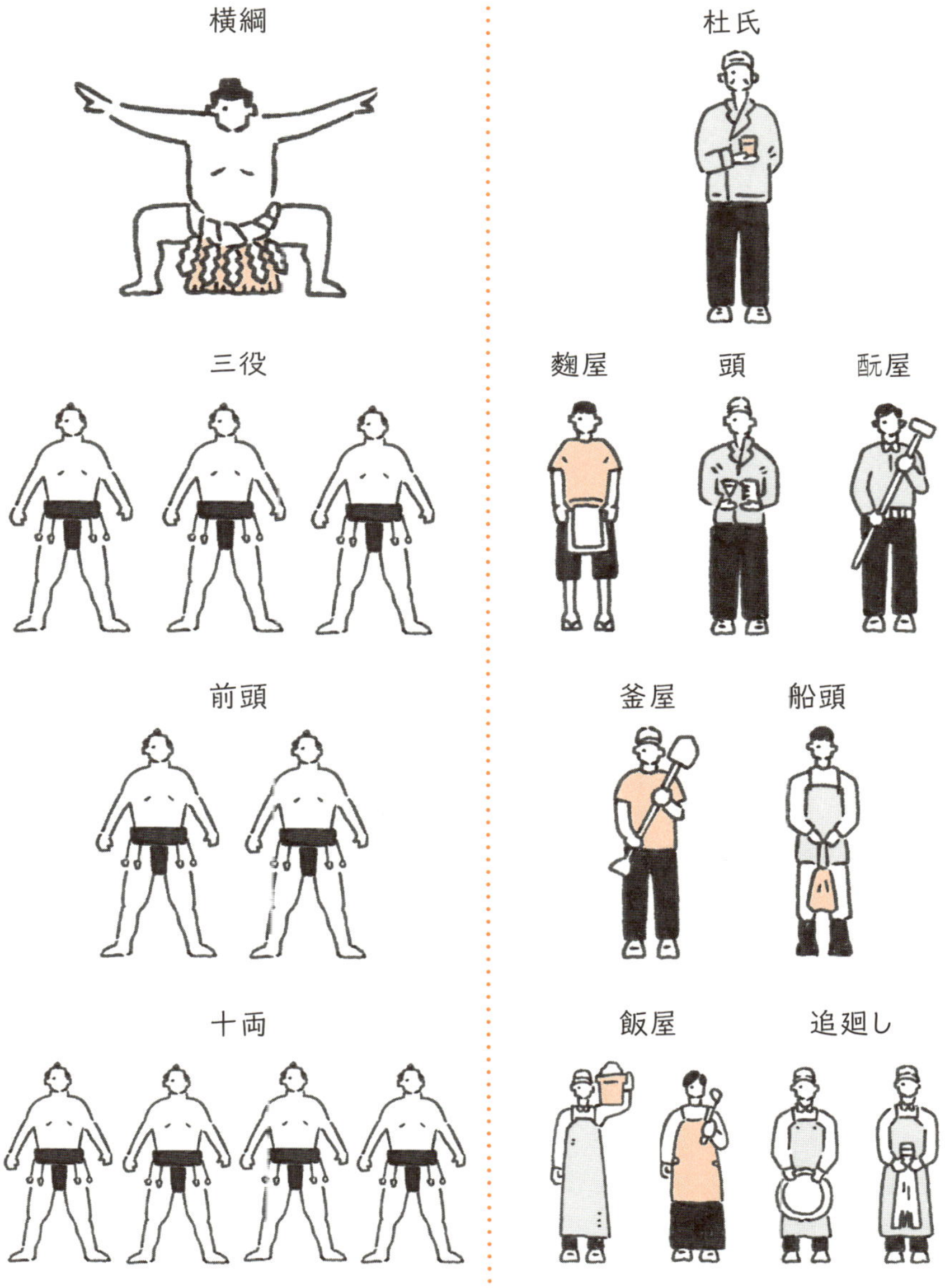

※役割名は杜氏の出身、流派によって異なります。

杜氏は何をする人？

純　杜氏という呼び名は、お婆さんの尊称**「刀自」**から。昔、女性がお酒を造っていた名残よね。今は杜氏と言えば、**酒造り技能集団のトップポジション**。蔵人を率いて指揮をとり、繊細な作業の多い酒造りを行う人です。

米　指揮者や監督、もしくは料理長みたいな人？

純　加えて**酒造りの技術が高く、判断が優れてチームをまとめる人格者**じゃないと務まらないと言われています。現在登録されてる杜氏は、全国で700人ほどと多くありません。

米　国会議員と同じくらい。どんな人が杜氏になれるんですか？

純　杜氏には、地域ごとに流派があります。代表的なのは岩手県の南部流、新潟県の越後流などですね。流派ごとに試験があり、合格すれば晴れて杜氏が名乗れます。国家資格に一級酒造技能士というのもあり、ほとんどの杜氏は持っています。どこにも属さず、資格もとらない、自称俺様杜氏もいますが……。

米　やっぱり酒造りの世界でも、上に行くには、試験勉強が必要なんですね。

純　日本の酒造りの歴史は長いから、日本最初の杜氏は、第十代の崇神天皇に任命された高橋活日命《たかはしいくひのみこと》と言われています。今から2000年くらい前の神話時代の話。杜氏の神さまとして、大神《おおみわ》神社の境内に立つ摂社「活日神社」に祀られています。今に残る杜氏流派の原形は、江戸時代の中頃に生まれました。300年くらいの歴史ですね。

米　空白の1700年。その間の酒造りは杜氏なしで大丈夫だったのでしょうか？

純　室町時代に大きい木桶が作られるようになるまで、酒は造れる量がわずか。だから酒質は、個人力の勝負！　高い学力を持つお坊さんが、技術を磨いて造ったお酒が、高評価されたそうです。木桶が出回るようになると、大量にお酒が造れて、しかも運べるようになった！　その結果、酒造りは大人数で行うようになり、寒造りが始まって、冬場の出稼ぎの人たちの集団酒造りへと発展したわけです。

米　となると、まとめ役のリーダー・杜氏が必要になったと。

純　江戸時代後半に、最先端の酒造りをしていたのは兵庫県の灘。丹波杜氏は、最高の技術集団と呼ばれていました。ですが酒造りに最適な仕込み水、やや硬水の「宮水」頼りもあり、軟水仕込みでは真価が発揮できず。それに対して、岩手県の南部杜氏は、全国津々浦々まで酒を造りに行き、汎用的な酒造技術が向上したと言われています。**南部杜氏と越後杜氏、丹波杜氏が、今の三大杜氏勢力**です。

全国杜氏マップ

それぞれの土地の水、米を使って造り続けられてきた日本酒は、
その造り方も地域ごとに独自に発展し、杜氏集団を形成してきた。

日本の三大杜氏

- **南部杜氏**　岩手県石鳥谷町が発祥の地といわれ、現在日本最大の杜氏集団。
- **越後杜氏**　新潟県三島郡寺泊野積が有名。
- **丹波杜氏**　兵庫県篠山市出身者がそのほとんどを占める。

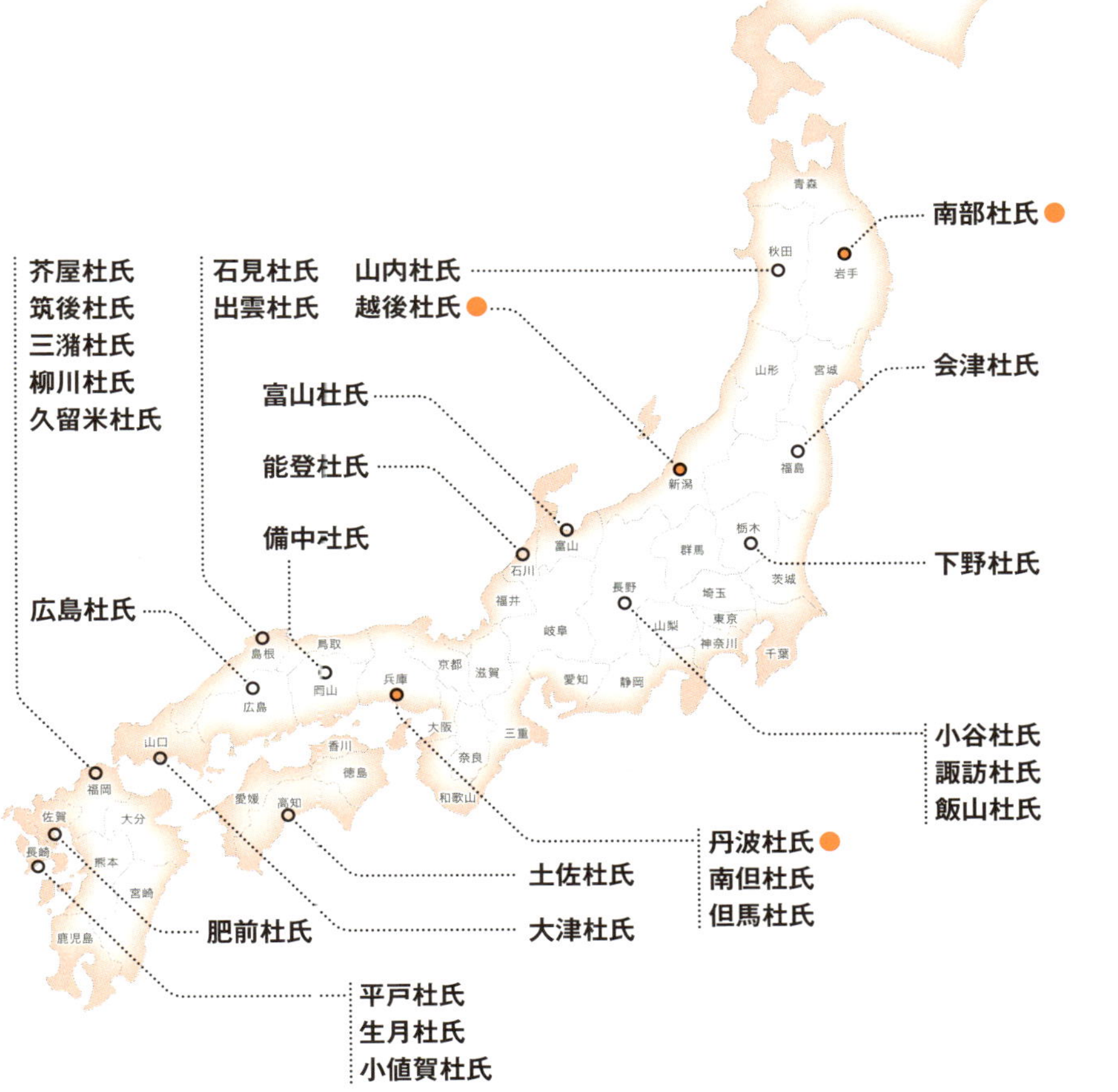

酒蔵の中はどうなってるの？

純　酒蔵の中はどうなっているのか、想像つきますか？

米　まったく分かりません！　鍋釜、タンクがあちこちに？

純　**工程ごとに作業しやすいよう部屋が分かれてます。**秋田県の齋彌《さいや》酒造店を例に説明します。土地の高低差を活かした、まっすぐ続く合理的なレイアウトで、別名「のぼり蔵」。

米　「のぼり蔵」って、陶芸の登り窯みたいな酒蔵ですね。

純　農大の醸造学の先生が名づけ親とか。蔵の中は、7つの部屋に分かれています。上から順に、**精米所**、**洗米場**、**蒸し場**、**麹室**、**酒母室**、**仕込み蔵**、そして**槽場**です。玄米を酒蔵の裏手、一番高いところにある精米所にトラックで運搬。精米機は、見上げるような大きな機械ですよ。

米　ここで玄米が白米になるんですね。

純　精米された酒米は、下にある洗米場に運ばれます。重い米も下に移動するので効率的です。米を洗う場所では大量に水を流すため、床はなめらかなコンクリートで、水がスムーズに流せます。洗米機という機械か、ざるを使った手洗いで米を洗う作業を行います。

米　寒い季節に大量の米を手洗いなんて、手が切れそう。

純　まさにです。そして、洗ったお米を蒸す、蒸し場です。甑か蒸米機など、米を蒸す機械が置いてあります。

米　巨大な炊飯器ではないんですよね。

純　続いて、麹室。酒蔵の心臓部ともいうべき室で、デリケートな神聖な場。衛生と保温のため、密閉空間で窓がなく、天井が低く、ドアが分厚い特別な設計です。入る前は手を石鹸とアルコールでよく洗い、頭には帽子または手ぬぐいをまいて身なりを整えます。

米　秘密の小部屋で麹菌が育つ、と。

純　酒母室は、人の胸丈ほどのタンクが置いてある部屋。酒母も汚染が怖いので、清潔第一。温度調節用の空調も完備。

米　清潔、清潔、また清潔、ですね！

純　仕込み蔵はタンクが置いてある部屋です。タンクは人の背丈より高くて大きく、たくさん並んでいます。この蔵は、タンクの口の高さに床を張って広々。床の所々に大きな穴が空いてるように見えますが、のぞくと下はもろみのタンクです。

米　なんか、巨大なモグラ叩きみたいです。

純　槽場には、ヤブタや槽、もろみを搾る道具が置いてあります。

米　搾り機を槽と呼ぶから槽場？　お酒の船出の場ですね。

純　**酒蔵の基本は、この7つの部屋。**精米を外部委託して、精米所がない蔵は6つ。この他に、分析室や瓶詰めライン、井戸、休憩室や台所、倉庫や事務所があります。

酒蔵の中は仕事がしやすい構造に

麹や酵母などデリケートなものを扱う酒蔵はどこも清潔で、無駄な動線をなくした効率のよい構造となっている。

横から見た齋彌酒造店の「登り蔵」

「雪の茅舎」の醸造元（齋彌酒造店／秋田県）は、坂の傾斜地を利用して、蔵内は一直線に、まっすぐつながっている。一番上の高いところへ重たい米を運び、精米。そして、醸造工程の順番通りに、米を蒸し、麹を造り、仕込み、搾り、貯蔵し、瓶詰めへとだんだん下っていくような、効率を考えた蔵の設計となっている。このような蔵は珍しく、ほとんどの蔵は平地に建てられている。

上から見た秋田醸造の「コンパクト」蔵

蔵内全体に空調設備を完備し、1年中、酒造りができるように作られた「ゆきの美人」の醸造元（秋田醸造／秋田県）の蔵。蔵内に「精米所」を持たず、精米は外部へ委託。洗米、蒸し米、麹造り、酒母造り、もろみ、瓶詰め、火入れと、製造工程は隣り合うスペースに配置されている。すべてをコンパクトに集中させ、空調をきかせて真夏でも酒造りを行い、蔵を通年で使用。夏でも新酒を出す四季醸造をしている。

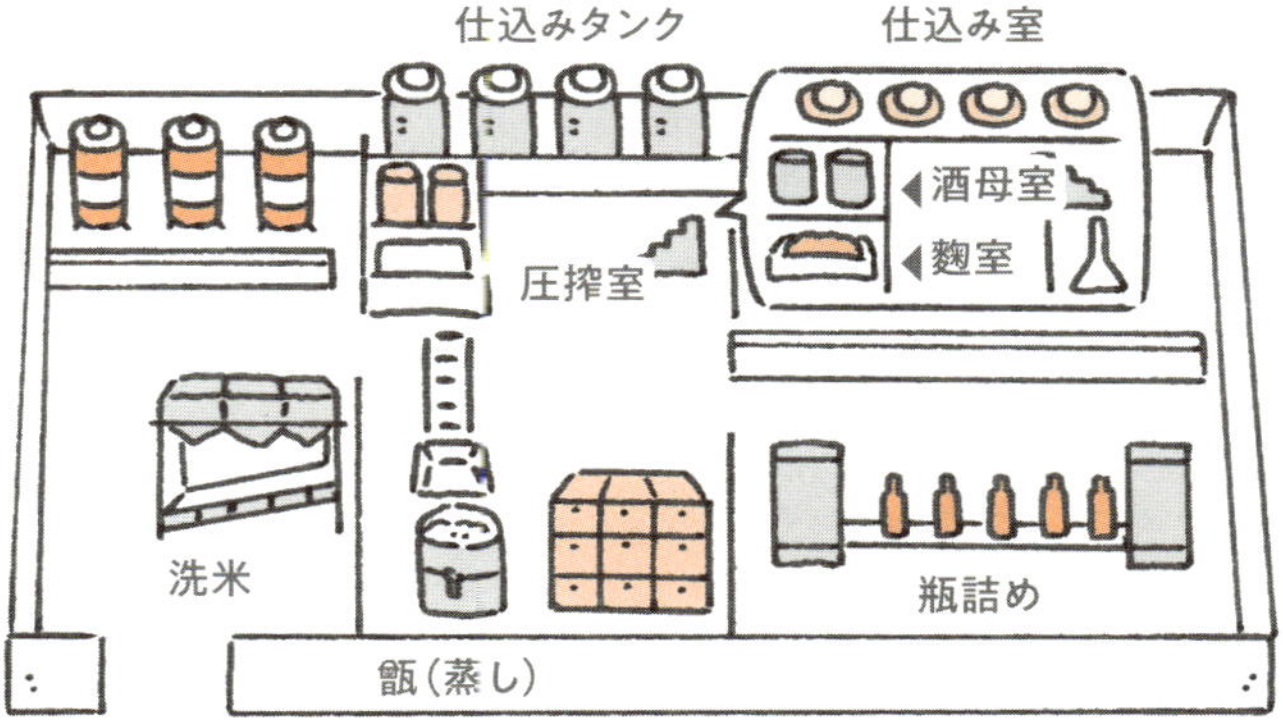

※イメージ図

現場は女人禁制って本当？

米　杜氏のもとの字は「刀自」で、お酒は女子が造っていた……という話でしたが、それって、おかしくないですか？　だって酒蔵は、昔から女人禁制だったのですよね？

純　女人禁制は、太古の昔からあったものではないんですよ。始まったのは江戸時代くらいからでしょうか。**日本酒の原点のひとつは「口嚙み酒」**と言われていますが、この口嚙み酒は、若い巫女さんが米を嚙んで、壺に吐き出し造りました。唾液の中の酵素アミラーゼで、糖化したのです。大昔のお酒造りは、神聖な女性の仕事だったわけです！　平安時代に宮中でお酒を造っていた「造酒司《みきのつかさ》」でも、女性が働いていたと歌に残っていますよ。宮廷御神楽の神楽歌のひとつ「酒殿歌《さかどのうた》」に、こんな歌が残っています。

「酒殿は　広し真広し　甕越しに　我か手な取りそ　然告げなくに」(訳：酒蔵は、とっても広いのに、酒甕越しに、いきなり手を握らないで～)

ということ！　男女が仲よ～く一緒にお酒を造っていたのが、分かるというものです。

米　えっ！　酒造りしながら婚活 in 酒蔵ということですか。平安男女は、進んでますねえ！

純　ただね、奈良の菩提《ぼだい》山正暦《しょうりゃく》寺など、学僧が研究する酒造りの場では、女人禁制だったようです。修行の邪魔ですからね。でも、お寺は修行の場だから仕方ないとしても、町場の酒蔵の酒造りが、女人禁制になる理由はなかったはず。寒造りになり、杜氏と蔵人たちがチームで酒造りをするようになってから、いつの間にか女人禁制になったのです。

米　出稼ぎの若い男性ばかり、半年以上も続く酒造りの世界に、女性が入ると煩悩のせいで、間違いが起こることを心配して……ということでしょうか？

純　女性は、生理があるから穢れるとか、体温が高いから酒のクオリティが下がるとか、今となっては根拠のない迷信も大いにあったみたいです。

米　近頃の女子だと、「男の年寄りが造ると、加齢臭が移ってイヤッ！」とか言いそうですが、そんなレベルの話に聞こえそうですね。

純　室町時代に、甕から木桶へ酒造りの容器が移ることで、それまで少量ずつしか造れなかったお酒が、製造量が増え、酒造りが力仕事になりました。そういうところも、男性主体になった理由かもしれません。でも、それが短絡的に女人禁制につながるのは、腑に落ちないですよね。

米　まったくです！　もともとは神聖な女性の仕事が。

口噛み酒

元来、酒は神さまに捧げるもので、そのお裾分けを人が飲んでいたことから、「口噛み」の作業をするのは巫女に限られていた。つまり、酒造りの原点は女性にあるということ。

ご飯

酒造りは米のデンプンを糖化することから始まる。米麹に含まれる糖化酵素「アミラーゼ」は、唾液にも含まれている。

噛む

ご飯をよく噛むと甘くなるのは、このアミラーゼの働きによるもの。蒸したご飯を、口に含み、よく噛んで唾液と混ぜる。

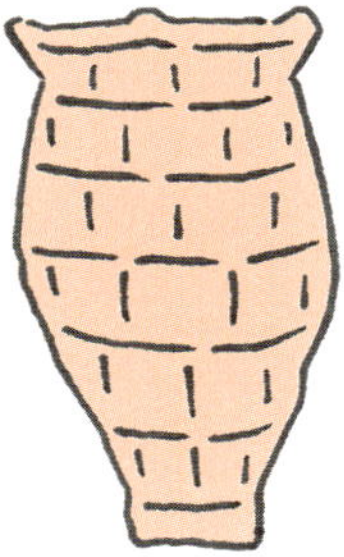

糖化

口に含んだご飯を、煮炊きした米と一緒に壺に入れる。唾液の中にあるアミラーゼの働きによって、壺の中で米のデンプンが糖化される。これは基本的に米麹の酵素と同じ働き。

発酵

糖化された米を置いておくと、甘いものが好きな自然界に棲む酵母が近寄ってくる。糖化したご飯のブドウ糖は、酵母の力によりアルコール発酵して、酒ができ上がる。

女人禁制の新説!?

純　静岡県の青島酒造の青島孝さんから聞いた話ですが、お母さんが酒造りをずっと手伝っており、30キロある米俵を肩に担いで、杜氏たちと一緒に蔵で働く姿を見て育ったそうです。だから女性が手伝っている蔵は結構あったと思います。家族で造っている蔵は、女人禁制などと言っているわけないです。

米　レスリング女子みたいに、そこらの男子より、力の強い女子もいますからね。力のあるなしだったら、草食系男子禁制とかにすべきです!

純　最近、秋田県の新政酒造の古関弘さんから、新説を聞きました。それがなるほど!　と、合理的な説で膝を叩いたんですよ。

米　えっ新説?　合理的?

純　女性は、家で糠漬けなど、漬け物を漬ける担当でした。だから、手に菌が棲みついている、と。その菌が、酒造りの場で悪さをするので、女人禁制になったんじゃないかという説です。確かに調べてみると、糠漬けが生まれたのは江戸時代の初期。庶民が、精米して白米を食べるようになってからですからね。

米　え?　糠漬けって古そうですけど、それまでなかったんですか?

純　糠漬けは、精米して糠が出るようになってから生まれた漬け物ですからね。酒造りが女人禁制になった時期と一致するんです。糠漬けの菌は、目に見えないでしょ。微生物を知らない時代の人たちは、女性が酒造りに関わると、なぜか酒が傷んで臭くなるとか、経験論から女人禁制にしたのかもしれません。女性蔑視でなくてね。

米　女人禁制ならぬ、糠漬けの菌禁制ってことですね。

純　酒造りをする人は、納豆やミカンも食べないの。**見えない菌による酒への汚染がコワイ**んです!　酒蔵見学でも、納豆やミカンを朝食べてから行くのはご法度です。

米　なるほど、酒蔵見学の前は、食べちゃいけないんですね。

純　はい、お願いしますね。というわけで、今は時代が変わりました。最近は、全国のあちこちの蔵で、女性の活躍を見るようになりましたよ。東京農大醸造科学科で学んで蔵入りした女性、他業種から飛び込んできたケース、お嫁さんに来て目覚めたなど。**女性杜氏と女性蔵人が増え**、今、日本酒の女子力が高いです!

米　でも、寒いし、体力がいって大変ですよねえ。

純　いい意味で機械化も進み、昔のような力仕事が軽減しています。そうなると目配りの細やかさとか、作業の丁寧さとか、根気強さなど、女性の腕の見せ所が増えてきました。平安時代の酒造りに復古したようですね。女人禁制どころか、女性抜きじゃ、お酒造りができない時代なんですよ!

全国で活躍する女性杜氏

杜氏全体の数では年々減少する傾向にあるが、女性杜氏は少しずつ増えている。
これまでにない個性的な酒も生まれ、その活躍はますます期待されている。

千野麻里子 杜氏
「幻舞」
酒千蔵野／長野県

向井久仁子 杜氏
「京の春」
向井酒造／京都府

辻麻衣子 杜氏
「御前酒」
辻本店／岡山県

今田美穂 杜氏
「富久長」
今田酒造本店／広島県

寺田栄里子 副杜氏
「十旭日」
旭日酒造／島根県

今村友香 八代目杜氏（現・製造統括）
「若波」
若波酒造／福岡県

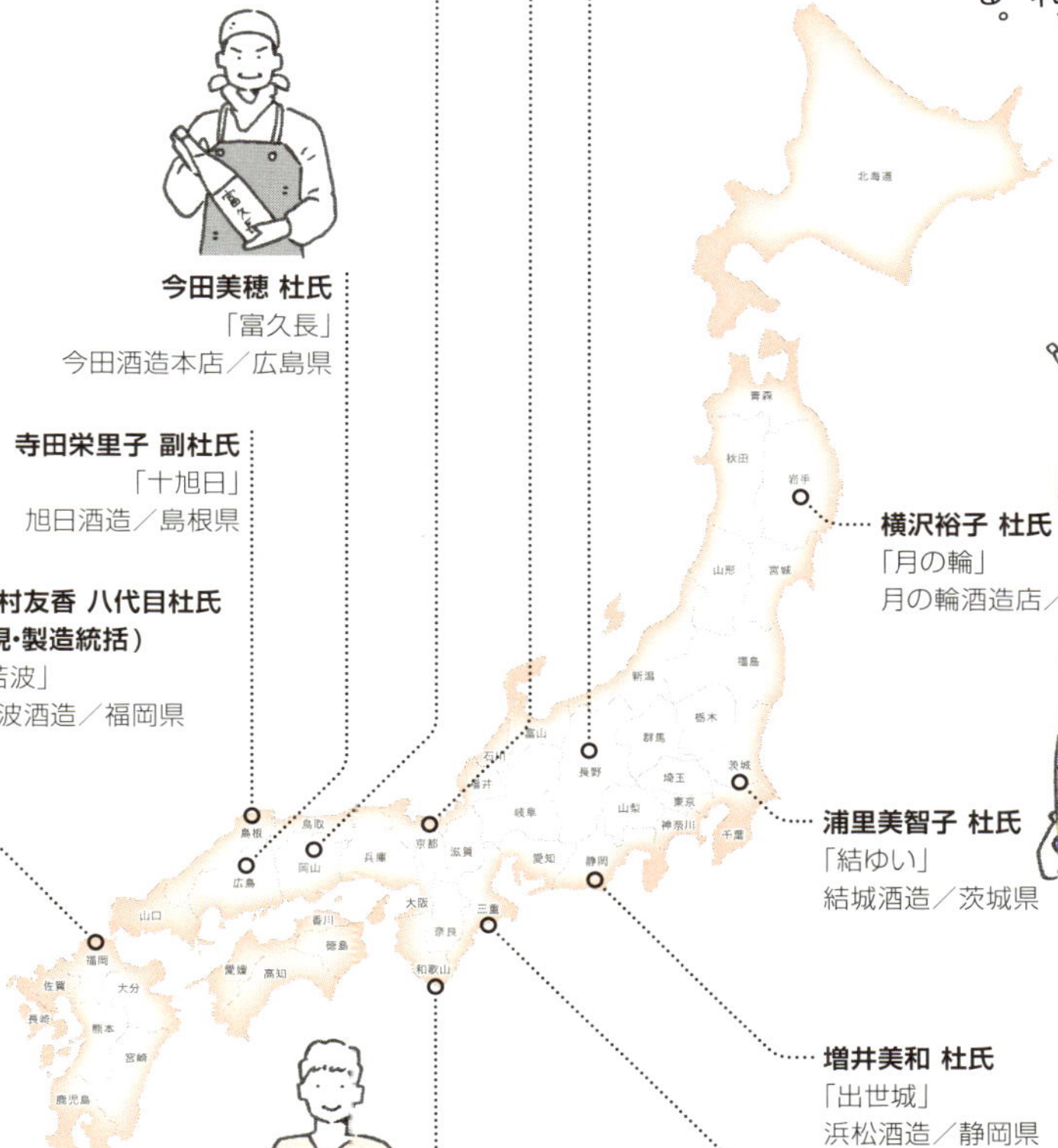

横沢裕子 杜氏
「月の輪」
月の輪酒造店／岩手県

浦里美智子 杜氏
「結ゆい」
結城酒造／茨城県

増井美和 杜氏
「出世城」
浜松酒造／静岡県

藤田晶子 杜氏
「車坂」
吉村秀雄商店／和歌山県

森喜るみ子 前杜氏
「るみ子の酒」
森喜酒造場／三重県

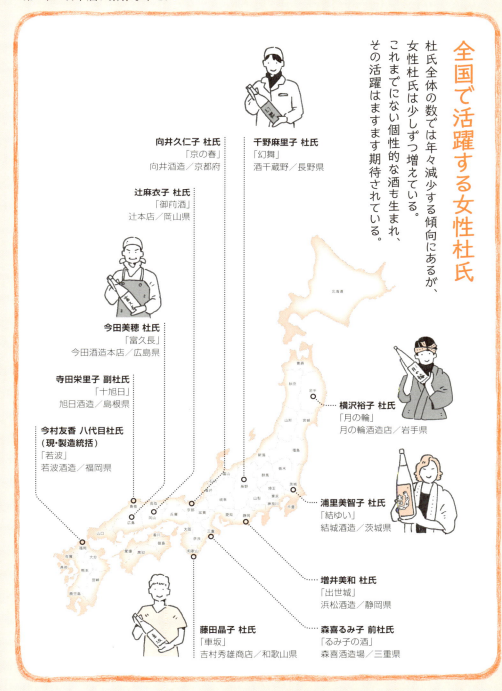

酒蔵で見かける「杉玉」の意味

酒蔵の軒先に吊るされた「杉玉」。巨大な、まりもではありません。新しい杉玉に変わると「新酒ができましたよ〜」の合図。新しい杉玉は青々としていますが、冬から春、夏を経て秋へと季節が進むうち、だんだん茶色に変化。フレッシュな新酒から、夏を越し、秋上がりした熟成酒まで、お酒の味の変化を表しているとも言われます。

杉玉発祥の地は「三輪山」大神神社

大神神社は、酒造りの神さまを祀る日本最古と言われる神社です。酒蔵の杉玉の下の札に「三輪明神・志るしの杉玉」とあれば、奈良県の大神神社の授与品。全国の蔵へ、届けられています。

古い時代、サケは人が飲むものを表し、神霊に捧げるものは区別して「キ」または「ミワ」と呼んでいました。キは御神酒(おみき)のキに、名残が。ミワが、神に捧げる酒を表すことから、三輪の枕詞は「うまさけ」。大神神社は、三輪山そのものが御神体で拝殿はあっても本殿はありません。三輪山は酒の神さまそのものなのです。山に生えている杉もまた御神体の一部。三輪山の杉で作った杉玉は、神さまの一部。神さま自体を、酒蔵に連れて来てお祀りするのが杉玉というわけです。故におめでたい「しるし」なのですね。

大神神社に祀られる大物主大神(おおものぬしのおおかみ)は、酒造りの神で、神木である杉に霊威(れいい)が宿るといわれ、境内には杜氏の祖、高橋活日命を祀る摂社もあります。大神神社の拝殿と祈禱殿の大杉玉は200キロ以上、1年に一度、11月14日の酒まつりの前日に取り替えられます。杉玉のもととなる杉には三輪山の杉が使われます。三輪山は古来より、大物主大神が鎮まる神の山として信仰を集め、『古事記』や『日本書紀』には、御諸山(みもろやま)、美和山、三諸岳(みもろだけ)と記されています。山は松・杉・檜などの大樹に覆われ、一木一草に至るまで神宿るものとして尊ばれています。

特に杉は『万葉集』をはじめ、多くの歌集に詠われ三輪の神杉として神聖視され、後世から今も、三輪山の杉葉で造られた杉玉が酒造りのシンボルとして酒蔵の軒先に飾られるのです。

「酒は憂いの玉箒」という、宋時代の詩と関係があるのか、古い時代、杉玉は「酒箒(さかぼうき)」とも呼ばれ、その後、酒旗や酒林と呼ばれるようになりました。杉の葉を束ね、真ん中を縛った鼓のような形が、江戸時代後期には丸くなり「杉玉」と呼ばれるように。お酒が熟成して味が丸くなるように、杉玉も時代を経て丸くなっていったようです。

第5章

旅飲みのすすめ

酒蔵見学へGO！

酒造りの現場に行ってみよう

酒蔵ってどんなとこ？　どんな風にお米が酒に変わっていくの？　杜氏ってどんな人？　百聞は一見にしかず。酒造りの現場で見聞きすれば、日本酒の奥深さを肌で感じることができます。北から南まで酒蔵は1500ほどありますが、造り方はどこも、その蔵独自のスタイル。故に「酒屋萬流《さかやばんりゅう》」という言葉があるほどです。建物は、歴史ある土蔵造りから、ステンレスの壁に囲まれた空調設備完備の近代的な蔵まで千差万別なのです。どの蔵も、一歩入れば空気が変わることが実感できます。蔵内の寒さに驚き、麹室の温かさに驚くかもしれません。タイミングが合えば、もろみタンクから酵母が発酵するプチプチ音が聞けることも。

設備や道具も蔵ごとに異なります。米の蒸し器は木製あり、金属製あり。もろみを搾る機械はアコーディオンのような横型から縦型の槽まで。比べる蔵が増えるほど、違いがよく分かり、さらに面白くなるでしょう。杜氏や蔵人から直接話が聞けることが何よりの魅力ですが、酒造りの時、何に気をつけているのか、環境や風土の影響や水源・水質、原料米のことなど、ぜひ尋ねてみてください。日常とかけ離れた空間の中で、日本酒の並行複発酵の謎などが、より一層身近に感じることができるでしょう。

また、ほとんどの蔵でお酒の仕込み水を飲むことができます。運がよければ搾りたてのお酒が楽しめたり、地域の限定酒に出会えることも。おすすめは食事処やカフェが併設されている蔵。お酒がゆっくりと楽しめ、おすすめ料理とのマッチングを味わうこともできます。蔵によっては、酒や酒粕の他、奈良漬け、前掛け、酒器などを販売しているところもあります。

さて、酒蔵見学の前に注意することがいくつか。まず、納豆は絶対に食べないこと！　納豆菌は生命力が強く、酒の味に悪影響を及ぼすからです。納豆は混ぜただけで納豆菌があちこちに飛散することが分かっています。蔵によっては、ヨーグルトや柑橘類もダメなところも。見学する蔵のルールに従いましょう。

酒造りはわざわざ寒い時期に行うものです。蔵の温度はかなり低く、急な階段や水場があります。動きやすく、暖かい格好で出かけましょう。上履きに履き替えることも多いので、脱ぎ履きしやすい靴も肝心。清潔な服装であることはもちろんのこと、化粧や香水は控えます。

そして必ず、訪問前に予約すること。普段、蔵見学に対応している蔵でも、急な事情で対応できないこともあるからです。訪問前に問い合わせ、遅刻は厳禁です。

また、見学不可の蔵でも、「酒蔵開放」といって年に一度、受け入れる日がある場合があります。気になる酒蔵があれば、問い合わせてみましょう。

酒蔵で味わいたいご当地自慢の酒！

観光スポットとして
外国人観光客や若い女性など
多くの人で賑わう蔵から
食事やおみやげが充実した蔵まで
ご当地酒を楽しめる蔵はいろいろ。

山梨銘醸／山梨県

「七賢」の醸造元である山梨銘醸では、醸造期の11～5月のみ、酒造りの工程にそって蔵を案内してくれる。直営レストラン「臺眠（だいみん）」では、地元･白州が育んだ米、野菜、果物を活かした献立が楽しめ、鮭の麹漬け、わさびの醤油漬け、甘酒、煎り酒、米麹など、お酒以外の食品も充実。毎年3月に9日間におよび開催される酒蔵開放が大人気！スパークリング日本酒が注目のまと。

神戸酒心館／兵庫県

日本酒生産量が全国一の兵庫県。中でも圧倒的な生産量を誇るのが、灘五郷と呼ばれる神戸･西宮の沿岸部。その灘五郷のひとつ、御影郷で「福寿」を醸す神戸酒心館は、蔵見学とテイスティングが充実。敷地内には山田錦の田んぼがあり、酒とそばが楽しめる食事処に酒カフェ、落語やジャズ会を行うホールも。灘の自然と酒の歴史、食と文化背景が、手造りの灘酒とともに楽しめる。

見学ができる酒蔵リスト　東日本編

都道府県	銘柄	酒蔵	住所	電話番号
青森	陸奥八仙	八戸酒造	青森県八戸市大字湊町字本町 9	0178-33-1171
	八鶴	八戸酒類	青森県八戸市八日町1	0178-43-0010
岩手	南部美人	南部美人	岩手県二戸市福岡上町 13	0195-23-3133
	あさ開	あさ開	岩手県盛岡市大慈寺町 10-34	019-624-7200
	月の輪	月の輪酒造店	岩手県紫波郡紫波町高水寺字向畑 101	019-672-1133
秋田	天の戸	浅舞酒造	秋田県横手市平鹿町浅舞字浅舞 388	0182-24-1030
	雪の茅舎	齋彌酒造店	秋田県由利本荘市石脇字石脇 53	0184-22-0536
	太平山	小玉醸造	秋田県潟上市飯田川飯塚字飯塚 34-1	018-877-5772
	一白水成	福禄寿酒造	秋田県南秋田郡五城目町字下タ町 48	018-852-4130
	刈穂	刈穂酒造	秋田県大仙市神宮寺字神宮寺 275	0187-72-2311
	福小町・ 角右衛門	木村酒造	秋田県湯沢市田町 2-1-11	0183-73-3155
宮城	浦霞	佐浦	宮城県塩竈市本町 2-19	022-362-4165
	一ノ蔵	一ノ蔵	宮城県大崎市松山千石字大欅 14	0229-55-3322
山形	東光	小嶋総本店	山形県米沢市本町 2-2-3	0238-23-4848
	磐城壽	鈴木酒造店 長井蔵	山形県長井市四ツ谷 1-2-21	0238-88-2224
	米鶴	米鶴酒造	山形県東置賜郡高畠町二井宿 1076	0238-52-1130
福島	大七	大七酒造	福島県二本松市竹田 1-66	0243-23-0007
	蔵太鼓	喜多の華酒造	福島県喜多方市字前田 4924	0241-22-0268
	奥の松	奥の松酒造	福島県二本松市長命 69	0243-22-2153
茨城	郷乃譽	須藤本家	茨城県笠間市小原 2125	0296-77-0152
	渡舟	府中誉	茨城県石岡市国府 5-9-32	0299-23-0233
	副将軍	明利酒類 （別春館）	茨城県水戸市元吉田町 338	029-246-4811
栃木	四季桜	宇都宮酒造	栃木県宇都宮市柳田町 248	028-661-0880
	望・燦爛	外池酒造店	栃木県芳賀郡益子町大字塙 333-1	0285-72-0001
	天鷹	天鷹酒造	栃木県大田原市蛭畑 2166	0287-98-2107
	開華	第一酒造	栃木県佐野市田島町 488	0283-22-0001
群馬	水芭蕉	永井酒造	群馬県利根郡川場村門前713	0278-52-2313
埼玉	琵琶のさゝ浪	麻原酒造	埼玉県入間郡毛呂山町毛呂本郷 94	049-298-6010
	清龍	清龍酒造	埼玉県蓮田市閏戸 659-3	048-768-2025
千葉	不動	鍋店	千葉県香取郡神崎町神崎本宿 1916 （神崎酒造蔵）	0478-72-2001
	甲子正宗	飯沼本家	千葉県印旛郡酒々井町馬橋 106	043-496-1001
東京	澤乃井	小澤酒造	東京都青梅市沢井 2-770	0428-78-8210
神奈川	いづみ橋	泉橋酒造	神奈川県海老名市下今泉 5-5-1	046-231-1338
新潟	真野鶴	尾畑酒造	新潟県佐渡市真野新町 449	0259-55-3171
	上善如水	白瀧酒造	新潟県南魚沼郡湯沢町大字湯沢 2640	0120-85-8520
	八海山	八海醸造	新潟県南魚沼市長森 459（第二浩和蔵）	0800-800-3865
山梨	七賢	山梨銘醸	山梨県北杜市白州町台ヶ原 2283	0551-35-2236

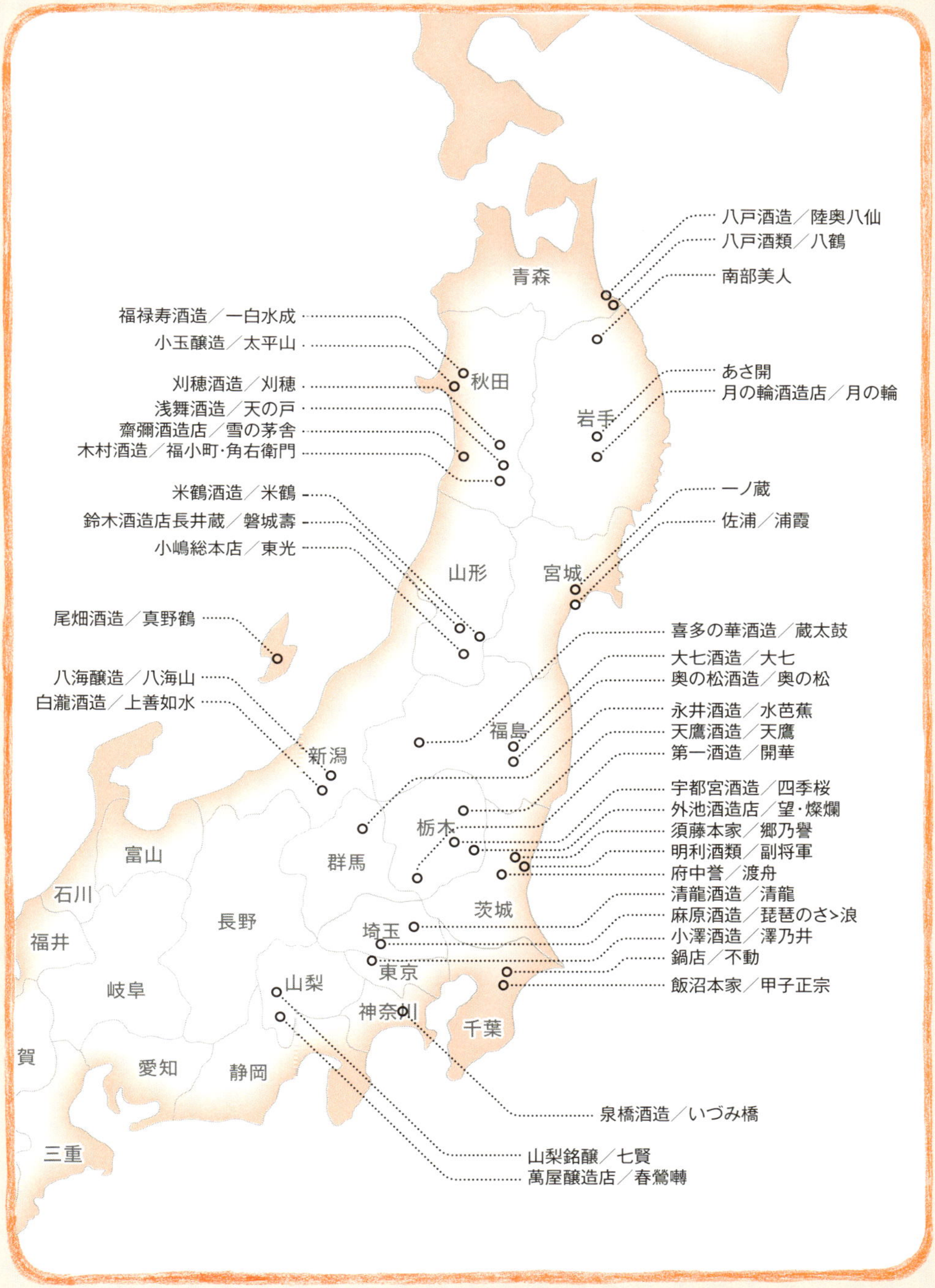
青森
秋田
岩手
山形
宮城
福島
新潟
栃木
群馬
富山
石川
福井
長野
茨城
埼玉
東京
山梨
神奈川
千葉
岐阜
賀
愛知
静岡
三重
八戸酒造／陸奥八仙
八戸酒類／八鶴
南部美人
福禄寿酒造／一白水成
小玉醸造／太平山
刈穂酒造／刈穂
浅舞酒造／天の戸
齋彌酒造店／雪の茅舎
木村酒造／福小町·角右衛門
あさ開
月の輪酒造店／月の輪
米鶴酒造／米鶴
鈴木酒造店長井蔵／磐城壽
小嶋総本店／東光
一ノ蔵
佐浦／浦霞
尾畑酒造／真野鶴
喜多の華酒造／蔵太鼓
大七酒造／大七
奥の松酒造／奥の松
八海醸造／八海山
白瀧酒造／上善如水
永井酒造／水芭蕉
天鷹酒造／天鷹
第一酒造／開華
宇都宮酒造／四季桜
外池酒造店／望·燦爛
須藤本家／郷乃譽
明利酒類／副将軍
府中誉／渡舟
清龍酒造／清龍
麻原酒造／琵琶のさゝ浪
小澤酒造／澤乃井
鍋店／不動
飯沼本家／甲子正宗
泉橋酒造／いづみ橋
山梨銘醸／七賢
萬屋醸造店／春鶯囀

見学ができる酒蔵リスト　西日本編

都道府県	銘柄	酒蔵	住所	電話番号
石川	加賀鳶	福光屋	石川県金沢市石引 2-8-3	076-223-1161
	宗玄	宗玄酒造	石川県珠洲市宝立町宗玄 24-22	0768-84-1314
静岡	富士錦	富士錦酒造	静岡県富士宮市上柚野 532	0544-66-0005
愛知	蓬莱泉	関谷醸造	愛知県豊田市黒田町南水別 713（稲武工場（吟醸工房））	0565-83-3601
三重	鈿女	伊藤酒造	三重県四日市市桜町 110	059-326-2020
岐阜	蓬莱	渡辺酒造店	岐阜県飛騨市古川町壱之町 7-7	0120-359-352
滋賀	北島	北島酒造	滋賀県湖南市針 756	0748-72-0012
京都	蒼空	藤岡酒造	京都府京都市伏見区今町 672-1	075-611-4666
	月桂冠	月桂冠	京都府京都市伏見区南浜町 247	075-623-2056
奈良	吉野杉の樽酒	長龍酒造	奈良県北葛城郡広陵町南4	0745-56-2026
兵庫	龍力	本田商店	兵庫県姫路市網干区高田 361-1	079-273-0151
	竹泉	田治米	兵庫県朝来市山東町矢名瀬町 545	079-676-2033
	福寿	神戸酒心館	兵庫県神戸市東灘区御影塚町 1-8-17	078-841-1121
鳥取	千代むすび	千代むすび酒造	鳥取県境港市大正町 131	0859-42-3191
広島	龍勢	藤井酒造	広島県竹原市本町 3-4-14	0846-22-2029
山口	獺祭	旭酒造	山口県岩国市周東町獺越 2167-4	0827-86-0800
	五橋	酒井酒造	山口県岩国市中津町 1-1-31	0827-21-2177
徳島	鳴門鯛	本家松浦酒造場	徳島県鳴門市大麻町池谷字柳の本 19	0120-866-140
高知	司牡丹	司牡丹酒造	高知県高岡郡佐川町甲 1299	0889-22-1211
福岡	若波	若波酒造	福岡県大川市鐘ヶ江 752	0944-88-1225
佐賀	天吹	天吹酒造	佐賀県三養基郡みやき町東尾 2894	0942-89-2001
	天山	天山酒造	佐賀県小城市小城町岩蔵 1520	0952-73-3141
	窓乃梅	窓乃梅酒造	佐賀県佐賀市久保田町大字新田 1833-1640	0952-68-2001
	松浦一	松浦一酒造	佐賀県伊万里市山代町楠久 312	0955-28-0123
	宗政	宗政酒造	佐賀県西松浦郡有田町戸矢乙 340-28	0955-41-0030
熊本	亀萬	亀萬酒造	熊本県葦北郡津奈木町津奈木 1192	0966-78-2001
	瑞鷹	瑞鷹	熊本県熊本市南区川尻 4-6-67	096-357-9671
大分	智恵美人	中野酒造	大分県杵築市南杵築 2487-1	0978-62-2109

- 見学前は必ず事前に電話で確認・予約をしてください。
- 一年を通して見学を受け付けている酒蔵もあれば、年に1回や不定期という酒蔵もあります。また、通年で見学を受け付けている酒蔵でも、酒造繁忙期は受け付けていない場合もあります。
- HPに見学予約フォームや見学可能日のカレンダーを用意している酒蔵もあります。蔵元名で検索し、確認をしてください。
- 見学内容や料金、所要時間、定員、駐車場の有無なども酒蔵によって様々なので、日程と合わせて確認をしてください。
- 試飲や、酒蔵併設のレストラン等での飲酒を予定している場合は、必ずタクシーや公共の交通機関を利用してください。
- その他、各蔵の見学のルールを必ず守ってください。

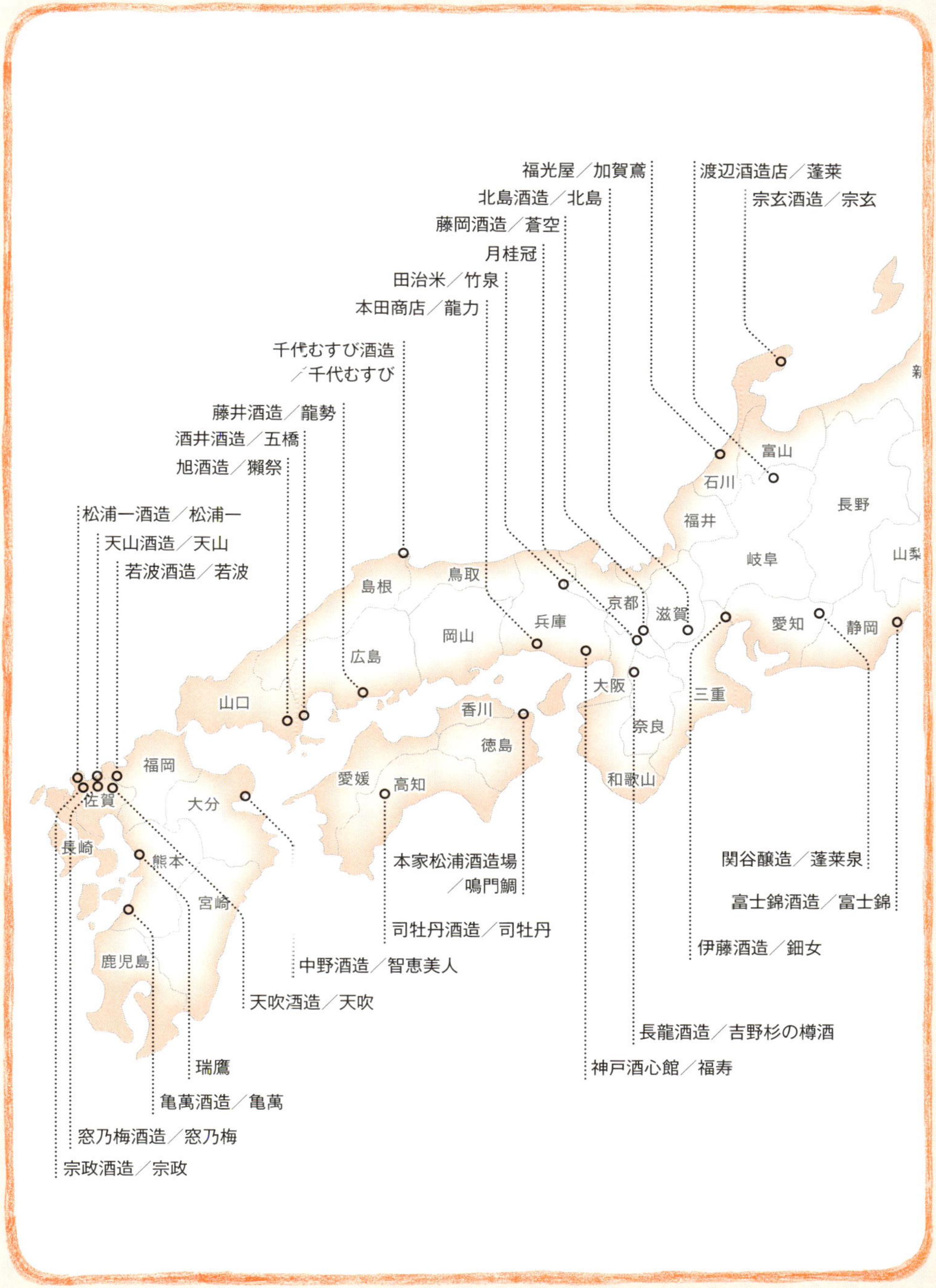
福光屋／加賀鳶
渡辺酒造店／蓬莱
北島酒造／北島
宗玄酒造／宗玄
藤岡酒造／蒼空
月桂冠
田治米／竹泉
本田商店／龍力
千代むすび酒造
／千代むすび
藤井酒造／龍勢
酒井酒造／五橋
旭酒造／獺祭
松浦一酒造／松浦一
天山酒造／天山
若波酒造／若波
富山
石川
長野
福井
岐阜
山梨
島根
鳥取
京都
滋賀
愛知
静岡
兵庫
岡山
広島
大阪
三重
山口
香川
奈良
徳島
福岡
愛媛
高知
和歌山
佐賀
大分
長崎
熊本
宮崎
鹿児島
本家松浦酒造場
／鳴門鯛
関谷醸造／蓬莱泉
富士錦酒造／富士錦
司牡丹酒造／司牡丹
伊藤酒造／鈿女
中野酒造／智恵美人
天吹酒造／天吹
長龍酒造／吉野杉の樽酒
瑞鷹
神戸酒心館／福寿
亀萬酒造／亀萬
窓乃梅酒造／窓乃梅
宗政酒造／宗政

飲めば納得！ 純さんが選んだ全国63銘柄

1000銘柄以上もある日本酒は、おいしいものから、そうでないものまで玉石混淆。おいしい酒にも栄枯盛衰があり、昔よくても、今は？の酒（涙）、またその逆も（笑）。初心者向けに、旬な銘柄をリストアップ。もちろん、これ以外に美酒もまだまだいっぱい。まずは飲んでトライ！

雨後の月（うごのつき）
相原酒造（広島）

広島吟醸の代表酒。軟水の味をスッキリ、しっかり活かした酒。

飲用温度: 冷

秋鹿（あきしか）
秋鹿酒造（大阪）

米作りから酒造りまで、一貫造りのドメーヌ酒蔵。ボディ感あり。

飲用温度: 燗

開運（かいうん）
土井酒造場（静岡）

運を開く美酒。醸造技術開発や環境にも配慮。静岡代表蔵。

飲用温度: 冷

旭菊（あさひきく）
旭菊酒造（福岡）

誠実で真面目一徹な酒造り。地元産無農薬米酒の熱燗が丸くうまし。

飲用温度: 燗

開春（かいしゅん）
若林酒造（島根）

木桶仕込や生酛造りに注力し、酸味太く、奥行き感ある飲み応え。

飲用温度: 燗

東一（あづまいち）
五町田酒造（佐賀）

全国から蔵人が訪ねる高い技術の名酒蔵。山田錦も栽培する。

飲用温度: 冷

醸し人九平次（かもしびとくへいじ）
萬乗醸造（愛知）

熟した果実味、気品、密度を感じる酒。自家栽培の山田錦の酒も。

飲用温度: 冷

天の戸（あまのと）
浅舞酒造（秋田）

酒蔵から半径5km以内の米と水だけで純米酒のみを醸す。

飲用温度: 冷

義侠（ぎきょう）
山忠本家酒造（愛知）

熟成したうまみが、幾重にも織りなす奥深い味の酒。全量純米蔵。

飲用温度: 燗

磯自慢（いそじまん）
磯自慢酒造（静岡）

この酒を飲み酒造りを目指す人多し。淡麗で上品、深い余韻。

飲用温度: 冷

喜久酔（きくよい）
青島酒造（静岡）

醸造栽培家の蔵元杜氏が極めて醸すやわらかで高貴な味。

飲用温度: 冷

一白水成（いっぱくすいせい）
福禄寿酒造（秋田）

500年続く五城目朝市にある蔵。秋田のキレイ系美酒。

飲用温度: 冷

飲用温度: 冷 燗

日本酒は世界でも珍しい様々な温度で楽しめる酒。氷を浮かべてロック、冷酒、常温、ぬる燗、熱燗。好きな温度で飲むのが一番！ でも酒によって向き、不向きも。冷と燗の目安を紹介。

仙禽(せんきん)
せんきん(栃木)

ドメーヌ蔵。酵母無添加、木樽の生酛などの古代製法酒も。

飲用温度: 冷

七本鎗(しちほんやり)
冨田酒造(滋賀)

近江産米中心で、磨かず上質な風味を活かす。燗酒が美味。

飲用温度: 燗

生酛のどぶ(きもとのどぶ)
久保本家酒造(奈良)

生酛造りの名杜氏が醸す燗がうまいにごり酒。「睡龍」も美酒。

飲用温度: 燗

惣譽(そうほまれ)
惣譽酒造(栃木)

山田錦で生酛造りした酒はエレガントで美しい余韻が特徴。

飲用温度: 冷

寫樂(しゃらく)
宮泉銘醸(福島)

蔵元いわく「百人中百人においしい酒を」会津の熱い魂酒。

飲用温度: 冷

乾坤一(けんこんいち)
大沼酒造店(宮城)

高い酒造技術でササニシキなど食用米の酒をかろやかに醸す。

飲用温度: 冷

大七(だいしち)
大七酒造(福島)

リーデル大吟醸グラスのモデル吟醸酒。生酛の歴史を誇る老舗蔵。

飲用温度: 燗

昇龍蓬莱(しょうりゅうほうらい)
大矢孝酒造(神奈川)

爽やか軽快。地元銘柄「残草蓬莱」も良酒。燗向き酒もあり。

飲用温度: 冷

黒龍(こくりゅう)
黒龍酒造(福井)

洗練され上品。素材を活かす和食と好相性。高級料亭の定番酒。

飲用温度: 冷

大那(だいな)
菊の里酒造(栃木)

大いなる那須が酒銘。地元米に力を入れ、切れのよい酒質。

飲用温度: 冷

神亀(しんかめ)
神亀酒造(埼玉)

元祖純米燗酒の家元で熟成のうまさを広めた蔵。大古酒も美味。

飲用温度: 燗

郷乃譽(さとのほまれ)
須藤本家(茨城)

DNA鑑定した古代米でも醸造する、高級純米大吟醸だけの歴史蔵。

飲用温度: 冷

貴(たか)
永山本家酒造場(山口)

澄み渡る美酒。秋芳洞水源の中硬水仕込みで爽やかミネラリー。

飲用温度: 冷

杉錦(すぎにしき)
杉井酒造(静岡)

どっしりした山廃から綺麗な吟醸酒まで、うまい酒が何でも揃う。

飲用温度: 燗

澤姫(さわひめ)
井上清吉商店(栃木)

真・地酒宣言、オール栃木を昔から提唱。IWC2010チャンピオン。

飲用温度: 冷

竹鶴(たけつる)
竹鶴酒造(広島)

瀬戸内気候もテロワール。冷却設備を使わず醸す力強くうまい酒。

飲用温度: 燗

墨廼江(すみのえ)
墨廼江酒造(宮城)

宮城型酒質の典型。クリアでピュア、スッキリした美酒。

飲用温度: 冷

而今(じこん)
木屋正酒造(三重)

スッキリした香り高い酒質。鮮やかな味。緻密な酒質設計の吟醸。

飲用温度: 冷

日高見（ひたかみ）
平孝酒造（宮城）

石巻港の酒蔵が設計する新鮮な魚介、寿司と抜群の相性酒。

飲用温度: 冷

南部美人（なんぶびじん）
南部美人（岩手）

地元の酒米に力を入れ、IWC等品評会、海外でも高評価。

飲用温度: 冷

玉川（たまがわ）
木下酒造（京都）

英国人杜氏の醸す、濃厚で酸味強い酒。夏のロック酒が大人気。

飲用温度: 燗

三井の寿（みいのことぶき）
みいの寿（福岡）

燗酒向きの美田、リンゴ酸風味やシュールリー製法の冷酒も。

飲用温度: 冷

萩の鶴（はぎのつる）
萩野酒造（宮城）

宮城系冷酒がうまい萩の鶴と、純米燗酒よしの日輪田、2本立て。

飲用温度: 冷

丹沢山（たんざわさん）
川西屋酒造店（神奈川）

地元栽培米の若水に力を入れる、神奈川純米系の老舗蔵。

飲用温度: 燗

飛露喜（ひろき）
廣木酒造本店（福島）

フレッシュでクリア感満載、生酒メイン、品切れ続出の人気蔵。

飲用温度: 冷

白隠正宗（はくいんまさむね）
髙嶋酒造（静岡）

料理好き蔵元杜氏が晩酌用に造る食に合う燗酒。蒸し燗提唱。

飲用温度: 燗

竹泉（ちくせん）
田治米（兵庫）

地元の環境保全米も使用、発酵力の強い濃い米の味を楽しむ酒。

飲用温度: 燗

富久長（ふくちょう）
今田酒造本店（広島）

復活栽培した八反草の酒が海外でも高評価。新酒母や果実酒も

飲用温度: 冷

羽根屋（はねや）
富美菊酒造（富山）

どの酒も大吟醸同様、丁寧に醸す四季醸造蔵。煌びやかな酒質。

飲用温度: 冷

出羽桜（でわざくら）
出羽桜酒造（山形）

IWCで毎年上位の実力蔵。USA西海岸でも人気の吟醸酒。

飲用温度: 冷

扶桑鶴（ふそうづる）
桑原酒場（島根）

手間をかけ丁寧に発酵し、低温熟成させた燗上がりする純米酒。

飲用温度: 燗

春霞（はるかすみ）
栗林酒造店（秋田）

美郷町六郷の名水で美郷錦を栽培して醸す切れ味良酒。

飲用温度: 冷

田酒（でんしゅ）
西田酒造店（青森）

カッチリした味の輪郭と、透明感ある酒質の銘酒。

飲用温度: 冷

満寿泉（ますいずみ）
桝田酒造店（富山）

富山の美食に誇りを持つ蔵元が考える酒。澄みきった味わい。

飲用温度: 冷

日置桜（ひおきざくら）
山根酒造場（鳥取）

米に精通した蔵元が鳥取の農家別の米で醸す完全発酵型の酒。

飲用温度: 燗

鍋島（なべしま）
富久千代酒造（佐賀）

華やかな香り、きれいな味の人気蔵。酒蔵ツーリズムの牽引蔵。

飲用温度: 冷

悦凱陣(よろこびがいじん)
丸尾本店(香川)

濃厚芳醇、熟成すれば比肩する酒ない飲み応え。虜になる人多し。

飲用温度: 燗

山本(やまもと)
山本(秋田)

白神山地の仕込み水。セクスィー山本酵母、「ど」等話題酒多し。

飲用温度: 冷

松の司(まつのつかさ)
松瀬酒造(滋賀)

地元中心で全量契約栽培米で醸す。透明感ある爽やかな味。

飲用温度: 冷

若波(わかなみ)
若波酒造(福岡)

蔵元姉弟と杜氏が研究して醸すスムースでジューシーな鮮やかな酒。

飲用温度: 冷

山和(やまわ)
山和酒造店(宮城)

宮城酒らしくすっきりかろやか、ボディ感もあり食を呼ぶ酒。

飲用温度: 冷

明鏡止水(めいきょうしすい)
大澤酒造(長野)

信州の米と水で兄弟で醸した深い味。銘柄「勢起」も美酒。

飲用温度: 冷

綿屋(わたや)
金の井酒造(宮城)

米にこだわり、きれいな酒質で奥深い飲み応えも。燗酒がうまい。

飲用温度: 燗

雪の茅舎(ゆきのぼうしゃ)
齋彌酒造店(秋田)

名杜氏が醸す酵母の自然な営み任せの三無い造りの原酒。

飲用温度: 冷

山形正宗(やまがたまさむね)
水戸部酒造(山形)

屈指の硬水による銘刀山形正宗は、切れ味抜群。稲造の蔵。

飲用温度: 冷

おすすめスパークリング酒

日本酒のスパークリングは、瓶内二次発酵の活性にごり酒から、おりなし、炭酸ガスを吹き込んだガス混入製法まで多種多様。ガス圧の高低や、甘辛度合いも様々で、季節限定酒も多く、味と値段もピンからキリまで。おすすめの蔵は冷酒も美味。

庭のうぐいす(にわのうぐいす)
山口酒造場(福岡)

定評ある泡酒にどぶろく、清酒、梅酒まで飲み応え満点蔵。

飲用温度: 冷

七賢(しちけん)
山梨銘醸(山梨)

活性にごり、おり引き、ウイスキー樽仕込みと珍しい泡3タイプ。

飲用温度: 冷

新政(あらまさ)
新政酒造(秋田)

日本最古の現役酵母6号発祥蔵。自然派純米造りで大人気。

飲用温度: 冷

ゆきの美人(ゆきのびじん)
秋田醸造(秋田)

清潔な環境で全量を丁寧な蓋麹造り。四季醸造で常に新酒が。

飲用温度: 冷

獺祭(だっさい)
旭酒造(山口)

精米歩合23%、遠心分離搾りなど、常にその先を行く純米大吟蔵。

飲用温度: 冷

伊勢の白酒(いせのしろき)
タカハシ酒造(三重)

伊勢神宮奉納酒の技術を応用、古式二段仕込みの酒。

飲用温度: 冷

米と酒に残る日本のモノサシ

米の世界でしか残っていない単位。それが勺合升斗石です。お米はグラム単位で売っていますが、炊飯器で炊く時の単位は一合、二合と合単位です。その合の単位とは、いったい何からきたのでしょう？

●お米の単位
一合（ごう）＝約１８０mℓ（重さは１５０g）
一升（しょう）＝十合
一斗（と）＝十升＝百合
一石（こく）＝十斗＝百升＝千合

1年間に大人が食べる米の量は一石だった！

昔の武士の給料はお米で支払われていました。その時に目安となったのが、大人が1年間に食べる米の量。大人１人は１食につき一合食べる、とされてきました。

１食一合×３食＝三合
三合×３６５日＝千九十五合

というわけで、大人１人が1年間で食べる米の量が約一石。その一石がとれる田んぼの面積が約一反。加賀百万石をはじめ、藩の大きさは石高で呼び表され、その数量こそが、豊かさとイコールだったのです。

米と酒のモノサシは田んぼから始まり、食べる米の量、年棒までと、お米が生活に密着してきた、それが日本なのです。

調理用の計量カップは1カップ２００mℓですが、炊飯器のカップは今も一合単位の１８０mℓ。日本酒の一合と同じですね。十合が一升で一升瓶は１.８ℓ。小さい瓶は四合瓶で１８０mℓ×４＝７２０mℓです。ワイン瓶は７５０mℓなので、四合瓶とほぼ同じ容量。手頃な酒の瓶サイズは、世界共通なのかもしれません。

●日本酒の単位
一勺（しゃく）＝18mℓ
一合（ごう）＝十勺＝１８０mℓ
一升（しょう）＝十合＝１８００mℓ（１・８ℓ）
一斗（と）＝十升＝１８０００mℓ（18ℓ）
一石（こく）＝十斗＝１８００００mℓ（１８０ℓ）

上質な日本酒が揃う酒販店

品揃えには店主の好みが色濃く反映され、同じ酒蔵の酒でも異なる銘柄が並ぶことも。テイスティングに力を入れる店や、蔵元を招いたセミナーや勉強会を開催する店も多い。リアル店舗に行ってみよう！

店名
住所
☎電話
今、最もおすすめしたい日本酒銘柄

地酒&ワイン　酒本商店　本店
北海道室蘭市祝津町2-13-7
☎0143-27-1111
二世古、旭菊、鷹勇、三井の寿、蘭の舞、花垣、龍勢、竹鶴、独楽蔵、天穏

日本酒ショップ　くるみや
青森県八戸市旭ケ丘2-2-3
☎0178-25-3825
豊盃、陸奥八仙、赤武、楯野川、角右衛門、阿櫻、松の寿、如空、稲生、六根

まるひろ酒店
秋田県由利本荘市鳥海町伏見字川添52-9
☎0184-57-2022
鳥海山、新政、陸奥八仙、ゆきの美人、春霞、作、阿部勘、阿櫻、山本、出羽の富士

天洋酒店
秋田県能代市大町8-16
☎0185-52-3722
新政、白瀑、ゆきの美人、一白水成、春霞、雪の茅舎、天の戸、刈穂

アキモト酒店
秋田県大仙市神宮寺162
☎0187-72-4047
やまとしずく、刈穂、天の戸、新政、一白水成、山本、神亀、竹鶴、義侠、磐城壽

佐藤勘六商店
秋田県にかほ市大竹字下後26
☎0184-74-3617
新政、ゆきの美人、天の戸、雪の茅舎、春霞、山本、一白水成、飛良泉、鳥海山、まんさくの花

酒屋源八
山形県西村山郡河北町谷地字月山堂684-1
☎0237-71-0890
くどき上手、雅山流、飛露喜、睡龍・生酛のどぶ、天遊琳、秋鹿、悦凱陣、天穏

会津酒楽館　渡辺宗太商店
福島県会津若松市白虎町1
☎0242-22-1076
飛露喜、寫樂、天明、会津娘、口万、会津中将、廣戸川、山の井、國権、一歩己

IMADEYA　千葉本店
千葉県千葉市中央区仁戸名町714-4
☎043-264-1439
新政、寫樂、山形正宗、風の森、満寿泉、澤屋まつもと、伯楽星、醸し人九平次、富久長、五人娘

酒のはしもと
千葉県船橋市習志野台4-7-11
☎047-466-5732
扶桑鶴、鯉川、日置桜、神亀、竹鶴、辨天娘、竹泉、花垣、秋鹿、独楽蔵

金二商事・セブンイレブン津田沼店
千葉県習志野市津田沼6-13-9
☎047-452-0121
愛宕の松、くどき上手、楯野川、あぶくま、尾瀬の雪どけ、作、裏月山、獺祭、川鶴、東一

矢島酒店
千葉県船橋市藤原7-1-1
☎047-438-5203
宝剣、みむろ杉、加茂錦、寫樂、鳳凰美田、賀茂金秀、而今、飛露喜、口万、花陽浴

神田小西
東京都千代田区神田小川町1－1－11
☎03－3292－6041
車坂、蒼天伝、勝山、龍力、石鎚、雪の茅舎、開運、翠露、利他、惣譽

新川屋　佐々木酒店
東京都中央区日本橋人形町2－20－3
☎03－3666－7662
古伊万里　前、誉池月、雄東正宗、龍力、羽根屋、綿屋、越前岬、龍勢、一念不動、華姫桜

鈴木三河屋
東京都港区赤坂2－18－5
☎03－3583－2349
会津娘、王祿、醸し人九平次、喜久醉、木戸泉、而今、寫樂、Nechi、飛露喜、宝剣

伊勢五本店
東京都文京区千駄木3－3－13
☎03－3821－4573
鳳凰美田、新政、村祐、旭興、醸し人九平次、寫樂、澤屋まつもと、獅子の里、ちえびじん、多賀治

はせがわ酒店　亀戸本店
東京都江東区亀戸1－18－12
☎03－5875－0404
伯楽星、寫樂、鳳凰美田、磯自慢、作、澤屋まつもと、雨後の月、東洋美人、酔鯨、三井の寿

出口屋
東京都目黒区東山2－3－3
☎03－3713－0268
磐城壽、羽前白梅、神亀、群馬泉、白隠正宗、杉錦、七本鎗、十旭日、生酛のどぶ、玉川

朝日屋酒店
東京都世田谷区赤堤1－14－13
☎03－3324－1155
伯楽星、陸奥八仙、鮎正宗、玉川、花巴、小左衛門、誠鏡、磯自慢、金澤屋、遊穂

酒のなかむらや
東京都世田谷区給田3－13－16
☎03－3326－9066
獺祭、大信州、くどき上手、黒龍、福田、庭のうぐいす、金澤屋、明鏡止水、白瀑、水芭蕉

升新商店
東京都豊島区池袋2－23－2
☎03－3971－2704
田酒、白瀑、新政、一白水成、ゆきの美人、春霞、雪の茅舎、出羽桜、寫樂、屋守

大塚屋
東京都練馬区関町北2－32－6
☎03－3920－2335
竹鶴、生酛のどぶ、秋鹿、扶桑鶴、日置桜、いづみ橋、辨天娘、玉川、玉櫻、肥前蔵心

宇田川商店
東京都江戸川区東小松川3－10－20
☎03－3656－0464
正宗、出雲月山、鶴齢、菊姫、洗心、獺祭、七田、龍力、惣譽、蒼穂

リカーポート　蔵家
東京都町田市木曽西1－1－15
☎042－793－2176
一歩己、たかちよ、仙禽、玉川、雑賀、大倉、石鎚、神心、炭屋彌兵衛、花の香

さかや栗原　町田店
東京都町田市南成瀬1－4－6
☎042－727－2655
くどき上手、雨後の月、大信州、羽根屋、寫樂、鳳凰美田、玉川、津島屋、基峰鶴、七本鎗

酒舗まさるや　本店
東京都町田市鶴川6－7－2－102
☎042－735－5141
田酒、赤武、新政、寫樂、山形正宗、加茂錦、澤屋まつもと、宝剣、東洋美人、田中六五

籠屋　秋元酒店
東京都狛江市駒井町3－34－3
☎03－3480－8931
出雲富士、寫樂、新政、一歩己、山和、白鴻、願人、斬九郎、貴、風の森

小山商店
東京都多摩市関戸5－15－17
☎042－375－7026
鼎、射美、一白水成、龍神、花陽浴、あづまみね、花巴、謙信、恵信、屋守

お酒のアトリエ吉祥　新吉田本店
神奈川県横浜市港北区新吉田東5－47－16
☎045－541－4537
宮寒梅、澤屋まつもと、新政、丹沢山、神亀、山形正宗、醸し人九平次、日輪田、大那、紀土

横浜君嶋屋　本店

神奈川県横浜市南区南吉田町3-30
☎045-251-6880
綿屋、若波、醸し人九平次、義侠、花巳、喜久酔、新政、王祿、菊姫、惣誉

秋元商店

神奈川県横浜市港南区芹が谷5-1-11
☎045-822-4534
丹沢山、媛一会、秋鹿、鏡野、松の司、菊姫、奥播磨、風の森、悦凱陣

坂戸屋

神奈川県川崎市高津区下作延2-9-9 MSBビル1F
☎044-866-2005
昇龍蓬莱、萩の鶴、王祿、旭菊、澤屋まつもと、丹沢山、天遊琳、酉与右衛門、奥播磨、長珍

掛田商店

神奈川県横須賀市鷹取2-5-6
☎046-865-2634
誉池月、玉川、やまと桜、小左衛門、旭興、王祿、義侠、竹鶴、会津娘、独楽蔵

地酒屋サンマート

新潟県長岡市北山4-37-3
☎0258-28-1488
根知男山、清泉、村祐、越乃雪月花、想天坊、両関、越乃景虎、菊姫

カネセ商店

新潟県長岡市与板町与板乙1431-1
☎0258-72-2062
六十餘洲、田中六五、而今、山陰東郷、廣戸川、鍋島、奈良萬、あべ、舞美人、文佳人

依田酒店

山梨県甲府市徳行5-6-1
☎055-222-6521
王祿、義侠、七賢、神亀、而今、青煌、竹鶴、獺祭、伯楽星、飛露喜

丸茂芹澤酒店

静岡県沼津市吉田町24-15
☎055-931-1514
白隠正宗、開運、臥龍梅、英君、陸奥八仙、奈良萬、羽根屋、旭菊、土佐しらぎく、上喜元

酒舗よこぜき

静岡県富士宮市朝日町1-19
☎0544-27-5102
磯自慢、田酒、新政、山形正宗、飛露喜、秋鹿、風の森、雨後の月、王祿、悦凱陣

安田屋

三重県鈴鹿市神戸6-2-26
☎059-382-0205
日輪田、竹雀、るみ子の酒、酒屋八兵衛、天遊琳、七本鎗、大治郎、秋鹿、竹泉、十旭日

SAKEBOXさかした

大阪府大阪市此花区高見1-4-52-116
☎06-6461-9297
いづみ橋、白隠正宗、正雪、志太泉、杉錦、櫛羅、生酛のどぶ、日置桜、炭屋彌兵衛、十旭日

山中酒の店

大阪府大阪市浪速区敷津西1-10-19
☎06-6631-3959
喜久酔、旭菊、宝剣、磐城壽、生酛のどぶ、秋鹿、綿屋、王祿、遊穂、天遊琳

三井酒店

大阪府八尾市安中町4-7-14
☎072-922-3875
旦、都美人、車坂、杜の蔵、竹泉、くどき上手、早瀬浦、玉川、開運、鷹勇

谷本酒店

鳥取県鳥取市末広温泉町274
☎0857-24-6781
千代むすび、日置桜、辨天娘、山陰東郷、鷹勇、羽水、神亀、竹鶴

酒舗いたもと

島根県浜田市熱田町709-3
☎0855-27-3883
王祿、伯楽星、竹鶴、開春、磐城壽、辨天娘、扶桑鶴、旭菊、天遊琳、十旭日

ワインと地酒　武田　岡山新保店

岡山県岡山市南区新保1130-1
☎086-80[illegible]7650
王祿、新政、白水成、鳳凰美田、荷札酒、吉田蔵、寫樂、花の香、多賀治、大正の鶴

酒商山田　宇品本店

広島県広島市南区宇品海岸2-10-7
☎082-251-1013
雨後の月、賀茂金秀、宝剣、亀齢、貴、王祿、七田、七本鎗、雪の茅舎、豊盃

日本酒用語事典

●日本酒［にほんしゅ］
蒸した米と米麹を、水と合わせて、発酵させた酒。基本の原料は米と米麹と水。米と米麹が水に溶けたお粥のようなものをもろみと呼び、布などで濾した液体が日本酒で固形分が酒粕。スーパーやコンビニで買える大手メーカーの造る酒と、地方の小さな酒蔵が造り、特定の酒販店でしか買えない数量限定の地酒がある。

特定名称酒に関する用語

●特定名称酒［とくていめいしょうしゅ］
純米酒、純米吟醸酒、純米大吟醸酒、本醸造酒、吟醸酒、大吟醸酒など、上級酒のこと。農産物検査法で3等以上に格づけされた玄米を使い、麹米の使用量や精米歩合の規定を満たしていることが条件。それ以外の酒は、普通酒や合成清酒。特定名称酒が微増傾向にある。

●純米酒・純米吟醸酒・純米大吟醸酒
［じゅんまいしゅ・じゅんまいぎんじょうしゅ・じゅんまいだいぎんじょうしゅ］
特定名称酒で原料が米と米麹と水だけの酒が純米酒。玄米を4割削り取ると純米吟醸酒。半分以下まで削ると純米大吟醸酒。一般的に純米大吟醸酒が最もおいしく高級酒と位置づけされる。

●本醸造酒・吟醸酒・大吟醸酒
［ほんじょうぞうしゅ・ぎんじょうしゅ・だいぎんじょうしゅ］
特定名称酒で原料が米と米麹と水と醸造アルコールの酒。醸造アルコールはサトウキビの搾りかすなどを発酵させた蒸留酒。精米歩合で分類され、3割削ると本醸造酒、4割が吟醸酒、半分以上が大吟醸酒。

酒の種類に関する用語

●荒走り・中取り・責め
［あらばしり・なかどり・せめ］
もろみから酒を搾った順に呼び名が変わり、荒走り、中取り（または中汲み）、責めと呼ばれる。最初の荒走りはやや白くにごり、炭酸ガスが残ったフレッシュな味わい。次の中取りは最もバランスがよいとされ、商品名につける蔵もある。責めは最後に圧力をかけて搾るため、渋みや苦みも出る。

●おり酒・にごり酒
［おりざけ・にごりざけ］
白いにごりがある酒で、薄いにごりから、濃いにごりまである。にごりは酒米の溶け残りの微粒子などで、おりと呼ばれる。しばらく静置しておくと沈殿し、上澄みは透明に。通常の透明な酒は、この上澄み部分。もろみを搾る際に、わざとおりを混ぜたのが薄にごりまたはおり酒。濃いにごり酒は、搾る時に濃いおりを分けておき、できた酒に混ぜて造る。にごり生酒は発泡しているものが多く冷蔵販売される。加熱済みのにごり酒は常温販売。

●原酒・低アルコール原酒
［げんしゅ・ていあるこーるげんしゅ］
酒造りの最後、もろみを搾り、酒と酒粕に分けたそのままの酒が原酒。アルコール度数が高く、味わいが濃い。従来、日本酒の醸造では、アルコール度数が17度以上に上がるため、水を加え15度程度に薄めていた。近年、醸造技術が上がり、原酒で15度以下の酒が造られるように。低アルコール原酒と呼ばれ、ワイン並みの度数で、エキス分も高くて人気がある。

●スパークリング日本酒
［すぱーくりんぐにほんしゅ］
発泡性の日本酒のことで3種類ある。ひとつは瓶内二次発酵タイプ。瓶内でアルコール発酵が進み炭酸ガスが生まれた発泡酒で白いおりが含まれ冷蔵流通される。近年技術が発達し、おり引きした透明な泡酒が登場。市場では炭酸ガスをあとから添加した低アルコールタイプが多い。

●樽酒・枡酒［たるざけ・ますざけ］
樽酒は結婚式など祝宴で供される、杉の大樽に入った酒。清々しい杉の芳香が特徴。四斗樽が正規の容量だが、上げ底になった二斗樽やステンレスの容器が入った一斗樽も。簡便な発泡スチロール製や、瓶入りの樽酒もある。枡はもと計量器だが、香りが楽しめるとあって酒専用に様々なサイズがある。枡酒は角ではなく、辺の真ん中から飲むのが流儀。

●生酒［なまざけ］
搾った酒を、火入れしないで瓶詰めし、出荷するのが生酒。別名、生々（なまなま）。フレッシュで爽やかな風味が特徴。酒質がデリケートで、変質しやすいため、遮光と冷蔵管理が必須。

●生貯蔵酒［なまちょぞうしゅ］
酒を搾ったあと、火入れをせず生酒のまま貯蔵。瓶に詰める際に、火入れをする酒。生酒ほどではないが、フレッシュ感がある。300㎖瓶が多い。近年、生酒の冷蔵流通が進み、減少傾向にある。

●生詰め・ひやおろし［なまづめ・ひやおろし］
どちらも同じ一度火入れの酒。従来の日本酒はタンクで貯蔵し、造ってすぐと出荷前の二度火入れを行った。二度目の火入れをせず、秋に出荷した酒が本来のひやおろし。瓶に詰める際、火入れしないので生詰めともいう。近年、瓶で1回火入れが増え、ひやおろしは単に秋に発売する酒のことを指すことも多い。

味わい・香りなどに関する用語

●アミノ酸度［あみのさんど］
日本酒のうまみ成分量を示す。数値が大きいほど、アミノ酸の量が多く、コクのある太い味に。小さいと、淡麗な味。吟醸酒は、アミノ酸度が少なめ。アミノ酸の多い純米酒は、燗に向くと言われる。

●アルコール［あるこーる］
日本酒に2割弱ほど含まれている、酔う成分。正確には、エチルアルコール。油と仲のよい炭化水素と、水と親和する水酸基の両方を持っているので、脂にも水にも溶ける。料理の脂分を、サッパリ切って流す働きがあるのは、このため。純米酒のアルコール成分は、米のデンプンのみから生じる。

●上立ち香・含み香［うわだちか・ふくみか］
唎き酒をする際、立ち昇る香りを上立ち香と呼び、鼻で嗅ぎ分ける香気成分のこと。口に含んで感じる香りを含み香と呼び、区別している。

●カプロン酸エチル・酢酸イソアミル［かぷろんさんえちる・さくさんいそあみる］
エステルの一種で、酒の香気成分。エステルは酸とアルコールの合成体で、香水の原料にもなる。微量でも、華やかな香りを感じる成分。吟醸酒の代表的な香りのもとだが、好き嫌いが分かれる。

●燗酒［かんざけ］
温めて飲む酒のこと。昔の日本酒は、温めて飲むのがおいしい酒が多く、その頃の格言に「貧乏人の冷や酒」がある。温めた方がおいしいのに、お金がないので、冷たい酒を飲んでいる様子を指す。最近でも、生酛など、乳酸が多い酒や、精米歩合が低く、味わいの濃い純米酒は、温めるとおいしくなる酒が多い。これを燗上がりと呼ぶ。

●唎き酒［ききざけ］
日本酒の味や、香りのよし悪しを、飲んで確かめること。唎き猪口や、グラスを使用し、最初に色合いやにごり具合を見る。次に、鼻で香りを嗅いでよし悪しを判定、その後、口に含んで、味わいと口中で感じる香りを確認する。プロの鑑評会のように客観的に点数化して、減点法で順位を競うものから、個人が趣味で酒の味を確認することまで、様々な状況で使われる言葉。

●酸度［さんど］
日本酒に含まれる酸味の量の目安。酸味が多いほど、数値が大きくなる。1.5を超すと、酸っぱさを強く感じる。酸味は多いと、お酒を辛口に感じる。

●日本酒度、甘口・辛口［にほんしゅど、あまくち・からくち］
日本酒の甘口、辛口の目安が、日本酒度。プラスが辛口で、マイナスが甘口。日本酒の成分は主にアルコールと糖分なので、アルコールが多いと辛口、糖分が多いと甘口になる。ただし、アルコールと糖分、両方が多い甘辛口の酒や、両方少ない淡麗で薄口な酒は、日本酒度で表現しきれないので注意が必要。日本酒は辛口がおいしいという時代があったが、最近はやや甘口の酒が流行る。

造り手に関する用語

●酒蔵［さかぐら］
日本酒を造るメーカー。全国で1500社くらいあるが、ここ30年で半減した。日本酒を造れる酒造免許は、新規では基本的に下りないので、酒蔵数は減る一方。休蔵している酒蔵もあり、実際に造られている銘柄数はもっと少ない。記録として残っている最古の酒蔵は、創業870年以上と言われる。

●頭［かしら］
杜氏の補佐で、杜氏の次に偉い役。酒蔵によっては、杜氏が兼務することも。

●蔵人［くらびと］
酒蔵で、酒造りをする人。麹屋や釜屋、船頭などと愛称で呼ばれるいろいろな係がある。かつては、女人禁制だった。

●蔵元［くらもと］
日本酒メーカーのオーナー社長。酒造新規免許は新規に下りないため、基本的には蔵元は世襲性。代々、同じ名前を襲名する酒蔵もある。

●麹屋［こうじや］
麹造り担当者。麹造りは、酒造りの中で、重要な工程のため、実務担当の蔵人の中では、最も重要なポジション。

●船頭［せんどう］
上槽担当者。槽の搾りを仕切ることから、船頭と呼ばれる。

●杜氏［とうじ］
酒造りの監督。「刀自」が語源とも。刀自は女性敬称なので、昔、酒造りは女性がしていたことが分かる。その後、雪国の農家が冬場の出稼ぎで酒を造るようになり、酒造りの技能集団が生まれた。その中で能力の高い者が杜氏と呼ばれ、集団を率いるようになった。杜氏には流派があり、岩手県の南部杜氏、新潟県の越後杜氏、兵庫県の丹波杜氏が大勢力で、三大杜氏と呼ばれた。秋田県の山内杜氏、石川県の能登杜氏も有名。地元密着型で、出稼ぎをしない杜氏流派もある。かつては杜氏制度が盛んで、酒造りはほとんど、杜氏に率いられた雪国の農家が出稼ぎで行っていた。近年、出稼ぎも減り、杜氏集団は老齢化。酒蔵には社員杜氏が増えている。杜氏流派も、時代に合わせて技術研鑽の場となりつつある。

●酛屋［もとや］
酒母の担当者。麹屋の次に上位のポジション。

酒米に関する用語

●米・酒米［こめ・さかまい］
日本酒の原料。食べておいしい米を飯米、酒造りに向いた米を酒米と呼び品種が異なる。コシヒカリは飯米、山田錦は酒米。食べ比べると、酒米は淡い味。酒米の特徴は粒が大きく、米の中心に白濁して見える心白という部分がある。酒米の稲は背が高く倒れやすいため、飯米の稲より育てづらい。収穫量も少なく高価。

●原生種・交配種・突然変異種
［げんせいしゅ・こうはいしゅ・とつぜんへんいしゅ］
自然界で見つかり、人の手が加わっていない米が原生種。対して、人の手により掛け合わせてできた米は交配種。放射線を当てて、突然変異させた米を突然変異種と呼ぶ。原生種の代表的な米は、雄町、亀ノ尾、強力、愛国、八反草など。山田錦は、山田穂を母親に、短稈渡船を父親に掛け合わせて作られた交配種の代表。酒米のほとんどは、交配種。突然変異種には、美山錦や誉富士などがある。

●秋田酒こまち［あきたさけこまち］
秋田県が開発した酒米の中で、最も成功した品種。粒は大きく、心白の発現率が高く、タンパク質の含量が少ない。クリアで、すっきりした酒質ながら、上品な甘みも感じる酒米。

●雄町［おまち］
山田錦の父のルーツにあたる原生種の米。山田錦登場までは、一番人気だった。今も人気があり、米価で最高値をつけることも。晩生で、山田錦より背が高い。味わいが濃醇で、ボディ感ある酒に仕上がる。主な栽培地は岡山県。鳥取県大山の麓で発見されたとされる。

●強力［ごうりき］
大山山麓で見つかった原生種。主に鳥取県で栽培される。背が高く、その名にちなんだように剛直な味わいの酒になる。熟成させて燗酒で飲むのに適し、いぶし銀の味と言われる。

●五百万石［ごひゃくまんごく］
新潟県で開発された酒米。かつて、日本一の生産量を誇った。新潟県の米の生産量が、ちょうど500万石を超えた年に開発されたため、五百万石と命名。すっきりした淡麗な酒質に仕上がる。

●出羽燦々［でわさんさん］
山形県開発の酒米。吟醸酒向き。山形開発の麹菌オリーゼ山形とセットの使用が多く、山形の軟水造りと相まって、やわらかい味わいのよい酒に仕上がる。

●広島八反・八反錦
［ひろしまはったん・はったんにしき］
ともに広島県を代表する酒造好適米。広島八反を、大粒で育てやすく改良したのが八反錦。スッとした酒質で、きれいな酒に仕上がる。

●美山錦［みやまにしき］
たかね錦という酒米に、放射線照射してできた突然変異種。長野県で開発された。寒さに強い稲で、東北でも盛んに作られている。すっきりして、雑味の少ないきれいな味の酒に仕上がる。

●山田錦［やまだにしき］

酒米の代表品種。酒米の王とも。兵庫県が、誕生地かつ主産地。育成されてから80年経つが、うまい酒が造れると圧倒的な人気を誇る。作付面積は日本一。晩生な上、背が高くて倒れやすく、籾が落ちやすいなど、農家泣かせ。酒の造り手を選ばない米とも言われ、名人だとかなり美味、それなりの腕でもうまい酒に。新酒でも古酒でもうまく、万能の酒米と言われる。

発酵に関する用語

●きょうかい酵母［きょうかいこうぼ］

きょうかい酵母は、日本醸造協会が有料で頒布する優良酵母。明治期の西洋近代科学の導入により、1号酵母が兵庫県の「櫻正宗」で、2号酵母は京都府の「月桂冠」で、3号酵母以降が広島県などで採取された。6号酵母が秋田県の「新政」で採取されると、そのあまりの優秀さ故に、1号から5号は使用されなくなった。その後、7号酵母が長野県の「真澄」で採取。9号酵母が、熊本県の「香露」で採取された。その後、14号酵母までが酒蔵のもろみから採取された。近年の酵母は、華やかな香りなどを目的として、人工交配などによって生み出されている。

●麹菌・米麹［こうじきん・こめこうじ］

麹菌は、別名麹カビと言い、微生物の一種。もやしとも言う。糖化酵素を作り出し、米を糖化して甘くすることができる。蒸し米に麹菌を生やしたものが米麹。白くふわふわした綿に包まれた米のように見える。昔の酒造りでは一麹、二酛、三造りと言って、麹造りが、酒造りで最も重要な工程とされていた。米麹の作り出す酵素が、蒸し米のデンプンを糖化し、甘くする。

●酵素［こうそ］

酒造りで使われる酵素は、麹菌が作るタンパク質の一種。蒸し米のデンプンを糖化する。誤解されがちだが、酵素は生き物ではなく、無生物。65℃以上の熱をかけると、変成して糖化力がなくなる。糖化酵素は、人の唾液にも含まれ、ご飯を噛むと甘くなるのは、この酵素の力。

●酵母［こうぼ］

酵母は、微生物の一種で、単細胞生物。糖分を食べて、アルコールと炭酸ガスを、作り出す。酒造りの主役。パン作りのイーストと基本的には同じ。パン作りでは、酵母の作る炭酸ガスを、パン種を膨らませるのに利用する。酒造りでは、酵母の作るアルコールが主産物。スパークリング酒のように、酵母の生むアルコールと炭酸ガス両方を利用する製品もある。

●乳酸［にゅうさん］

ヨーグルトや、チーズ、バターにも含まれる酸の一種。殺菌力が強いが、酵母だけは殺菌されない。日本酒醸造では雑菌の繁殖を防ぎつつ、酵母にアルコール発酵させるため、重要な役割を担う。

●乳酸菌［にゅうさんきん］

乳酸菌は、乳酸を作り出す微生物。江戸時代まで、酒造りは乳酸菌の乳酸菌発酵による、天然乳酸を利用した。醸造初期に、天然乳酸で環境を滅菌し、その後、酵母によるアルコール発酵が始まる。この造りは、生酛造りや菩提酛造りと呼ばれた。日本酒造りは、麹菌と酵母と乳酸菌、3種類の微生物が関わっていると言える。明治期に入り、西洋科学が渡来すると、乳酸菌発酵なしで化学合成した乳酸を使用した滅菌が発明された。これが速醸酛。現代でも、酒造りの主流である。

酒造工程と原料に関する用語

●掛米［かけまい］

麹米とセットで使われる蒸し米で、麹菌を生やさないもの。麹米と比べ、安価な米を使うことが多い。麹米と掛米はセットで、酒母の仕込みと、三段仕込みの添・仲・留それぞれの場面で使う。

●黄麹・白麹・黒麹
［きこうじ・しろこうじ・くろこうじ］

麹菌にも種類があり、日本酒造りと味噌・醤油造りで使う黄麹、焼酎造りで使う白麹・黒麹がある。最近、白麹も使った日本酒が、造られるようになった。白麹は、今までの日本酒になかったクエン酸を作るため、これまでにない新しい風味の日本酒が造られ始めている。

●生酛・山廃酛・速醸酛
［きもと・やまはいもと・そくじょうもと］

酒母の造り方の種類。今、流通しているほとんどの日本酒は、速醸酛。化学的に合成された乳酸が添加されている。生酛・山廃酛は、乳酸菌が乳酸発酵して生み出す乳酸を使った酒造り。合成乳酸を添加しない自然な酒造りと言える。生酛は、江戸時代に発明された伝統製法。複数の微生物の働きを複雑に組み合せた、精緻巧妙な酒造りの方法。

速醸酛と山廃酛は、明治時代末に発明された比較的新しい酒造りの手法。生酛よりも古い造り方の菩提酛もあり、やはり乳酸菌の力を借りる。

● **吟醸造り**［ぎんじょうづくり］

酒米を60％より小さく削り、通常より低温で、時間をかけてゆっくり発酵させる造り方。すっきりしたきれいで上品な味で、香りが華やかな酒が多い。低い温度にするメリットは、より雑菌の繁殖が抑えられ、きれいな酒質になること、酵母を寒すぎる環境で苛めることで、華やかな香りを出させることなど。純米吟醸酒、純米大吟醸酒、吟醸酒、大吟醸酒がある。

● **麹米**［こうじまい］

仕込みに使う米のうち、麹菌を生やしたもので、酒の味わいを左右する。日本酒造りで、使用する米全体の2割くらい。特定名称酒は麹米を15％以上使わなくてはならない決まりがある。掛米より、上質な米が使われることが多い。

● **三段仕込み**［さんだんじこみ］

もろみを造る時、あらかじめ造っておいた酒母に対して、3回に分けて蒸し米と米麹、水を加えて、酒母を増やすこと。大まかに、1回あたり2倍に量が増えるため、三段仕込むと酒母の量の10倍以上に増える。1回目を初添または添、2回目を仲添または仲、3回目を留添または留と呼び、初添と仲添の間で、1日休むことを踊りと呼ぶ。三段仕込みをすることで、甘酸っぱく、アルコール度数の低い酒母が、度数の高い酒へと変化する。世界中の酒の中で、日本酒だけの醸造方法。

● **酒母・酛**［しゅぼ・もと］

蒸した米に麹菌を生やした麹米と、蒸した米と、水、酵母を混ぜ合わせたもの。酒母、または酛と呼ぶ。麹の酵素による糖化と、酵母の発酵が進むと、アルコール分があり、甘酸っぱくて味が濃い、どろどろした粥状の液体になる。どぶろくのような感じ。酒母を造るのが、実際的な酒造りの最初の工程。1週間から4週間ほどかかる。

● **上槽**［じょうそう］

もろみを布などで濾して、酒と酒粕に分けること。もろみを濾さない酒が、どぶろく。どぶろく造りは専用の免許が必要で、持っていない酒蔵がほとんど。

● **醸造アルコール**
［じょうぞうあるこーる］

本醸造酒などの原料の一種で、蒸留酒の一種。主として、サトウキビから砂糖を取ったあとのおり、廃糖蜜が原料で安価。原濃度95％以上の純粋なアルコール。状況に合わせて、希釈して使用する。もろみの発酵の最終段階で添加し、味をすっきりさせる。

● **醸造年度・BY**
［じょうぞうねんど・びーわい］

Brewery Year。日本酒の年度は、7月1日始まりで、6月30日で終わる。これを醸造年度と呼ぶ。平成30年7月1日以降、平成31年（新元号元年）6月30日までに造られた酒が30BY。

● **浸漬**［しんせき］

洗米した米を水につけて、水分を吸収させること。分単位が多いが、吟醸酒の造りでは、ストップウォッチで秒単位で時間を計ることもある。水につける前と、つけたあとの重量の比から、水分量をパーセント単位で管理している。

● **杉**［すぎ］

酒造道具の主要な材料。麹室、麹蓋、麹箱、杉桶、杉樽など、古くからの酒造道具は、ほとんど杉製。杉と日本酒造りは、切っても切れない仲。最近、杉樽仕込みなど、歴史ある造りが見直される。国産杉材が廃れつつある今、酒を飲むことは、林業を守ることにつながる。

● **製麹・麹室**［せいぎく・こうじむろ］

蒸し米に、麹菌を生やす工程、麹造りを製麹と呼ぶ。麹室という密閉された部屋で行う。冬の酒蔵で唯一、室内が暑く、湿度が高い、南国のような環境。低い天井や、壁は杉張りが多い。麹室は、厚い断熱材で囲われており、入り口のドアも断熱材のため分厚く、室内の空気が逃げないようにパッキン付きで、冷凍室のようにカンヌキで開け閉めする。麹造りの作業は暑く、上半身裸で作業を行う蔵もある。

● **精米・精米歩合**
［せいまい・せいまいぶあい］

玄米の表面を削って、白米にすることを精米と呼ぶ。食べる米は、玄米の外側を10％近く削っている。それに対して、酒を造る時は、大胆に玄米の外側を30％から70％、時には80％以上も削ってしまう。米の中心を使うほど、日本酒はきれいな味わいになるため。米を削った残りの割合を、精米歩合と呼び、玄米の外側10％を削ると、精米歩合は90％。

●洗米［せんまい］
酒造りでは、米を研ぐことを洗米と呼ぶ。米糠を落とすこと。きれいな水を大量に使う。洗濯機のような機械を使い、水流の渦の中で撹拌して洗うのが主流。ざるに入れて、冷水につけ、素手で手洗いするところも。丁寧な酒造りでは、5～10キロ単位で洗う。大きな造りの蔵では何百キロという単位で機械洗米する。

●炭素濾過・炭濾過［たんそろか・すみろか］
活性炭をもろみに入れて、香りや味を吸着して取ること。冷蔵庫の脱臭剤と原理は一緒。最近、炭素濾過酒は減少傾向。

●貯蔵［ちょぞう］
酒蔵の日本酒貯蔵のやり方は、大きく分けて2つ。瓶貯蔵と、タンク貯蔵。瓶貯蔵は、一升瓶や、四合瓶に詰めた状態で保管する。タンク貯蔵は、一升瓶1000本分以上入る大きなタンクでの保管。瓶貯蔵は、ほとんど空気に触れないため、味の変化が少ない。タンク貯蔵は、空気に触れやすいので、熟成が進み、味わいが変化する。また、貯蔵温度も零下から、室温まで様々。酒質に合わせた貯蔵がされている。

●糠［ぬか］
精米した時に出る米の粉。米の外層から出る糠ほど、色が濃い。玄米を外側から1割削った時までに出る糠を赤糠といい、そこから削り進むにつれて、中糠、白糠、特上糠または特白糠と呼ぶ。

●火入れ［ひいれ］
搾った酒を、65℃以上で加熱殺菌し、酒の味を安定させることを、火入れと呼ぶ。火入れすると、酵母や麹菌、乳酸菌などの微生物が死滅、酵素も失活して作用しなくなり、酒の味を大きく変化させる要因がなくなる。ただし、加熱することにより、味わいも落ち着いてしまう。瓶に詰めてから、瓶ごとお湯につけて加熱する、瓶火入れや、熱い管の中に酒を通して加熱し、タンクで貯蔵する蛇管火入れなどがある。一般的には、瓶火入れが、丁寧な扱いで手間がかかるため、高級な手法とされる。高温の日本酒は、化学変化で味が変わりやすいため、火入れのあとは、できるだけ急冷して早く温度を下げるのがトレンド。

●火入れ回数［ひいれかいすう］
瓶火入れは、基本的に火入れは1回。蛇管火入れは、基本的には2回。搾って間もなく火入れし、タンク貯蔵した酒は、出荷時にタンクから出して、二度めの火入れをし、瓶詰め後に出荷される。

●瓶詰め［びんづめ］
四合瓶は720㎖入りで、茶瓶以外は基本ワンウェイ。一升瓶は1.8ℓ入りで、ほぼリユースされ環境にやさしい。四合瓶は、瓶に直接印刷するプリント瓶があるが、一升瓶は、リユースが定常化しているためプリント瓶はない。

●槽・ヤブタ［ふね・やぶた］
槽もヤブタも、もろみを搾って、酒と酒粕に分ける装置。槽は、その名の通り舟に似ていて、昔から今も愛用される。手作業でもろみを袋に入れて重ねて置き、上から圧して搾る縦型濾過圧搾機。ヤブタは、空気圧搾横型フィルタープレス。もろみの搬送から、搾り終えるまで、手がかからないため、搾りの主流。見た目は、大きなアコーディオンのようにも見える。

●並行複発酵［へいこうふくはっこう］
麹による米デンプンの糖化と、できた糖分の酵母によるアルコール発酵が同時に起こること。糖化とアルコール発酵の追いかけっこで、日本酒は造られる。

●蒸し米［むしまい］
日本酒を造る時、米は、ご飯と違って炊かないで、蒸す。蒸し米は、炊き米より、かたく、パラパラと捌けがよい。水分も少なくて、麹菌がきれいに繁殖する。甑という、直径3メートルほどの巨大な蒸籠などで、1時間くらいかけて蒸す。外硬内軟（がいこうないなん）という、外が硬く、芯がやわらかい蒸し加減が理想。

●もろみ［もろみ］
酒母に、蒸し米、米麹、水を加えて薄めたもの。大きなタンクで混ぜ合わせ、溶けかけた米と、アルコールと水が混ざった粥状。発酵が進むと、3～4週間で日本酒として完成する。

ピックアップ 日本酒の歴史的ターニングポイント

【日本酒のはじまり】

その歴史は、米の伝来から。今から3000年以上前の縄文時代に、大陸から稲作が伝わり、弥生時代を経て水田耕作が始まる。この頃から、酒が造られるようになった。古墳時代の中国の文献で、卑弥呼も出てくる「魏志倭人伝」には「日本人は、酒が大好き(意訳)」との記載が。1700年前には、既に酒が飲まれていたことが分かる。

【伝説の酒】

日本の書物に、初めて日本酒が出てくるのは、奈良時代の『古事記』。スサノオノミコトが八岐大蛇を退治するために「八塩折之酒(やしおりのさけ)」を造ったと。「しおり酒」とは、仕込み水の代わりに酒を原料に使った酒。今の貴醸酒にあたるとも。「八」はたくさんという意味なので、「八塩折之酒」は、できた酒を原料に、何回も醸造を繰り返して度数を上げた貴醸酒らしい。乱暴者の八岐大蛇を酔わせるためには、強い酒でないとだめだったのだろう。

【神さまと酒】

記録として残る最古の資料が『播磨風土記』や『大隅国風土記』。『播磨風土記』には、「神さまに供えた餅に、麹カビが生えて甘くなったので、それを使って酒を造った」と書いてある。酒は、神からの授かりものだった。また『大隅国風土記』には、祭の時、穀物を噛んで、唾液の糖化酵素で甘くして酒を造ったと載っている。

【酒造りの発展「宮中酒」の始まり】

やがて酒は神社で造られるようになり、酒造りの中心は、神社を統べる宮中へと遷っていった。その酒は「宮中酒」と呼ばれるようになる。平安時代には、宮中に酒造り専門の役所「造酒司」もできた。宮中の作法を編纂した『延喜式』に、「御酒」「醴酒」「白酒」「黒酒」など、朝廷における酒の造り方が詳細に記載されている。

【酒造りの庶民への拡大】

宮中の高い技術で造られる酒は、貴族など、ごく一部の人の特別な飲み物だった。だがその技術は、市井にも広がっていく。やがて、神社仏閣でもレベルの高い酒が造られるように。「僧坊酒」の始まりである。そして、庶民が祭などを通じて、酒を飲む機会が増えていき、商家も酒を造って売り始める。これが「町家酒」の始まり。日本最古の酒蔵とも言われる茨城県の「郷乃誉」須藤本家の創業は、平安時代中期、1141年と記録に残っている。鎌倉時代には、幕府によって「町家酒」が禁止され、酒造用の甕が割られることも。それでも、酒造は概ね順調に伸びていった。

【酒造りの基本が完成】

14世紀頃、奈良県の菩提山正暦寺において、今の日本酒造りの原型が完成する。「酒母造り」と「三段仕込み」、麹米と掛米の両方を精米した「諸白」、滅菌して保存するための「火入れ」などである。その後書かれた『御酒之日記』や『多聞院日記』に、これらの最先端の酒造りの詳細が記されている。

【木桶の開発と酒蔵の開業】

優れた酒造りの手法が確立されて間もなく、

画期的な酒造道具が開発された。杉と竹で作られた木桶である。それまで使われていた甕と比べ、大きくて軽い。一度に多量の酒が造れるようになった上、輸送もできるため、規模の大きい酒蔵が生まれた。この頃、秋田県で「飛良泉」が、間もなく兵庫県で「剣菱」が創業。1615年に山形県で「十四代」高木酒造が創業するなど、400年以上の歴史を誇る酒蔵は多い。

【伊丹酒と寒造りの確立】

安土桃山時代まで、日本の中心だった京都は、酒の一大消費地でもあり、酒造りの中心でもあった。最初は洛内、やがて洛外へ。それが江戸時代に入ると、郊外の伊丹へ。消費地が江戸に代わり、海運などの輸送が重要になったためだ。やがて、伊丹で「寒造り」の技術が確立される。雑菌が繁殖しづらく、酒造りの失敗、腐蔵が少ないため、幕府も寒造りを奨励。これまでの四季醸造から「寒造り」へと移行していった。

【灘の興隆と下り酒】

伊丹での寒造りが始まって間もなく、灘で宮水が発見され、生酛造りの技術が生まれる。六甲山の水流を使った精米や、海運と合わせ、灘は瞬く間に酒造りの中心地に。樽廻船で江戸へ運ばれた酒は「下り酒」と呼ばれ、質が高く、大切に扱われた。それに対して、レベルの低い酒を「くだらない」と言うように。この頃の庶民は、祭と初物が大好き。一番酒を競う千石船のレースも始まる。寒造りがスタートする晩秋に、新酒を運ぶ「新酒番船」は、西宮から江戸間まで、最速で二日ちょっとで行ったという。

【杜氏集団の発生】

寒造りが定着し、農閑期の冬場に酒造りが集中的に行われるようになると、北国の農家が出稼ぎで、酒を造るようになった。村の優れたリーダーを中心に、能力や経験によって酒造りの担当を決め、チームを組んだ。灘に特化し、先進的な技術を身につけた丹波杜氏や、農閑期に全国各地へ出張、春に地元に戻ってから技術交流し、汎用的な技術を磨き上げた南部杜氏。漁閑期の出稼ぎで酒を造る能登杜氏など、各地に特徴ある杜氏流派が生まれた。

【文明開化の酒】

江戸時代までは、酵母や麹菌を知らないまま、手探りで緻密な酒造りが行われていた。そこに、明治維新によって西欧の科学が入ってきた。顕微鏡による観察や、pH滴定などの化学的な分析である。酵母を目で見られるようになり、乳酸菌の作る乳酸の殺菌作用も判明し、日本酒造りの原理が解明された。科学の光が当たり、日本酒造りの道筋が見えてくると、よりよい酒造りのためには何をすればよいかが分かってくる。その結果、数々の酒造りの近道が発見された。

【酵母の発見】

西洋科学の日本酒への最初の寄与は、優良な酵母の採取だった。顕微鏡による観察で、アルコール発酵は、酵母の働きによることが判明。様々な酵母が観察され、酒造りに最適な酵母を探す作業が始まる。生命力が強く、雑菌に負けない、よい香りを生み、なによりアルコールをたくさん造る酵母。一番目に選ばれたのは、兵庫県の「櫻正宗」のもろみに棲む酵母。全国の酒蔵で自由に使えるよう、純粋培養されて配られた。きょうかい1号酵母の誕生である。続いて、京都府の「月桂冠」の酵母が2号酵母。そして、広島県の酒蔵から3、4、5号酵母が採取された。

【山廃酛の登場】

生酛やそれ以前の酒母では、乳酸菌の発酵により乳酸が作られる。その殺菌作用で雑菌がいなくなり、乳酸に強い酵母だけが生き残り、アルコール発酵を行う。このメカニズムが解明されると、新しい酒造方法が考案された。山廃酛と速醸酛である。1909年、醸造試験場の嘉義金一郎技師が山廃酛を発表。生酛造りで重労働とされた「山おろし」を廃止したので「山廃酛」。酛造りの工程を科学的に見直し、物理的に米をすりつぶす「酛すり」なしで、麹の酵素の力だけで米を溶かすように改良した。

【速醸酛の完成】

江戸時代末期、灘や伊丹に迫る酒造量に達したのが、知多半島。鈴鹿おろしの寒気と、樽廻船で江戸に近いことが幸いした。しかし鉄道の発展に乗り遅れ、明治後半には酒造量が激減。起死回生を託したのが、新しい酒造法「速醸酛」だった。乳酸菌を使わず合成乳酸を添加することで、醸造期間を短くした。知多の酒蔵は、試験場の江田鎌治郎技師の醸造試験に協力。山廃酛の翌年、１９１０年に発表されると、その簡便さから、たちまち酒造りの主流に。

【きょうかい6号酵母の発見】

昭和初期、全国新酒鑑評会において、東北の酒としては珍しく秋田県の「新政」が連続して好成績を収めた。これをきっかけに「新政」のもろみから酵母が採取され、6番目のきょうかい酵母としてデビュー。東北の冬季の寒さの中でも、旺盛に発酵する。それまでに西日本で発見されたきょうかい酵母とは遺伝的なつながりのない、突然変異種だった。各地の酒蔵で使ったところ、6号酵母は群を抜いて優秀。それ以前の酵母はまったく使われなくなったため、現存する酒造り用の酵母の中では、6号酵母が最古。この酵母によって、低温長期発酵の吟醸造りも確立。吟醸酒の産みの親とも言える。

【アルコール添加酒の発明】

戦時中、日本の多くの若者が満州に渡った。辛い生活だけに酒は必須だが、現地の食糧難による原料不足と、極寒による凍結で、満足に飲める量は手に入らなかった。そこで満州では、米不足と酒の凍結を一気に解決する酒造法を開発。日本酒のもろみに醸造アルコールを添加して酒を造る。食糧不足が進む中、その技術はより進化し、アルコールに加えて糖類や調味料、酸味料まで入れて、元の量の3倍まで増量する「三倍増醸酒」まで開発された。この技術は、満州のみならず、食糧不足に苦しむ内地にも逆輸入され、酒造りの主流となってしまう。戦後、食糧不足が解消されたあとも、低コストで日本酒が造れることから、メーカーは三倍増醸酒の生産を継続。長い期間に渡って、アルコール添加酒だけの時代が続いた。

【きょうかい7、9、10号酵母の発見】

終戦の直前直後、長野県の「真澄」が、新酒鑑評会で好成績を連発し注目を集めた。そのもろみから採取されたのが7号酵母。爽やかな吟醸香があり、発酵力も旺盛。吟醸酒用の酵母として一世を風靡し、一般的な酒造りの酵母としても広く使われ、今日でも最も多く使用されている。その後、１９５３年頃に熊本県の「香露」のもろみから9号酵母が採取される。7号酵母を上回る華やかな吟醸香が特徴で、吟醸造りの標準的な酵母となる。また、50年代後半に入ると、10号酵母が頒布されるようになり、派手な吟醸香と酸の少なさから人気となった。

【純米酒の復活】

60年代後半、戦後初めて純米酒を造ったのが、埼玉県の「神亀」だった。本来、日本酒のあるべき姿は純米酒であり、味わいもアルコール添加酒は、純米酒に遠く及ばない。その信念のもと、「神亀」では失われた酒造技術である純米酒造りにチャレンジした。だが、アルコール添加酒しか醸造しない時代が長かったため、純米酒を造る技術は既にお蔵入り。そこで、書物や古い蔵人の記憶に頼り、手探りでの純米酒造りとなった。毎年造り続けるうちに、徐々に酒質が向上し、評価が年々アップ。生産量も増え、１９８７年には日本初の全量純米酒製造酒蔵となった。

テイスティングでいろんなお酒を飲んで「わあ！　おいしい～！」と大感激……
でも翌日、飲んだ銘柄を思い出そうとしても

「あれ、何を飲んだんだっけ?」……と、なりがちです。

瓶やラベルを撮影するのもひとつの手ですが、
おすすめは短い言葉でいいので、自分の言葉で記録すること。
あとで読むと、さ～っと、鮮明にその時の情景が味とともに蘇ってきます。
まずは、難しいこと一切ヌキで、

飲んで感じたことを自分の言葉でメモしましょう。

銘柄や酒蔵、地域、原料米、精米歩合、特定名称酒、
分かれば酵母etc そして印象および感想です。
書くことでどんどん体に刻み込まれていきます。

飲んだら記録！
日本酒テイスティングシート

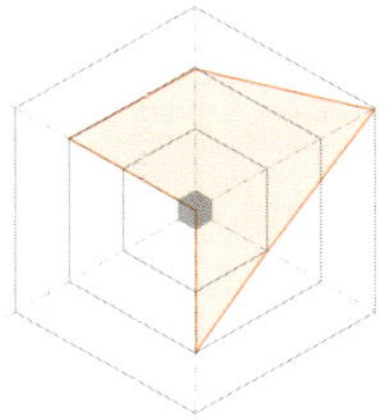

そこで、記録しやすいテイスティングシートを作りました。
大きく3つの項目があります。
その① お酒のデータ、その② 香りと味の感じ方、その③ 印象や感想です。
メモする順番は、お好みで！

●データ
ラベルの情報を記録します。銘柄、酒蔵、アルコール度数、純米酒などの特定名称分類(クラス)。記載があれば原料米、日本酒度、杜氏の名前など。あとで蔵のHPや、酒販店から得たリアル情報を追記すると、より一層自分の記録が深まります。

●香りと味の感じ方
飲んで感じた香りと味を、ホイールメーターに印します。それぞれ3段階でマーク。円の中心は0で、一番外側が3。強いと感じたら外側に印を。ですが、無理に印す必要はありません。

●感想
フリースペースは印象や感想を短い言葉でメモしましょう。「ピチピチ弾けて、気分は青い珊瑚礁」「五臓六腑にしみわたる熟成酒。しっとり深くて熱燗最高！　炙ったいかと合わせたい」「かろやかで酸味がきれい！柑橘をきかせたいか&たこにgood」「白桃みたいな甘さ！　白いチーズと相性よし」「高原の風が吹いた」など。
好きなアーティストや俳優、キャラクターに当てはめてもOK。点数で「100点満点！」でもいいんです。その時飲んだ温度や酒器も書いておきましょう。

銘柄 | クラス | 酒造年度

酒蔵	アルコール　　%	酒米	麹米	掛米	酵母
エリア	日本酒度				
杜氏	酸度				
仕込み水	アミノ酸度	精米歩合	%	%	

FLAVOR WHEEL

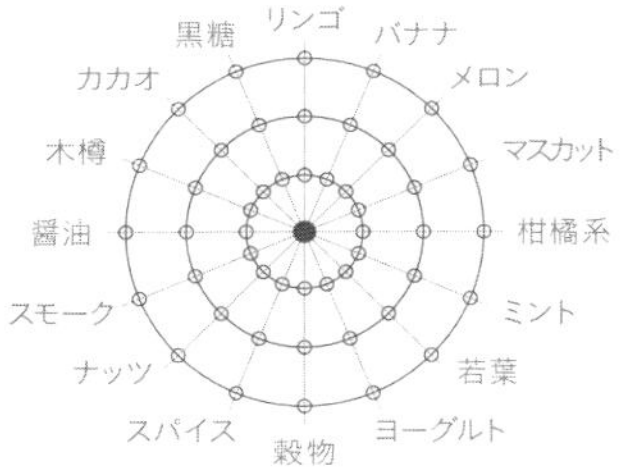

TASTE METER

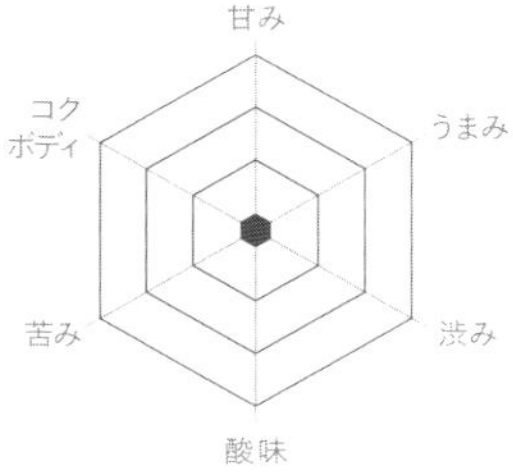

MEMO　　DATE　/　/

購入先
HP:

銘柄 | クラス | 酒造年度

酒蔵	アルコール　　%	酒米	麹米	掛米	酵母
エリア	日本酒度				
杜氏	酸度				
仕込み水	アミノ酸度	精米歩合	%	%	

FLAVOR WHEEL

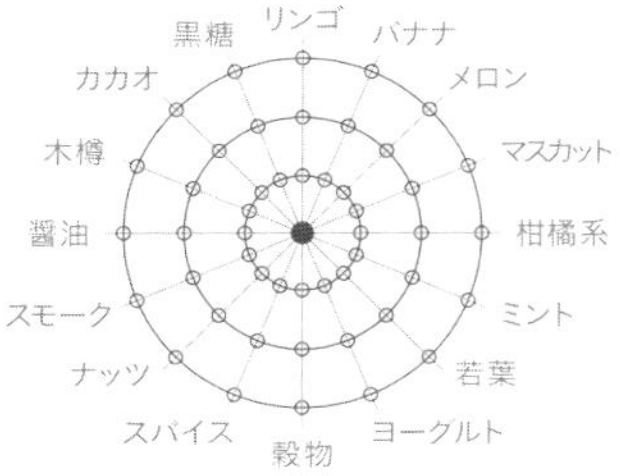

TASTE METER

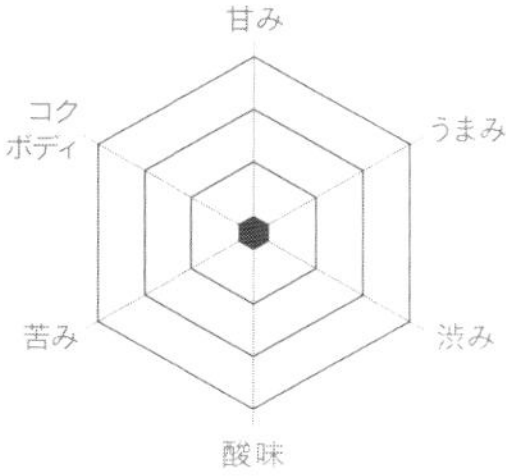

MEMO　　DATE　/　/

購入先
HP:

銘柄 | クラス | 酒造年度

酒蔵	アルコール　　%	酒米	麹米	掛米	酵母
エリア	日本酒度				
杜氏	酸度				
仕込み水	アミノ酸度	精米歩合	%	%	

FLAVOR WHEEL

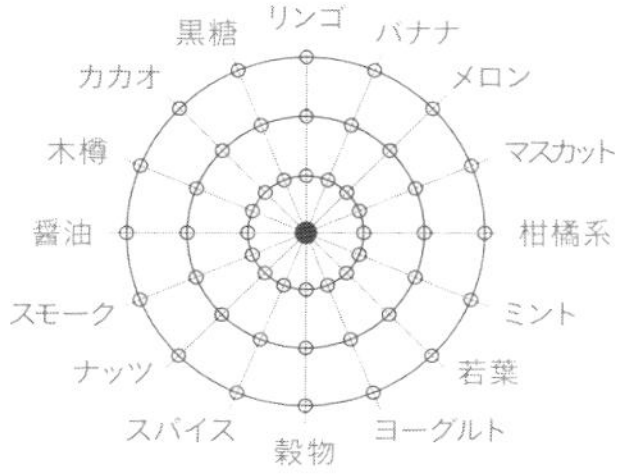

TASTE METER

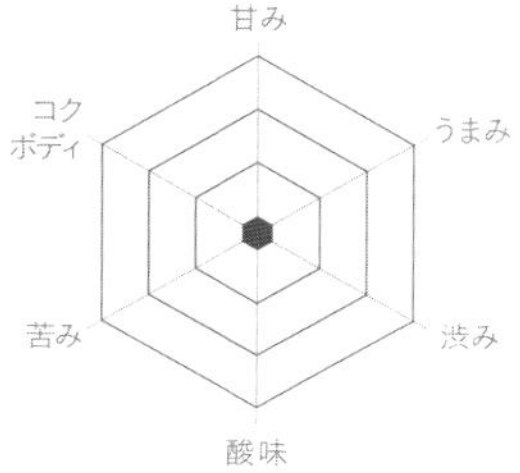

MEMO　　DATE　/　/

購入先
HP:

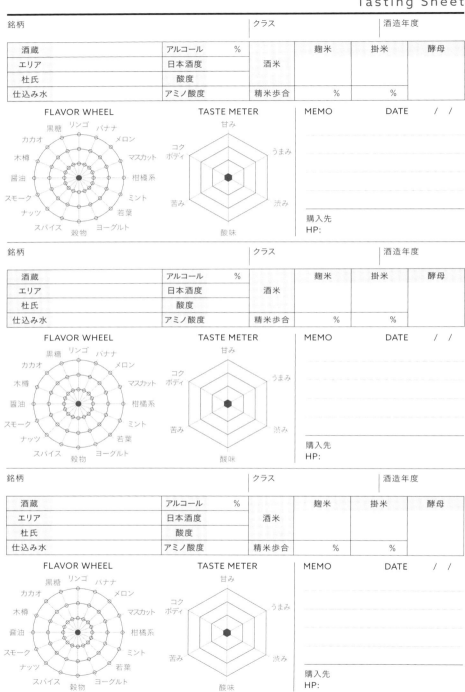

Tasting Sheet

銘柄 | クラス | 酒造年度

酒蔵		アルコール　　%	酒米	麹米	掛米	酵母
エリア		日本酒度				
杜氏		酸度				
仕込み水		アミノ酸度	精米歩合	%	%	

FLAVOR WHEEL

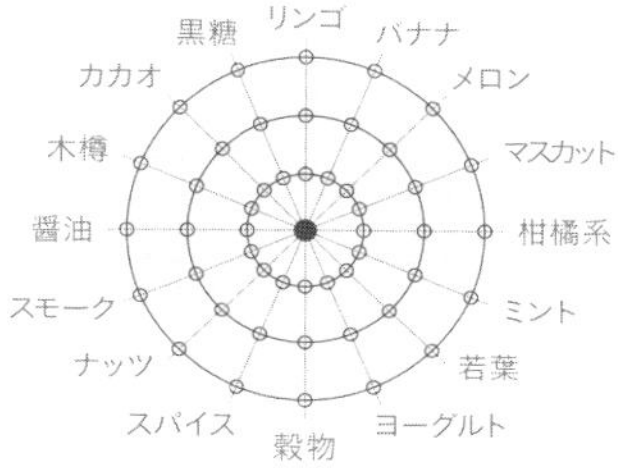

TASTE METER

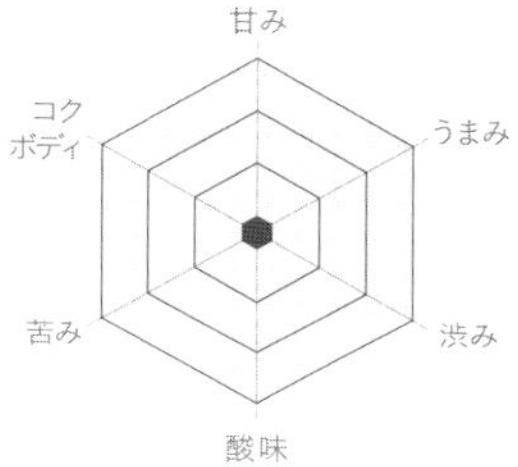

MEMO　DATE　/　/

購入先
HP:

銘柄 | クラス | 酒造年度

酒蔵		アルコール　　%	酒米	麹米	掛米	酵母
エリア		日本酒度				
杜氏		酸度				
仕込み水		アミノ酸度	精米歩合	%	%	

FLAVOR WHEEL

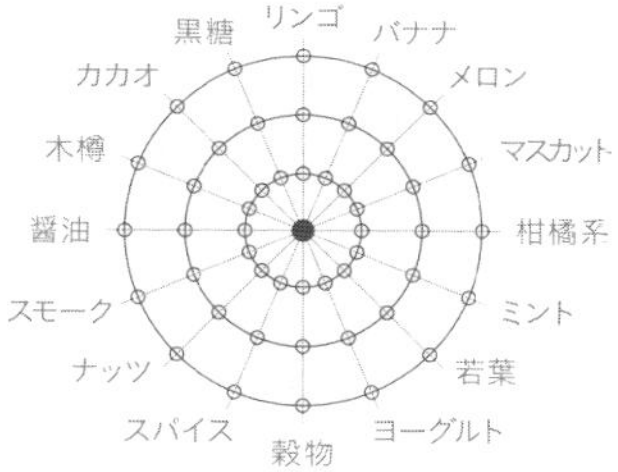

TASTE METER

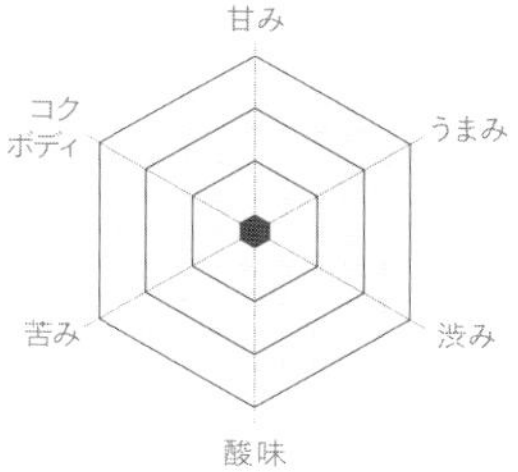

MEMO　DATE　/　/

購入先
HP:

銘柄 | クラス | 酒造年度

酒蔵		アルコール　　%	酒米	麹米	掛米	酵母
エリア		日本酒度				
杜氏		酸度				
仕込み水		アミノ酸度	精米歩合	%	%	

FLAVOR WHEEL

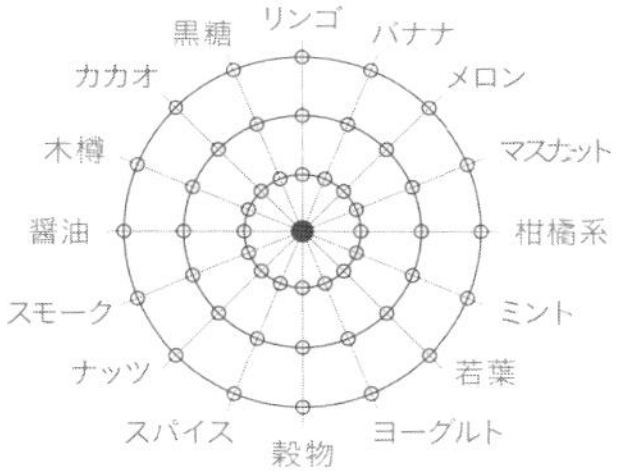

TASTE METER

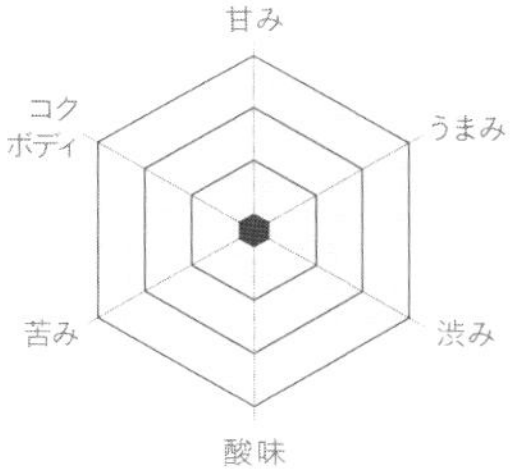

MEMO　DATE　/　/

購入先
HP:

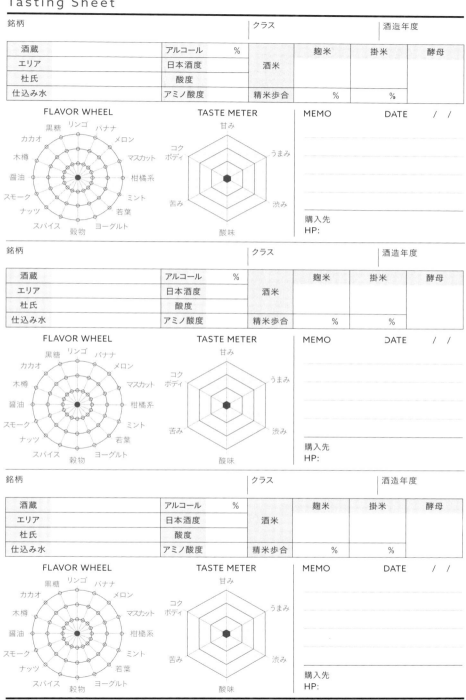

山本洋子（やまもと・ようこ）
酒食ジャーナリスト　地域食ブランドアドバイザー
鳥取県境港市・ゲゲゲの妖怪の町生まれ。素食やマクロビオティック・玄米雑穀・野菜・伝統発酵調味料・米の酒をテーマにした雑誌編集長を経て、地方に埋もれた「日本のお宝！ 応援」をライフワークにする。「日本の米の価値を最大化するのは上質な純米酒」＋穀物、野菜・魚・発酵食、身土不二、一物全体を心がける食と飲生活を提案。地域食ブランドアドバイザー、純米酒＆酒肴セミナー講師、酒食ジャーナリストとして全国で活動中。境港FISH大使。著書『純米酒BOOK』（グラフ社）、『厳選日本酒手帖』『厳選紅茶手帖』（世界文化社）。モットーは「1日1合純米酒！ 田んぼの未来を燗がえる！」。
www.yohkoyama.com

イラストレーション　水谷慶大

装丁・本文DTP　木村真亜樹

校正　株式会社円水社

編集　唐沢 耕
贊川 雪（株式会社世界文化クリエイティブ）

ゼロから分かる！
図解 日本酒入門

発行日　2018年3月15日　初版第1刷発行
2019年2月 5日　第3刷発行

著　者　山本洋子
発行者　井澤豊一郎
発　行　株式会社世界文化社
〒102-8187
東京都千代田区九段北4-2-29
電話 03(3262)5118（編集部）
03(3262)5115（販売部）
印刷・製本　株式会社リーブルテック

ISBN978-4-418-17259-7